MANUEL
DE CHIMIE

ÉCOLES PRIMAIRES SUPÉRIEURES (JEUNES FILLES)
COURS COMPLÉMENTAIRES
CANDIDATES AU BREVET ÉLÉMENTAIRE ET A L'ÉCOLE NORMALE

ENTIÈREMENT CONFORME AUX PROGRAMMES DU 20 JUILLET 1909
(Enseignement général et Enseignement ménager)

PAR

Mᵐᵉ B. GAUTHIER-ÉCHARD

ANCIENNE ÉLÈVE DE L'ÉCOLE NORMALE SUPÉRIEURE DE FONTENAY-AUX-ROSES
PROFESSEUR A L'ÉCOLE NORMALE D'INSTITUTRICES DE BOURGES

Les trois Années réunies

HUITIÈME ÉDITION REVUE ET CORRIGÉE

QUI SÈME BIEN IN RÉCOLTE BIEN

PARIS

LIBRAIRIE CLASSIQUE FERNAND NATHAN

16, RUE DES FOSSÉS-SAINT-JACQUES, 16

(Place du Panthéon, Vᵉ)

1919

PROGRAMME DES ÉCOLES PRIMAIRES SUPÉRIEURES

Mme GAUTHIER-ÉCHARD. — MANUEL DE PHYSIQUE DES ÉCOLES PRI-
MAIRES SUPÉRIEURES DE FILLES, Édition spéciale, les trois années
en un vol. 13 × 19. Reliure café au lait. **3 75**

PERSEIL et GAUTHIER-ÉCHARD. — COURS DE CHIMIE DES ÉCOLES
PRIMAIRES SUPÉRIEURES. — *Première année.* 1 vol. in-8°, relié. **1 75**
— *Deuxième année.* 1 vol. 13 × 19, relié. Reliure rouge. **1 60**
— *Troisième année.* 1 vol. 13 × 19, relié. — **1 50**
— Les trois années réunies en un beau volume, broché, **3 75** ; relié. **4 50**
— COURS DE PHYSIQUE DES ÉCOLES PRIMAIRES SUPÉRIEURES. — *Pre-
mière année.* 1 vol. 13 × 19, relié. Reliure rouge. **1 60**
— *Deuxième année.* 1 vol. 13 × 19, relié. — **2 25**
— *Troisième année.* 1 vol. 13 × 19, relié. — **2 »**
— Les trois années réunies en un beau vol., broché, 5 25 ; relié. **5 »**

A. AMMANN et É. COUTANT. — COURS D'HISTOIRE DES ÉCOLES PRI-
MAIRES SUPÉRIEURES. — *Première année.* — Histoire de la France
depuis le début du xvi° siècle jusqu'en 1789. 1 vol. in-12, relié. **2 50**
— *Deuxième année.* — Histoire de la France depuis 1789 jusqu'à la fin du
xix° siècle. 1 vol. in-12, relié. **3 »**
— *Troisième année.* — *Le Monde au* xix° *siècle :* Tableau politique et économique du Monde contemporain. 1 vol. in-12, relié. **3 »**
— Cours supérieur et complémentaire. Notions sommaires d'histoire générale
et revision de l'histoire de France. 1 vol. in-12, relié. **2 50**

G. DODU. — COURS DE GÉOGRAPHIE. — *Première année.* — Principaux
aspects du Globe. La France. 1 vol. 13 × 19, relié. **2 75**
— Memento de la Géographie des principaux pays du Monde. **1 »**
— *Deuxième année.* — L'Europe moins la France. 1 vol. 13 × 19, relié. **2 75**
— *Troisième année.* — Le Monde moins l'Europe. 1 vol. 13 × 19, relié. **2 75**
— Cartes d'ensemble pour accompagner la première année. 1 vol. in-8°. **0 90**
— Cartes d'ensemble pour accompagner la deuxième année. 1 vol. in-8°. **1 »**
— Cartes d'ensemble pour accompagner la troisième année. 1 vol. in-8°. **1 »**
— Les Cartes d'ensemble réunies en un seul volume. **2 50**

BOURGUEIL. — COURS DE DROIT. — *Deuxième année.* — Instruction
civique et droit usuel. 1 vol. in-12, relié. **1 35**
— *Troisième année.* — Droit usuel et Économie politique. 1 vol. in-12,
relié. **2 »**

A. JACQUET et LACLEF. — Arithmétique du Brevet élémentaire. 1 vol.
in-12, relié. **2 50**
— Solutions raisonnées des Exercices et Problèmes contenus dans l'Arithmé-
tique du Brevet élémentaire. 1 vol. in-12, broché. **3 »**
— Cours d'Arithmétique théorique et pratique. 1 vol. relié. **3 25**
— Solutions raisonnées des Exercices et Problèmes contenus dans le Cours
d'Arithmétique théorique et pratique. 1 vol. in-12, broché. **3 50**
— Cours de Géométrie théorique et pratique. 1 vol. relié. **3 75**
— Cours d'Algèbre élémentaire. 1 vol. relié. **2 25**
— Compléments d'Arithmétique, de Géométrie, d'Algèbre. 1 vol. relié. **3 75**

AVANT-PROPOS

Ce *Manuel de chimie* est entièrement conforme aux programmes des Écoles Primaires Supérieures de Jeunes Filles du 26 juillet 1909.

Nous avons cherché avant tout à rendre simple, pratique et expérimental l'enseignement de la chimie. Appel incessant à l'esprit d'observation des élèves pour les amener à trouver les propriétés ou la composition des corps étudiés ; — appel à leur intelligence et à leur bon sens pour leur faire découvrir ou expliquer les usages de ces corps ; telle est la méthode que nous avons appliquée dans ce cours de chimie.

Nous voudrions que les Maîtresses, s'inspirant de cette méthode, complètent notre manuel par des exercices d'observation proprement dits. C'est pourquoi nous avons indiqué à la fin de quelques chapitres, après les expériences, un ou deux exercices d'observation. Qu'une séance par semaine soit, en dehors de la « leçon de sciences », consacrée à ces exercices. Elle n'aura pas pour but de faire connaître un corps ou comprendre un principe, mais elle permettra à l'élève de saisir les diverses propriétés observées dans l'objet considéré, elle l'habituera à regarder intelligemment.

Ainsi on fait observer une lampe : Pourquoi emploie-t-on une mèche au lieu de faire brûler le pétrole directement? Pourquoi y a-t-il des trous autour de la surface du bec ? Pourquoi un verre ? etc., etc.

Nul doute qu'après cet exercice les notions de combustion, de capillarité ne soient gravées dans l'esprit. Et l'enseignement scientifique n'est plus pour l'élève quelque chose d'ennuyeux, qui paraisse inutile, abstrait, *en dehors de la vie.*

Une remarque au sujet de la division en chapitres Le nombre des chapitres à étudier va en diminuant de la 1re à la 3e année : 21 en 1re, 10 en 2e et 5 en 3e année. De bonnes raisons justifient cette répartition. Une partie de la 2e année doit être consacrée à la revision *très sérieuse* du cours de 1re année, et une *grande partie de la 3e année* à celle des cours des *deux* années précédentes. — On y parviendra facilement avec les cours peu chargés de 2e et de 3e année. La division que nous avons faite est destinée à permettre aux élèves des cours complémentaires de faire l'étude des leçons de chimie en deux ans ou même un an. Rien de plus simple, si l'étude doit être faite en trois ans, que de traiter certains chapitres en deux ou même trois leçons. Pour faciliter la tâche, nous avons indiqué dans le cours du livre les chapitres qui peuvent faire l'objet de plusieurs leçons.

MANUEL DE CHIMIE

PREMIÈRE ANNÉE

CHAPITRE PREMIER

COMBINAISONS ET DÉCOMPOSITIONS. — MÉLANGES ET COMBINAISONS. — CORPS COMPOSÉS ET CORPS SIMPLES. — ANALYSE ET SYNTHÈSE.

DISTINCTION ENTRE LA PHYSIQUE ET LA CHIMIE

1. — La chimie est une science, dont l'objet est distinct de celui des autres sciences; on pourrait la confondre en particulier avec la physique, et c'est de cette dernière que nous allons essayer de la distinguer. Toutes deux étudient les phénomènes par lesquels se manifestent les propriétés des corps; mais les phénomènes étudiés par la physique sont différents des phénomènes chimiques. L'examen de quelques-uns d'entre eux va nous permettre de les distinguer.

2. Premier Exemple : Aimantation. Formation de la rouille.

Si l'on met du fer doux au contact d'un aimant, tant que ce contact existe, le fer doux a la propriété d'attirer d'autres fragments de fer; *il a donc acquis une propriété nouvelle;* mais son poids n'a pas varié, et il n'y a pas d'altération dans les autres propriétés de ce corps; donc le fer *n'a pas changé de nature.* — L'aimantation est un phénomène physique.

Au contraire, si nous abandonnons du fer à l'air humide, il se recouvre bientôt d'une couche brunâtre, la *rouille*, qui n'est plus du fer, car elle n'a plus aucune de ses propriétés caractéristiques. Le fer a donc changé de nature, et, d'autre part, il a augmenté de poids. Il y a eu **combinaison**, c'est-à-dire union du fer à l'oxygène et à la vapeur d'eau de l'air avec production d'un corps nouveau ayant des propriétés nouvelles : la formation de la rouille est un phénomène chimique.

3. Deuxième Exemple : Fusion et vaporisation. Combustion.

De la fleur de soufre chauffée dans une cornue devient *liquide*, puis, si l'on chauffe davantage, elle *se vaporise*. Mais les vapeurs qui se dégagent ne **diffèrent pas** essentiellement du soufre employé, car, recueillies dans un récipient refroidi, elles se condensent et reproduisent un corps identique au soufre primitif, et de même poids. Il n'y a donc pas eu modification profonde des propriétés du soufre dans son passage à l'état liquide et à l'état de vapeur : la fusion et la vaporisation sont des phénomènes **physiques**.

Au contraire, enflammons un morceau de soufre; il brûle avec une flamme bleue en produisant un gaz d'une odeur suffocante ; si l'on opère la combinaison dans un flacon, de façon à recueillir le gaz formé, on constate que, même ramené à la température ordinaire, il conserve son odeur et ses propriétés caractéristiques différentes de celles du soufre : par exemple, il rougit la teinture de tournesol, liquide bleu, alors que ni le soufre ni l'air du flacon ne la rougissaient. La combustion du soufre n'est pas autre chose que l'union de ce corps à l'oxygène de l'air avec production d'un corps nouveau, le gaz sulfureux, ayant des propriétés nouvelles.

La combustion est un phénomène chimique.

4. Troisième Exemple : Décomposition chimique.

Chauffons des morceaux de craie dans une casserole de fer battu (¹), sur un foyer ardent. Au bout de quelques heures, l'aspect des morceaux de craie n'a pas changé, et pourtant nous n'avons plus affaire à la même substance, car, jetée dans l'eau, elle y produit un bruit analogue à celui d'un fer rouge, et tombe en poussière, ou, comme on dit, *se délite*. Or la craie n'a aucune de ces propriétés. La craie s'est donc transformée en un corps nouveau, qui n'est autre que de la chaux, substance souvent utilisée par les maçons. D'autre part, il s'est dégagé pendant l'expérience un gaz incolore et inodore, ayant aussi des propriétés différentes de la craie : c'est du gaz carbonique.

Ainsi, la craie s'est transformée, sous l'influence de la chaleur, en deux corps nouveaux, la chaux et le gaz carbonique. On dit qu'elle s'est décomposée.

La décomposition est un phénomène chimique.

En résumé, la physique s'occupe des phénomènes qui peuvent modifier de façon temporaire les propriétés des corps, mais qui n'altèrent jamais leur constitution intime et ne changent pas leur poids. La chimie étudie les phénomènes dans lesquels les corps s'unissent ou se séparent en donnant naissance à de nouveaux corps, ayant des propriétés nouvelles; ces phénomènes sont des combinaisons ou des décompositions.

COMBINAISONS

5. Exemples.

Dans les exemples 1 et 2 du paragraphe précédent, nous avons étudié la combinaison du fer à l'oxygène avec for-

---

(¹) Comme il faut chauffer fortement, il est nécessaire d'employer, si l'on n'a pas de vase en terre réfractaire, un vase de fer sans soudure et sans étamage.

mation de rouille; et la combustion ou combinaison du soufre à l'oxygène avec formation de gaz sulfureux.

Quelques nouveaux exemples vont nous permettre de dégager les caractères des combinaisons.

6. Combinaison du soufre et du cuivre.

Chauffons dans un ballon de verre (*fig.* 1) du soufre avec de la tournure de cuivre (copeaux de cuivre qui se détachent quand on travaille le cuivre au tour).

Soufre — Tournure de cuivre

Fig. 1. — Combinaison du soufre et du cuivre.

Le soufre fond et se vaporise (phénomènes physiques), les vapeurs de soufre rencontrent les copeaux de cuivre, et l'on voit ceux-ci devenir incandescents. L'incandescence se propage de proche en proche, même si on cesse de chauffer le ballon, et, quand elle cesse, on peut retirer du ballon un corps noir, cassant, formé par l'union du soufre et du cuivre; c'est du *sulfure de cuivre*. Ce corps a des propriétés différentes de celles du soufre ou du cuivre. Par exemple le soufre se dissout dans le sulfure de carbone; le sulfure de cuivre ne s'y dissout pas.

7. Combinaison du soufre et du fer.

Un phénomène analogue se produit quand on chauffe du soufre avec du fer; il se forme un corps nouveau, noir, appelé *sulfure de fer* et provenant de l'union du soufre avec le fer; en même temps la masse s'échauffe fortement, même si on l'a retirée du foyer.

Le sulfure de fer est différent du soufre, car il n'est pas soluble dans le sulfure de carbone; il est également différent du fer, car, si on verse de l'acide sulfurique étendu sur du fer, il se dégage de l'hydrogène; si on en verse sur du sulfure de fer, il se dégage un gaz à odeur d'œufs pourris : l'hydrogène sulfuré. Le sulfure de fer est donc bien un corps nouveau.

8. Caractères des combinaisons.

Premier caractère. — Dans toutes les combinaisons que nous avons étudiées, nous avons pu remarquer que le corps formé a des propriétés différentes des corps employés.

C'est là le caractère distinctif des combinaisons : *tout corps résultant d'une combinaison a des propriétés différentes de celles des corps employés.*

9. *Deuxième caractère.* — Nous avons vu, quand le cuivre et le soufre se combinent, le cuivre porté à l'incandescence : c'est parce que cette combinaison dégage une forte quantité de chaleur.

De même, quand le fer s'unit au soufre, la masse s'échauffe fortement. De même encore, quand du soufre brûle dans l'air, la combustion dégage de la chaleur. Ce fait est presque général : *la plupart des combinaisons se produisent avec dégagement de chaleur.*

Dans quelques cas seulement, les combinaisons se font avec absorption de chaleur ; mais alors elles sont très difficiles à effectuer.

10. *Troisième caractère.* — Si, dans l'expérience faite avec le soufre et le fer, nous avions employé 32 grammes de soufre et 56 grammes de fer, et si nous avions évité toute perte de soufre à l'état de vapeur, nous n'aurions plus trouvé après l'expérience aucune parcelle de soufre ni de fer ; *tout* le soufre se serait combiné à *tout* le fer. Si nous avions mis 35, 40, 45, ... grammes de soufre pour 56 de fer, il serait resté 3, 8, 13, ... grammes de soufre non utilisés.

Le soufre et le fer se combinent donc dans des proportions invariables pour donner du sulfure de fer.

De même, 32 grammes de soufre se combinent à 32 grammes d'oxygène pour donner du gaz sulfureux ;

32 grammes de soufre se combinent à 63 grammes de cuivre pour donner du sulfure de cuivre.

Ce fait est général : *deux corps donnés se combinent toujours dans des proportions invariables pour donner un troisième corps.*

MÉLANGES

11. Caractères du mélange.

Quand deux corps sont unis sans que leur réunion présente les caractères précédents, on dit que ces corps sont mélangés et non combinés.

EXEMPLE : Si nous mêlons intimement de la fleur de soufre et de la limaille de fer, nous obtenons une poudre grise dans laquelle il est impossible au premier abord de distinguer le soufre du fer. Pourtant nous avons là un mélange et non une combinaison. En effet :

1° Nous n'avons pas formé un corps ayant des propriétés nouvelles, car le sulfure de carbone peut encore dissoudre tout le soufre contenu dans la poudre ; un aimant promené dans le mélange attire toute la limaille de fer ; de l'acide sulfurique versé sur la poudre laisse dégager de l'hydrogène comme si le fer était seul. Le phénomène est donc bien différent de la combinaison du soufre et du fer (§ 7).

Premier caractère d'un mélange. — Chacun des corps mélangés conserve ses propriétés. Il en résulte qu'un mélange est un phénomène physique, alors qu'une combinaison est un phénomène chimique.

2° Le mélange du soufre et du fer s'est fait sans dégagement de chaleur, alors que leur combinaison (§ 9) s'est faite avec grande production de chaleur.

Deuxième caractère. — Un mélange se fait en général sans dégagement de chaleur.

3° Nous pouvons mélanger le soufre et le fer dans des proportions quelconques, sans qu'il reste l'un des corps en excès. Au contraire, nous savons (§ 10) que leur combinaison s'effectue dans des proportions invariables.

Troisième caractère. — *Un mélange se fait dans des proportions quelconques.*

Ainsi l'air est un mélange de plusieurs gaz, dont les proportions sont essentiellement variables : l'air pur, par exemple, renferme une proportion d'oxygène, de gaz carbonique différente de celle de l'air confiné. L'eau, au contraire, est composée d'hydrogène et d'oxygène combinés *invariablement* dans les proportions de 1 gramme d'hydrogène pour 8 d'oxygène (§ 46).

DÉCOMPOSITIONS

12. Exemples de décompositions.

Nous avons déjà étudié (§ 4) la décomposition de la craie. Quelques autres exemples vont mieux nous faire comprendre le phénomène de décomposition.

13. Décomposition du chlorate de potassium.

Chauffons doucement dans un tube à essai (*fig.* 2) du chlorate de potassium, sel blanc cristallin, et disposons à l'entrée du tube une allumette ne présentant plus qu'un point rouge; elle se rallume et brûle avec un vif éclat. C'est qu'il se dégage un gaz qu'on appelle *oxygène* (§ 58). Il reste dans le tube un

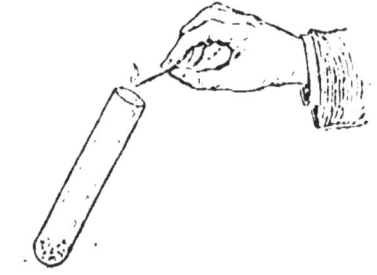

Fig. 2. — Décomposition du chlorate de potassium.

corps nouveau appelé *chlorure de potassium.* Ainsi, le chlorate de potassium s'est décomposé en deux corps, le chlorure de potassium et l'oxygène.

14. Décomposition de l'eau.

On se sert d'un appareil appelé *voltamètre*; c'est un vase (*fig.* 3) dont le fond est traversé par deux fils de platine qu'on peut mettre en communication par deux bornes avec les deux pôles d'une pile. On y met de l'eau légèrement acidulée, l'acide servant à la rendre conductrice, et on retourne sur chaque fil de platine une éprouvette graduée et remplie d'eau. 'Dès que le courant passe, on voit des bulles de gaz se dégager sur chaque lame et monter dans les éprouvettes; on peut voir que l'éprouvette communiquant avec le pôle négatif renferme deux fois plus de gaz que l'autre. Or, si l'on retourne la première et qu'on y introduise une allumette enflammée, elle s'éteint tandis que le gaz brûle avec une flamme pâle, en produisant de la vapeur d'eau ; cette propriété indique que le gaz recueilli est de l'*hydrogène* (§ 53). Dans la seconde éprouvette, une allumette brûle avec beaucoup plus d'éclat que dans l'air : c'est donc de l'*oxygène* (§ 13). Ainsi l'eau est formée d'hydrogène et d'oxygène.

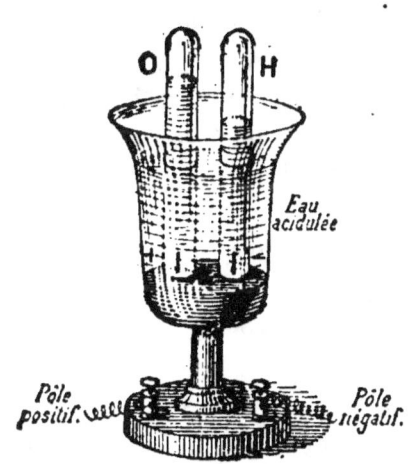

Fio. 3. — Voltamètre.

Remarque. — L'eau renferme après l'expérience autant d'acide qu'avant ; on peut donc dire que l'hydrogène et l'oxygène proviennent de la décomposition de l'eau.

15. Caractères d'une décomposition.

La décomposition est le phénomène inverse de la combinaison. Celle-ci dégage en général de la chaleur; inversement, une décomposition en absorbe presque toujours :

c'est ainsi qu'il nous a fallu fournir de la chaleur à la craie et au chlorate de potassium, pour les décomposer([1]).

16. Réactions.

On donne le nom général de réactions chimiques aux phénomènes de combinaison et de décomposition.

17. Corps composés. — Corps simples.

Nous avons vu que la craie (§ 4), le chlorate de potassium (§ 13), l'eau (§ 14), peuvent être décomposés en d'autres substances. On dit que ce sont des corps composés. Le chlorure de potassium, la chaux, le gaz carbonique sont aussi des corps composés, car on a pu en retirer d'autres substances.

Au contraire, de l'oxygène, du soufre, du fer, du cuivre, on n'a jamais pu *jusqu'à ce jour* retirer d'autres corps ; on dit que ce sont des corps simples ou éléments.

Il y a environ 80 corps simples.

On les a classés en métalloïdes et métaux. Les premiers, tels que le soufre, le phosphore, l'oxygène, sont en général mauvais conducteurs de la chaleur et de l'électricité ; ils sont dénués d'éclat.

Les seconds, tels que le fer, le cuivre, l'argent sont *bons conducteurs* de la chaleur et de l'électricité ; ils sont doués d'un éclat particulier appelé *éclat métallique*. Nous verrons, d'ailleurs (§ 74), qu'il existe une distinction plus importante entre ces deux groupes de corps.

Les corps composés sont en nombre considérable.

18. Analyse et synthèse.

Pour connaître la composition d'un corps composé, deux moyens peuvent être employés :

_____

([1]) Pour décomposer l'eau, nous avons fourni non de la chaleur, mais un courant électrique. Or l'électricité et la chaleur sont toutes deux des formes d'énergie, et ce qu'il faut fournir pour décomposer un corps, c'est en réalité de l'énergie.

1° *Décomposer le corps en ses éléments constituants ou faire* l'analyse *du corps;*

2° *Reconstituer le corps en partant de ses éléments ou faire la* synthèse *de ce corps.*

EXEMPLES. — Quand nous avons décomposé l'eau par le courant électrique (§ 14), nous avons fait l'analyse de l'eau.

Quand nous avons combiné du soufre et du fer (§ 7), nous avons fait la synthèse du sulfure de fer.

19. Objet de la chimie.

La chimie comporte l'étude des corps qui existent dans la nature et de ceux qu'on a pu fabriquer. Nous étudierons les propriétés chimiques de ces corps, leur composition et, s'il y a lieu, leur préparation et leurs applications pratiques. Nous indiquerons toujours leurs propriétés physiques caractéristiques (état, couleur, odeur, saveur, solubilité, etc.), bien qu'elles ne soient pas du domaine de la chimie. Nous les indiquerons, d'abord parce qu'elles ne sont pas étudiées dans la physique qui se borne, d'une façon plus générale, à l'étude des propriétés communes à tous les corps, ensuite parce qu'elles sont utiles pour reconnaître facilement un corps et en mieux fixer le souvenir.

On étudie la composition et les propriétés des corps par des **expériences** ou phénomènes provoqués. Les expériences constituent la partie principale de l'étude de la chimie, et nous ne devrons jamais oublier, dans toute cette étude, que la *chimie est avant tout une science expérimentale.*

QUELQUES INDICATIONS
SUR LES APPAREILS EMPLOYÉS

20. Les expériences et les préparations se font au moyen d'appareils. Nous décrirons seulement ceux que l'on a coutume d'employer dans un cours de chimie élémentaire tel que le nôtre.

21. Description des appareils servant aux préparations et aux expériences.

Pour les expériences, on se sert souvent de *tubes à essai*, tubes fermés à une extrémité et servant à chauffer de petites quantités de matière (*fig.* 2); de *coupelles*, ou de *creusets*, en porcelaine ou en terre,

Fio. 5. — Filtre en papier.

Fio. 4. — Creuset en terre.

qui servent lorsqu'on veut chauffer plus fortement (*fig.* 4); de *filtres* en papier non collé, dit papier filtre, pour séparer un liquide d'un solide (*fig.* 5).

Il suffit de verser le mélange des deux corps dans le filtre placé lui-même dans un entonnoir pour que le solide reste dans le filtre et que le liquide s'écoule seul à la partie inférieure de l'entonnoir.

Fio. 6.
Un flacon.

Les principaux objets employés pour préparer les gaz sont : un *flacon*, si l'on ne chauffe pas (*fig.* 6); un *ballon* ou une *cornue*, si l'on chauffe (*fig.* 7), et, dans tous les cas, des *bouchons*,

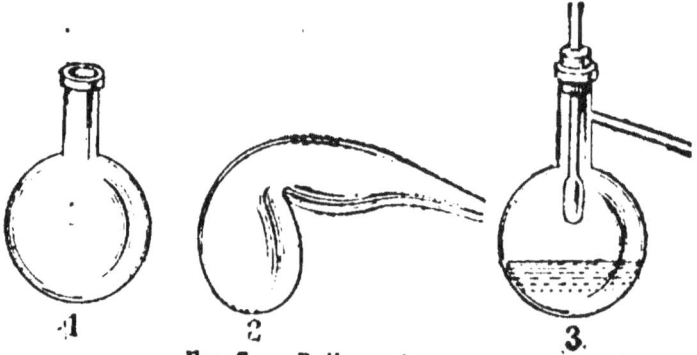

Fio. 7. — Ballons et cornues.

un tube par lequel se dégage le gaz, ou *tube abducteur*, un *tube de sûreté ;* des vases où l'on recueille le gaz. Il faut de plus un appareil de chauffage si l'on doit chauffer.

22. *Appareil de chauffage.* — On emploie soit un bec de gaz, bec Bunsen généralement (*fig.* 8), soit une lampe à

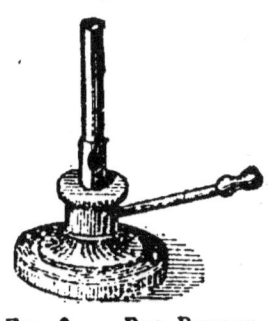

alcool (*fig.* 9). Il faut, dans tous les cas, séparer le ballon de la flamme par une *toile métallique,* destinée à rendre le chauffage plus régulier.

2° *Flacon.* — Les flacons employés sont en verre blanc et de

Fig. 9. — Lampe à alcool.

Fig. 8. — Bec Bunsen.

capacité variable. Un flacon ne doit jamais être chauffé à feu nu, sous peine de casser. Si on a besoin de le chauffer, on utilise le bain-marie.

23. *Ballon et cornue.* — Les ballons sont en verre mince et de capacité variable; ils sont de forme sphérique et surmontés d'un col (*fig.* 7); ils peuvent remplacer les cornues de verre dans beaucoup d'expériences où l'on n'a pas besoin de chauffer très fort; les cornues sont, en effet, très fragiles et ne servent plus guère que pour distiller (*fig.* 7, n° 2). Souvent, même, on préfère employer, pour distiller, un ballon semblable au numéro 3 de la figure 7.

24. *Bouchons.* — Ils peuvent être de caoutchouc vulcanisé ou de liège. Les premiers ont l'avantage de ne donner aucun travail de préparation, puisqu'ils sont vendus tout percés; mais ils coûtent cher et se durcissent vite. Les seconds sont très bon marché; leur seul inconvénient, léger d'ailleurs, est d'exiger une préparation.

25. *Tubes abducteurs.* — On peut les fabriquer aisément avec des tubes de verre droits, que l'on achète au poids, de la grosseur que l'on désire et que l'on coude comme on le veut. Les figures 10 et 11 montrent des formes de ces tubes abducteurs.

26. *Tubes de sûreté.* — Toutes les fois qu'on utilise un liquide pour la préparation d'un gaz, le ballon ou le flacon dans lequel se fait la réaction est fermé par un bouchon à deux trous : dans l'un d'eux passe le tube

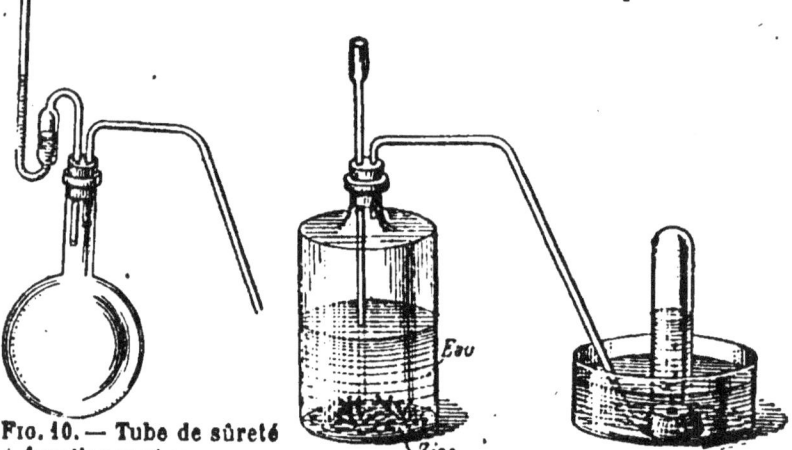

FIG. 10. — Tube de sûreté fonctionnant comme un manomètre.

FIG. 11. — Appareil à hydrogène.

abducteur, dans l'autre un tube droit à entonnoir qui plonge dans le liquide (*fig.* 10). Ce tube empêche dans quelques cas la rupture du ballon.

27. *Vases où l'on recueille le gaz.* — Ce sont, soit des flacons, soit des éprouvettes (*fig.* 12).

MONTAGE D'UN APPAREIL

28. Pour la préparation d'un gaz à froid.

Soit à préparer de l'hydrogène, qui s'obtient en versant de l'acide sulfurique étendu sur du zinc, à froid.

FIG. 12. Éprouvette.

Après avoir introduit dans un flacon de la grenaille de zinc et une petite quantité d'eau (*fig.* 11), on le ferme par un bouchon percé de deux trous : l'un est traversé par un tube droit à entonnoir, dont l'extrémité plonge dans l'eau du flacon, l'autre par un tube à dégagement qui débouche à l'entrée du flacon. Puis on dispose l'appareil pour recueillir le gaz sous l'eau (§ 31) et par le tube à entonnoir on verse par petites quantités l'acide dans le flacon.

29. Montage d'un appareil pour la préparation d'un gaz à chaud.

Soit à préparer de l'oxygène que l'on obtient généralement en décomposant par la chaleur un corps solide blanc, le chlorate de potassium.

On emploie un tube à essai ou un ballon (*fig.* 13), muni d'un bouchon par lequel passe un tube à dégagement. On

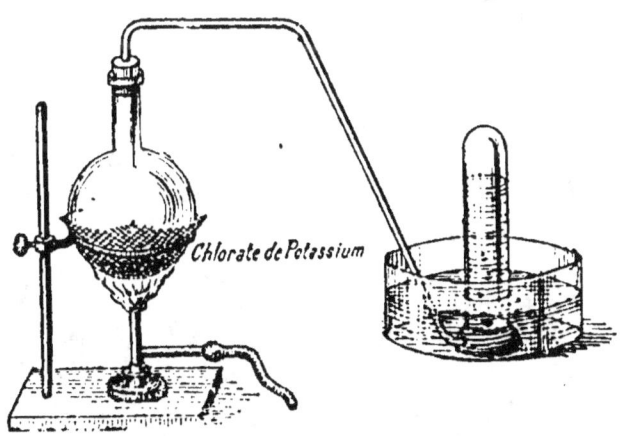

Chlorate de Potassium

Fig. 13. — Appareil à oxygène.

le place sur une toile métallique au-dessus de la flamme d'un bec de gaz ou d'une lampe à alcool, et l'on chauffe légèrement. Le gaz se recueille de la même façon que l'hydrogène.

Précaution à prendre toutes les fois qu'on monte un appareil. — Il faut chaque fois s'assurer qu'il n'y a pas de fuites, ou, comme on dit, que l'appareil garde. Pour cela, on ferme le tube à entonnoir, s'il y en a un, et, tenant le flacon ou le ballon des deux mains pour l'échauffer, on fait déboucher l'extrémité du tube abducteur sous l'eau : si l'on voit des bulles de gaz sortir du tube dans l'eau, c'est que l'appareil n'a pas de fuites ; car, en échauffant le ballon, l'air qu'il contenait s'est dilaté, et n'a pu s'échapper que par le seul passage libre, par le tube à dégagement.

COMMENT ON RECUEILLE LES GAZ

30. Les gaz peuvent être recueillis par déplacement d'eau ou de mercure : on s'appuie sur ce fait, qu'étant plus légers que l'eau ou le mercure, ils montent à leur surface toutes les fois qu'ils arrivent au fond d'un vase plein de l'un de ces liquides.

31. Gaz peu solubles dans l'eau.

Si le gaz est peu soluble dans l'eau, on le recueille par déplacement d'eau ; l'extrémité libre du tube abducteur arrive dans la cuve à eau, qui peut être un récipient quelconque (cristallisoir de verre, terrine, baquet, etc.); on la fait souvent déboucher au centre d'un *têt à gaz*, sorte de capsule percée d'un trou en son milieu, d'une fente sur le côté (*fig.* 14), et sur laquelle le vase à remplir peut rester en équilibre, sans qu'on ait besoin de le tenir.

Fig. 14. — Têt à gaz.

Puis on remplit complètement d'eau l'éprouvette ou le flacon dans lequel on veut recueillir le gaz ; on le ferme avec la main bien aplatie pour ne laisser aucune bulle d'air, et on le retourne dans la cuve, en y plongeant la main tout entière ; on a soin de la maintenir bien adhérente au flacon, tant que l'ouverture de celui-ci n'est pas complètement dans l'eau. On le pose ensuite sur le têt à gaz, au-dessus de l'extrémité du tube à dégagement.

Quand le flacon est plein de gaz, d'une main on fait passer une soucoupe entre le têt et le goulot, tandis que de

l'autre on soulève le flacon; on le pose sur le fond de la soucoupe en maintenant l'ouverture sous l'eau et on enlève le tout. On a ainsi un vase rempli de gaz, et ce gaz est bien isolé de l'air extérieur par la petite quantité d'eau qui reste dans le fond de la soucoupe (fig. 15). Quand on veut se servir du gaz, il faut avoir soin, pour déboucher le flacon, de placer l'ou-

Fio. 15. — Manière de recueillir un gaz peu soluble dans l'eau.

verture en haut, si le gaz est plus lourd que l'air, et l'ouverture en bas, s'il est plus léger, afin qu'il ne s'échappe pas immédiatement.

32. Gaz solubles dans l'eau.

Si le gaz est soluble dans l'eau, on peut le recueillir sur le mercure en opérant comme pour l'eau. Mais il est plus simple

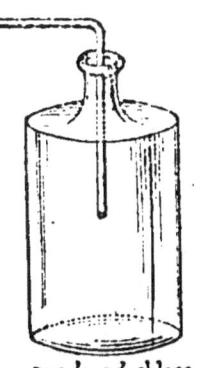
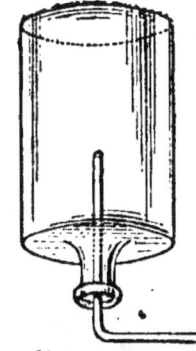

gaz lourd: chlore   *gaz léger*: ammoniaque

Fio. 16. — Manière de recueillir les gaz par déplacement d'air.

de le recueillir par déplacement d'air, toutes les fois qu'il est sensiblement plus léger ou plus lourd que l'air; il suffit pour cela de faire arriver le tube à dégagement dans le fond de l'éprouvette ou du flacon que l'on tient l'ouverture en bas si le gaz est plus léger que l'air (*fig.* 16) et l'ouverture en haut s'il est plus lourd que l'air.

33. Expériences. — Montrer aux élèves tous les objets dont on parle dans cette leçon. Effectuer devant elles le travail du verre, des bouchons, le montage des appareils à hydrogène et à oxygène, la confection d'un filtre.

Donner en exercice d'observation la description du bec Bunsen et de la lampe à alcool, accompagnée du fonctionnement de ces objets. Pour le bec Bunsen, dont le maniement est très délicat, on montrera aux élèves le moyen d'allumer ce bec et de régler l'arrivée de l'air.

CHAPITRE II

EAUX NATURELLES,
EAU POTABLE, EAUX MINÉRALES

PLAN

I Eau naturelle	{ 1° *Gaz* dissous dans l'eau, manière de les recueillir. { 2° Substances solides en dissolution ou en suspension dans l'eau : (manière de reconnaître leur présence.

II
Eau potable

1° *Eau potable :* qualités : doit être fraîche. limpide, aérée, sans odeur, d'une saveur faible, etc.

2° *Différentes eaux employées dans l'alimen-tation.* — Eaux de pluie. / Eaux de source. / Eaux de rivière. / Eaux de puits.

Quelles sont les seules qui soient pures? Eaux de source.

3° *Moyens de rendre une eau potable :* filtration, ébullition.

III
Eaux minérales — Eaux sulfureuses, alcalines, gazeuses, ferrugineuses, salines.

EAUX NATURELLES

34. Composition de l'eau ordinaire.

L'eau ordinaire renferme des substances en disso'ution (solides et gaz), et diverses impuretés en suspen .ion.

35. *Gaz dissous dans l'eau.* — Pour recueillir les gaz dissous dans une eau, on la chauffe dans un ballon qu'on a totalement rempli, ainsi que le tube abducteur qui débouche sous une éprouvette pleine de mercure (*fig.* 17) : il faut en effet ne laisser aucune bulle d'air dans l'appareil. L'eau se vaporise, en même temps que les gaz qu'elle contenait se dégagent. Ces gaz sont recueillis dans l'éprouvette, avec la vapeur d'eau qui se condense en arrivant dans

l'éprouvette froide. On peut constater que le mélange de
gaz obtenu renferme de l'oxygène, de l'azote, de l'anhydride
carbonique,
c'est-à-dire tous
les gaz qui exis-
tent dans l'air
atmosphérique ;
il peut renfer-
mer encore di-
vers autres gaz.

36. *Substan-
ces solides dis-
soutes dans
l'eau.* — Chauf-.
fons de l'eau

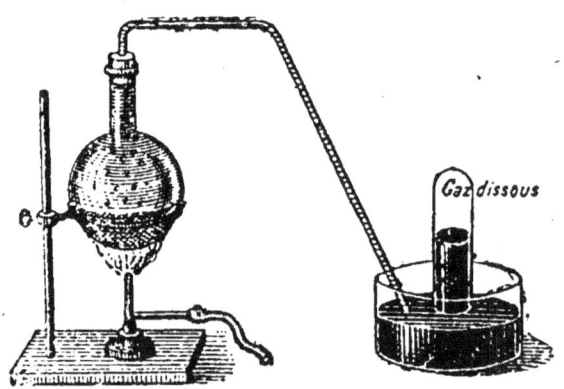

FIG. 17. — Expérience permettant de recueillir
les gaz dissous dans l'eau.

dans une casserole de métal jusqu'à ce que toute l'eau
soit vaporisée ; il reste dans le fond du vase un résidu
solide. C'est donc que l'eau contenait des substances
solides. Ces substances sont le plus souvent : du *calcaire*
ou *carbonate de calcium*, du plâtre ou *sulfate de calcium*,
des matières organiques. Certaines substances, bien qu'insolubles dans l'eau pure, existent en dissolution dans les
eaux courantes, parce que celles-ci sont chargées de gaz
carbonique ; ex. : carbonate et phosphate de calcium, silice. Ces corps se déposent quand on fait bouillir l'eau,
parce que le gaz carbonique se dégage par l'ébullition,
c'est pourquoi de l'eau calcaire laisse un dépôt sur les
parois des vases où on la fait bouillir.

On reconnaît qu'une eau renferme du calcaire ou du
plâtre à ce que le savon ne s'y dissout pas, mais forme des
grumeaux.

On reconnaît qu'une eau renferme des matières organiques
en y versant quelques gouttes d'une dissolution violette de
permanganate de potassium et en faisant bouillir : si le
liquide se décolore, c'est qu'il y a des matières organiques

EAU POTABLE

37. Caractères d'une eau potable.

Une eau est dite *potable* quand elle est propre à l'alimentation, à la cuisson des légumes et au savonnage. Pour qu'une eau soit potable, il faut qu'elle soit fraîche, claire, sans odeur, d'une saveur faible mais agréable, et qu'elle soit aérée : une eau privée d'air est fade et difficile à digérer. Elle doit renfermer des sels dissous : carbonates, phosphates, chlorures, car ces sels sont utiles à la nutrition, mais elle n'en doit pas contenir plus de 5 décigrammes par litre, sinon elle est indigeste ; on dit, dans ce cas, que l'eau est *dure* ou qu'elle est *crue*. Si le dépôt renferme surtout du sulfate de calcium (plâtre), l'eau est dite *séléniteuse* ; elle est impropre à la cuisson des légumes secs, parce que ceux-ci renferment une matière qui se durcit en se combinant avec le sel calcaire. Elle est de même impropre au savonnage, parce qu'elle forme avec le savon des grumeaux. On peut remédier à ces inconvénients en ajoutant à l'eau un peu de carbonate de soude (cristaux) ; il transforme le sulfate de calcium en calcaire qui se dépose.

Enfin, une eau potable ne doit pas renfermer de matières organiques en dissolution ni en suspension ; les matières organiques mortes, fumier, etc., s'y putréfient et donnent à l'eau une odeur fort désagréable : c'est ce qui écarte de l'alimentation les eaux des mares et des étangs. Mais ce qui est le plus à craindre, c'est la présence dans l'eau d'organismes vivants, microbes et œufs de vers parasites. Parmi les microbes que peut renfermer l'eau, il en est en effet qui sont la cause de maladies contagieuses, — fièvre typhoïde, choléra, dysenterie, — lorsqu'ils trouvent dans l'organisme humain des conditions favorables à leur développement. Les œufs de vers, amenés dans le tube digestif, peuvent y éclore et produire des troubles divers : troubles digestifs, convulsions, congestions cérébrales, attaques d'appendicite, etc.

38. Différentes eaux courantes.

De toutes les eaux courantes, voyons lesquelles répondent le mieux aux conditions précédentes. Les eaux de pluie sont pauvres en sels minéraux, mais bien aérées, et elles peuvent être employées dans l'alimentation à condition d'être reçues dans des citernes fermées. Toutefois elles sont fréquemment souillées dans leur passage sur les toits ou dans l'atmosphère par des matières organiques qui peuvent se putréfier et leur communiquer une mauvaise odeur.

Les eaux de rivières sont presque toujours impures, car elles traversent des villes et des villages où elles reçoivent des résidus de toutes sortes ; aussi sont-elles fréquemment la cause de la propagation de la fièvre typhoïde. Elles ne doivent donc jamais être consommées sans avoir été purifiées au préalable.

Les eaux de puits ne sont généralement pas pures non plus, parce que les puits, souvent creusés trop près des habitations, peuvent recevoir des infiltrations d'une fosse d'aisances, d'un tas de fumier, etc.

Ce sont les eaux de source qui sont les meilleures, car elles ont traversé de nombreuses couches du sol, qui leur ont fait subir une véritable filtration. Mais il faut les capter dès leur sortie pour qu'elles ne soient pas souillées par les matières organiques du voisinage. Encore n'est-on jamais sûr de leur pureté, car des infiltrations peuvent se produire aux alentours de la source et se mêler à la nappe d'eau qui l'alimente.

30. Moyens de rendre une eau potable.

En résumé, nous voyons qu'on ne peut pour ainsi dire jamais compter sur la pureté naturelle d'une eau. Il est

donc plus prudent de ne boire que de l'eau qui a été débarrassée artificiellement de ses matières organiques ([1]). Deux
moyens peuvent être employés :

1° *On fait* bouillir *l'eau* pendant quelques minutes, c'est
un procédé infaillible auquel on devrait
toujours avoir recours en temps d'épidémie. Mais il faut avoir soin d'agiter
l'eau après l'ébullition pour l'aérer.

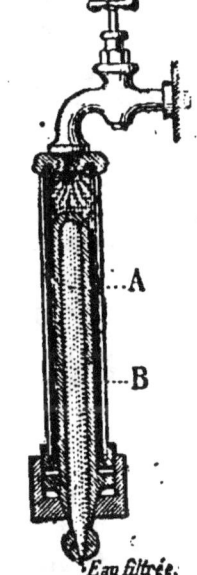

2° *On* filtre *l'eau*. Le meilleur filtre est
le filtre Chamberland, *système Pasteur*.
On utilise dans cet appareil la propriété
qu'a la porcelaine poreuse, ou porcelaine *dégourdie*, de laisser passer l'eau
en retenant toutes les particules, même
les plus fines, qu'elle tient en suspension.

Supposons que, dans une maison, l'eau
arrive sous pression ; on emploie le filtre
dit *à pression :* il se compose d'une
bougie A (*fig.* 18) en porcelaine dégourdie, creuse et ouverte seulement à la
partie inférieure terminée en cône. Cette
bougie est placée dans un cylindre métallique B percé en bas d'une ouverture

FIG. 18. — Coupe
verticale d'un fil-
tre Chamberland
avec pression.

par où sort la bougie ; la partie supérieure du cylindre
communique par un robinet avec le tuyau qui amène l'eau.
Dès qu'il est ouvert, l'eau, arrivant sous pression dans le
cylindre, filtre à travers la bougie de dehors en dedans, et
s'échappe par le cône inférieur dans le réservoir destiné à
la recueillir.

L'écoulement est lent, aussi emploie-t-on souvent plusieurs bougies dans un même filtre; le nombre de bougies

[1] Cette précaution est indispensable quand éclate, dans la localité,
une épidémie de fièvre typhoïde.

est d'autant plus grand que la consommation d'eau doit être plus considérable.

Nettoyage des filtres. — Les bougies des filtres doivent être tenues très propres pour laisser passer l'eau. Or elles se recouvrent assez vite d'une couche gluante qui ralentit l'écoulement; aussi faut-il, tous les huit jours, les plonger dans de l'eau bouillante, et en brosser soigneusement la surface.

EAUX MINÉRALES

40. On nomme eaux minérales des eaux renfermant une notable proportion de matières solides ou de gaz en disso-lution, ce qui leur donne des propriétés spéciales permet-tant de les utiliser en médecine. Quand leur température est supérieure à 20°, elles portent le nom d'eaux *thermales.*

Parmi les eaux minérales, citons :

1° Les *eaux sulfureuses,* — reconnaissables à leur odeur d'œufs pourris, — qui contiennent du sulfure de sodium ou de l'hydrogène sulfuré (eaux de Barèges, d'Enghien, d'Aix-les-Bains); on les emploie contre les maladies de la gorge et de la peau;

2° Les *eaux alcalines,* qui contiennent du bicarbonate de sodium ou sel de Vichy (eaux de Vichy, Royat, Bussang). Elles sont employées contre les affections de l'appareil digestif;

3° Les *eaux gazeuses,* d'une saveur aigrelette, qui ren-ferment une grande proportion de gaz carbonique [eaux de Seltz (Allemagne), de Saint-Galmier];

4° Les *eaux ferrugineuses,* qui ont une saveur analogue à celle de l'encre, et qui contiennent des sels de fer (eaux de Spa, d'Orezza, de Bussang);

5° Les *eaux salines,* qui renferment du chlorure de sodium ou sel marin (eaux de Bourbonne). Quelques-unes ren-ferment du sulfate de magnésium et sont purgatives (eau de Sedlitz).

L'eau de la mer renferme une grande proportion de chlorure de sodium et d'autres sels divers.

41. Expériences. — Dissoudre du savon blanc de Marseille dans
de l'eau ordinaire ; s'il se forme des grumeaux, c'est que l'eau
est calcaire. Reconnaître, à l'aide du permanganate de potassium, si l'eau ordinaire renferme des matières organiques. Mêmes
expériences avec de l'eau de provenances diverses : eau de pluie,
de rivière, de mare, etc.

Mettre une goutte d'eau sur une lame de verre bien propre,
ou sur une lame métallique et chauffer. Quand le liquide est évaporé, il reste sur la lame, à la place de la goutte, une tache
blanchâtre ; ce dépôt est formé par les substances solides qui
étaient dissoutes dans l'eau.

Exercices d'observation. — 1° Un exercice pourra être donné
sur l'eau : les élèves feront et décriront diverses expériences
de dissolution, chaufferont de l'eau et observeront ce qui se
passe, etc.

2° Observation du filtre de l'Ecole.

CHAPITRE III

EAU PURE

PLAN

I Préparation	{ On *distille* de l'eau ordinaire.	
II Composition	{ 1° Analyse par le courant électrique. 2° Synthèse par l'étincelle électrique. Résultat des expériences : 2 vol. d'hydrogène + 1 vol. d'oxygène = 2 vol. vap. d'eau	
III Propriétés physiques	{ Étude de ses propriétés sous ses trois états	{ Eau. { Glace. { Vapeur.
	{ Propriétés dissolvantes de l'eau.	
IV Propriétés chimiques de l'eau	{ peut être décomposée	{ 1° Par certains corps qui s'emparent de l'oxy- gène et mettent en liberté l'hydrogène (potassium, sodium, charbon, etc.); 2° Par des corps qui s'emparent de l'hydro- gène et mettent en liberté l'oxygène (chlore).
V Lois qu'on peut tirer de l'étude de la composition de l'eau	Lois de Gay-Lussac	{ 1° *Les volumes des gas qui se combinent* *sont dans un rapport simple.* 2° *Les volumes d'un composé gazeux sont* *dans un rapport simple avec la somme* *des volumes des composants, s'ils sont* *aussi gazeux.*
	Loi de Lavoisier	{ *Le poids d'un composé est égal à la somme* *des poids des composants.*

42. Distillation de l'eau.

Chauffons de l'eau ordinaire dans une cornue qui débouche dans un ballon sans cesse refroidi extérieurement par un courant d'eau (*fig.* 19). L'eau entre bientôt en ébullition; d'abondantes vapeurs s'élèvent dans la cornue, et passent dans le ballon, où, refroidies, elles se condensent en gouttelettes qui se réunissent dans le fond du ballon. L'eau ainsi obtenue ne renferme plus de substances solides en dissolution ou en suspension, car ces substances n'étant

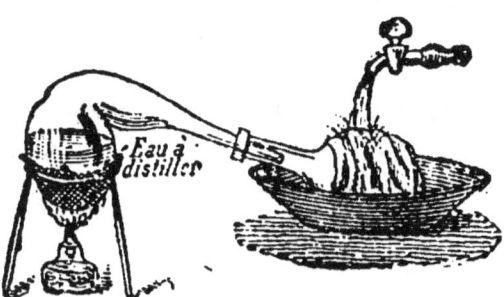

pas volatiles sont restées dans la cornue. Elle ne renferme pas non plus de gaz, car ces gaz se sont dégagés dès qu'on a commencé à chauffer (§ 35). On a donc obtenu de l'eau pure qu'on appelle encore eau

Fio. 19. — Distillation de l'eau dans les laboratoires.

distillée, et l'opération précédente porte le nom de distillation.

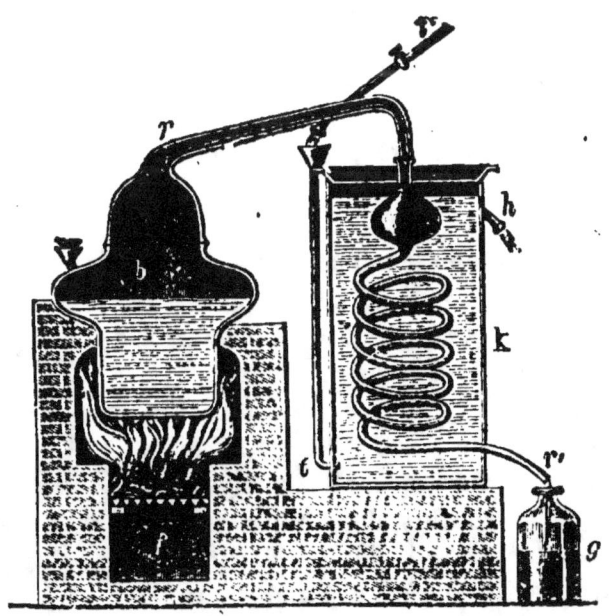

Fio. 20. — Alambic.

Pour avoir de grandes quantités d'eau distillée, on emploie un appareil appelé *alambic* (*fig.* 20).

Il se compose d'une chaudière ou *cucurbite b*, contenant l'eau à distiller, d'un *chapiteau r* qui la surmonte et qui communique par un tube avec un *serpentin* plongé dans un vase où circule un courant d'eau froide. On chauffe l'eau : les vapeurs s'élèvent dans le chapiteau, passent dans le serpentin où elles se condensent, et l'on peut recueillir en *g* l'eau formée.

Nous allons chercher à connaître la composition de l'eau pure.

COMPOSITION DE L'EAU EN VOLUMES

43. Analyse.

La décomposition de l'eau par un courant électrique ou électrolyse de l'eau (§ 14) est une analyse de ce corps. Elle nous a montré que l'eau peut être décomposée en deux gaz : l'*hydrogène* et l'*oxygène*. En outre, nous avons recueilli deux fois plus d'hydrogène que d'oxygène. L'eau renferme donc 2 volumes d'hydrogène pour 1 volume d'oxygène.

44. Synthèse.

Nous avons obtenu, en décomposant l'eau, de l'hydrogène et de l'oxygène. Mais l'eau ne renferme-t-elle que ces deux corps? Pour nous en assurer, il nous suffit de recombiner l'hydrogène et l'oxygène et de voir si nous obtenons de l'eau ; la synthèse viendra ainsi *faire la preuve* de l'analyse.

Fig. 21.
Eudiomètre.

L'expérience se fait dans un *eudiomètre*, tube de verre épais (*fig.* 21) traversé à sa partie supérieure par deux fils de platine. On y introduit, par exemple, 50 centimètres cubes d'oxygène et 50 d'hydrogène, mesurés à la pression atmosphérique, on place l'eudiomètre sur le mercure. Puis on fait

jaillir dans le mélange une étincelle électrique; une détonation se produit, et l'on voit le mercure monter dans le
tube. Après refroidissement, on peut constater que le
mercure est surmonté de quelques gouttes d'eau et qu'il
reste un gaz occupant 25 centimètres cubes à la pression
atmosphérique. Ce gaz est formé seulement d'oxygène, car
on peut l'absorber complètement par du phosphore, et
l'oxygène seul peut se combiner à froid avec ce corps. Donc,
les 50 centimètres cubes d'hydrogène se sont combinés à
25 centimètres cubes d'oxygène pour former de l'eau.

Remarque. — Si l'on avait entouré l'eudiomètre d'un
manchon à la température de 100°, l'eau serait restée à
l'état de vapeur, et l'on aurait pu constater qu'elle occupait
un volume de 50 centimètres cubes. Donc 50 centimètres
cubes d'hydrogène, en se combinant à 25 centimètres cubes
d'oxygène, donnent 50 centimètres cubes de vapeur d'eau.

Conclusions.

1° *L'eau est formée de 2 gaz seulement, l'hydrogène et
l'oxygène;*

2° *L'eau est formée de 2 volumes d'hydrogène pour 1 volume
d'oxygène;*

3° *2 volumes d'hydrogène se combinant à 1 volume d'oxygène
donnent 2 volumes de vapeur d'eau.*

45. Lois de Gay-Lussac.

Ainsi, d'après la conclusion 2, les volumes des deux gaz,
hydrogène et oxygène, qui se combinent, ne sont pas
quelconques, ils sont dans un rapport simple[1].

$$\frac{\text{Vol. hydrogène}}{\text{Vol. oxygène}} = 2.$$

[1] Un rapport simple est un rapport exprimé par de petits nombres.

De même, d'après la conclusion 3, le volume de vapeur d'eau formé est dans un rapport simple avec la somme des volumes d'hydrogène et d'oxygène employés :

$$\frac{\text{Vol. vapeur d'eau}}{\text{Somme des vol. hydrogène et oxygène}} = \frac{2}{3}.$$

Ces deux faits sont généraux pour toutes les combinaisons de corps gazeux. Aussi sont-ils énoncés en lois, dites lois de Gay-Lussac, du nom du chimiste français qui les a établies.

1° *Loi de Gay-Lussac.* — *Les volumes des gaz qui se combinent sont dans un rapport simple.* Ce rapport peut être 1, 2, $\frac{1}{3}$, $\frac{2}{3}$, etc.

2° *Loi de Gay-Lussac.* — *Le volume d'un composé gazeux est dans un rapport simple avec la somme des volumes de ses composants, s'ils sont gazeux aussi.*

COMPOSITION DE L'EAU EN POIDS

16. On peut montrer par l'expérience et par le calcul, que, en poids, l'eau est formée de 1 gramme d'hydrogène pour 8 grammes d'oxygène. De plus, 1 gramme d'hydrogène, en se combinant à 8 grammes d'oxygène, donne 9 grammes de vapeur d'eau, soit le total des poids des gaz employés.

Le fait est général et est exprimé par la loi suivante, dite loi de Lavoisier, du nom du grand chimiste français qui l'a établie.

Loi de Lavoisier. — *Le poids d'un composé est égal à la somme des poids des composants.* Nous avons vu qu'on ne peut pas dire la même chose pour les volumes (2° loi de Gay-Lussac).

PROPRIÉTÉS DE L'EAU

47. Propriétés physiques.

A l'état liquide, l'eau est incolore vue sous une faible épaisseur; verdâtre, quand elle est vue en grande masse. Elle n'a ni odeur, ni saveur. Prise à 100° et refroidie, elle se contracte de façon continue jusqu'à 4°, puis se dilate jusqu'à 0°, de sorte qu'elle présente son maximum de densité à 4°. C'est cette densité de l'eau à 4° qui a été prise pour unité de poids, de sorte que 1 centimètre cube d'eau à cette température pèse 1 gramme. Arrivée à 0°, l'eau se solidifie en augmentant de volume, de sorte que la glace formée est moins dense que l'eau (sa densité est 0,92). C'est ce qui explique que la glace flotte sur l'eau, et que les vais-

Fio. 22. — Formes cristallines de la glace.

seaux des végétaux, les pierres poreuses ou « pierres *gélives* », se brisent pendant les gelées.

La température de solidification de l'eau étant toujours la même, elle a pu être prise pour **point de repère** (zéro) dans la graduation du thermomètre centigrade.

La glace est un corps transparent, incolore, formé de cristaux affectant la forme d'étoiles à six branches bien visibles quand la solidification s'est faite lentement : c'est 'ce qui arrive sur les vitres en hiver; dans les arborescences formées, on peut voir ces cristaux d'aspect varié, dont la figure 22 peut nous donner quelque idée.

L'eau émet des vapeurs à toute température; elle bout à une température fixe sous la pression atmosphérique normale (760 millimètres), et cette température a été prise

pour le deuxième point de repère (point 100) du thermomètre centigrade. La densité de la vapeur d'eau par rapport à celle de l'air est 0,622.

Propriétés dissolvantes de l'eau. — L'eau pure peut dissoudre un certain nombre de corps solides, liquides ou
gazeux. On sait par exemple que le sel, le sucre, le savon,
le carbonate de soude se dissolvent dans l'eau. Il ne faut
pas confondre ces phénomènes de dissolution avec un
simple phénomène de suspension. Si l'on jette de la fécule
dans l'eau et qu'on agite, elle paraît se mélanger intimement à l'eau ; mais, dès qu'on laisse reposer, la fécule
tombe tout entière au fond du vase ; et, pour la séparer de
l'eau, il suffit de *décanter*, c'est-à-dire de transvaser lentement le liquide sans agiter le fond. On la sépare plus parfaitement en *filtrant*. Il n'y a donc pas eu *dissolution*, mais
simplement *suspension* de la fécule dans l'eau. La même
chose se produit avec l'amidon.

Au contraire, pour séparer le sel ou le sucre de l'eau, la
filtration est impuissante ; il faut faire évaporer l'eau complètement, jusqu'à ce qu'il ne reste que le sel ou le sucre ;
on dit qu'on *évapore à sec* ou *jusqu'à siccité*.

L'eau peut dissoudre certains liquides (glycérine), et
beaucoup de gaz ; les gaz sont plus solubles à froid qu'à
chaud, et, pour une même température, ils se dissolvent
en quantité d'autant plus grande que la pression au-dessus
du liquide est plus considérable. La solubilité des gaz varie
avec leur nature : ainsi 1 litre d'eau dissout à 0° plus
de 1.000 litres d'ammoniaque, tandis qu'il ne dissout
que 17 centimètres cubes d'hydrogène, sous la même pression de 1 atmosphère.

48. Propriétés chimiques de l'eau.

Nous aurons l'occasion de connaître la plupart des propriétés chimiques de l'eau, en étudiant les divers corps de
la chimie, car elle a une action sur beaucoup d'entre eux.

Disons seulement ici que l'eau est décomposée par certains corps qui se combinent très facilement à l'oxygène et par suite l'enlèvent aux composés qui en renferment. Ces corps, appelés réducteurs, prennent donc l'oxygène de l'eau e' mettent en liberté l'hydrogène. Ainsi le potassium et le sodium décomposent l'eau à froid, il se forme de la potasse ou de la soude et il se dégage de l'hydrogène.

Expérience. — On jette un morceau de potassium dans l'eau d'un vase à bo   '; élevés (*fig.* 23), aussitôt on le voit tourner sur l'eau en même temps qu'on observe une flamme due à la combustion de l'hydrogène.

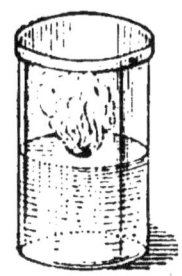

Après l'expérience, on peut constater que l'eau donne au toucher la sensation d'eau de lessive ; c'est parce qu'elle renferme de la potasse.

Le fer, le charbon, décomposent l'eau, mais seulement quand ils sont portés au rouge : on obtient un oxyde (¹) et de l'hydrogène ; ainsi, lorsqu'on plonge un charbon rouge dans l'eau, on voit se dégager des bulles de gaz dues à la décomposition de l'eau: il se forme de l'oxyde de carbone, du gaz carbonique et de l'hydrogène.

Fio. 23. — Décomposition de l'eau par le potassium.

Conséquences pratiques. — Le forgeron qui asperge d'eau des charbons ardents, active ainsi la combustion en produisant de l'oxyde de carbone et de l'hydrogène, gaz combustibles, qui dégagent beaucoup de chaleur en brûlant. Pour la même raison, une petite pluie active un incendie au lieu de l'éteindre.

Il ne faut jamais, le soir, éteindre un feu avec de l'eau, ou le conserver avec des cendres mouillées, lorsqu'on doit séjourner dans la chambre, car il se forme de l'oxyde de carbone, gaz délétère.

(¹) On appelle oxyde un corps formé par la combinaison d'un corps simple avec l'oxygène.

Enfin l'eau est décomposée par certains corps qui, à l'inverse des précédents, s'emparent de son hydrogène et mettent en liberté l'oxygène. Il en est ainsi du chlore qui, avec l'hydrogène, forme de l'acide chlorhydrique.

49. Expériences. — Décomposer l'eau par le potassium, par le charbon.

CHAPITRE IV

HYDROGÈNE

PLAN

I **Propriétés**	**Propriétés essentielles**	**Gaz, se liquéfie très difficilement.**	
		Le plus léger des gaz. *Expériences*	Aboucher 2 éprouvettes, l'une inférieure pleine d'hydrogène, l'autre supérieure pleine d'air. Gonfler des bulles de savon avec de l'hydrogène.
		Traverse les corps poreux : papier-filtre, caoutchouc, membranes, etc.	
		Brûle	Expériences : enflammer l'hydrogène d'une éprouvette, et celui qui se dégage de l'appareil. Résultat de la combustion : *vapeur d'eau*, dégagement d'une grande quantité de *chaleur.* Mélanges détonants. Conséquence : l'hydrogène est *réducteur.*
II **Usages de l'hydrogène**	Applications de sa légèreté : gonflement des ballons. Applications de sa combustion facile et dégageant beaucoup de chaleur : *chalumeau oxhydrique, lumière Drummond, etc.*		
III **Préparation**	1° Dans les laboratoires	eau, zinc et acide sulfurique ou acide chlorhydrique.	
	2° Dans l'industrie : *décomposition de l'eau par le courant électrique.*		

50. L'hydrogène est un gaz incolore, sans odeur et sans saveur, qui entre dans la composition de l'eau. Il est très difficilement liquéfiable ; on a cependant pu arriver à le liquéfier en le soumettant à un froid considérable : — 205° sous une pression de 180 atmosphères ; il a pu aussi être solidifié.

On reconnait facilement ce gaz à ce qu'il brûle avec une flamme pâle à l'approche d'une allumette enflammée : c'est ainsi qu'on le distingue de l'air, par exemple.

PROPRIÉTÉS ESSENTIELLES

51. L'hydrogène est le plus léger de tous les gaz.

Expériences. — 1° On abouche deux éprouvettes, autant que possible de même diamètre et de même capacité, l'une inférieure pleine d'hydrogène, l'autre supérieure pleine d'air. Au bout de quelques instants, on les sépare : on constate que l'hydrogène a passé tout entier dans l'éprouvette supérieure, car une allumette enflammée fait brûler immédiatement le gaz qu'elle contient (*fig.* 24).

2° On fait déboucher un tube à dégagement d'hydrogène dans de l'eau de savon ; en retirant le tube, une goutte de liquide y reste adhérente, et le gaz en sortant forme des bulles de savon qu'on voit s'élever rapidement dans l'air. Ces deux expériences montrent que l'hydrogène est plus léger que l'air.

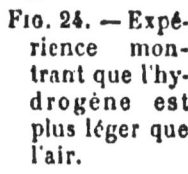

Fio. 24. — Expérience montrant que l'hydrogène est plus léger que l'air.

52. L'hydrogène traverse très facilement les membranes.

On dit qu'il est très *diffusible*. Pour le montrer, plaçons au-dessus de l'extrémité d'un tube par où sort de l'hydrogène un morceau de papier-filtre ; si, de l'autre côté de ce papier, on présente une allumette enflammée, l'hydrogène qui a traversé la feuille brûle aussitôt.

Sa densité par rapport à l'air est 0,0695, c'est-à-dire qu'un litre d'hydrogène à 0° et sous la pression normale pèse les $\frac{695}{10.000}$ d'un litre d'air, ou $1^{gr},293 \times 0,0695 = 0^{gr},0898$, soit 14 fois $\frac{1}{2}$ moins que l'air.

L'hydrogène traverse de même le caoutchouc, la terre poreuse, les membranes, etc.

53. L'hydrogène peut brûler.

C'est là sa propriété chimique essentielle.

a) *Expériences montrant que l'hydrogène brûle.* — Il suffit d'approcher une bougie ou une allumette enflammée de l'ouverture d'une éprouvette pleine de ce gaz ; on le voit brûler avec une flamme pâle qui est très chaude (*fig. 25*). .

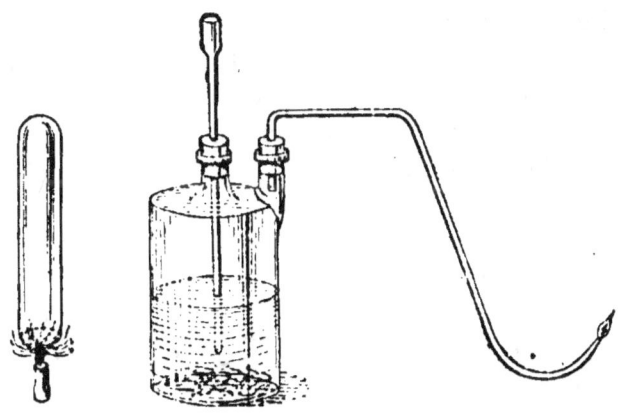

Fᴵɢ. 25 et 26. — Combustion de l'hydrogène.

On peut aussi enflammer l'hydrogène à l'extrémité d'un tube à dégagement effilé (*fig. 26*).

Le résultat de la combustion est de la vapeur d'eau : pour le vérifier, on place au-dessus de la flamme de l'hydrogène un verre très sec; il se recouvre peu à peu de gouttelettes d'eau provenant de la condensation de la vapeur produite. — La combustion de l'hydrogène n'est pas autre chose qu'une combinaison de l'hydrogène avec l'oxygène, et le corps nouveau provenant de cette combinaison est la vapeur d'eau.

Nous avons vu (§ 44) que cette combinaison peut tout

aussi bien avoir lieu sous l'influence d'une étincelle électrique.

b) *Mélanges détonants.* — Si, au lieu d'enflammer l'hydrogène à l'air, on introduit dans une éprouvette un mélange d'hydrogène et d'oxygène, ou d'hydrogène et d'air, dans les proportions de 2 volumes d'hydrogène pour 1 d'oxygène ou 5 d'air, et qu'on approche une allumette, une vive détonation se produit et l'éprouvette peut voler en éclats. Ce mélange d'hydrogène et d'oxygène constitue un *mélange détonant.*

Conclusions pratiques. — Quand on fait cette expérience, entourer toujours l'éprouvette d'un linge épais.

Avant d'enflammer l'hydrogène à l'extrémité d'un tube à dégagement, attendre toujours que tout l'air de l'appareil ait été chassé, car le mélange d'hydrogène et d'air détonerait en sortant au contact de la flamme.

c) *Conséquences de ce fait que l'hydrogène brûle facilement.* — L'hydrogène se combine très facilement à l'oxygène ; il est par suite un corps réducteur (§ 48).

C'est ainsi qu'il *réduit* les oxydes de cuivre, de fer. chauffés. Si l'on fait passer un courant d'hydrogène (*fig.* 27) dans un tube de verre renfermant un de ces oxydes qu'on chauffe, il se dégage en **A** de la vapeur d'eau, et il reste dans le tube, après l'expérience, du cuivre ou du fer : l'hydrogène s'est combiné à l'oxygène de l'oxyde pour donner de la vapeur d'eau et il a mis en liberté le métal.

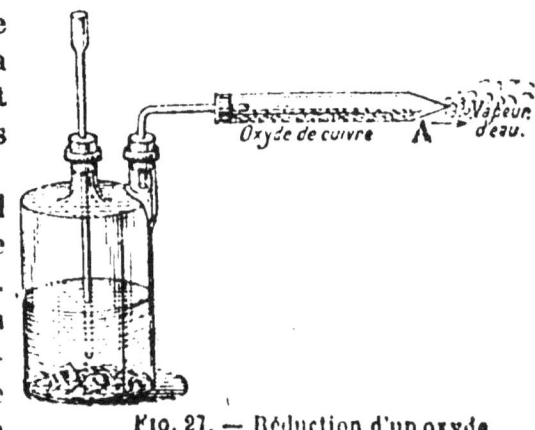

Fig. 27. — Réduction d'un oxyde par l'hydrogène.

54. Usages de l'hydrogène.

Ils peuvent être classés d'après les propriétés de l'hydrogène.

1° L'hydrogène est léger. Applications. — Il sert à gonfler les aérostats, mais il faut une enveloppe imperméable : on emploie généralement un tissu fin et serré disposé en plusieurs couches et rendu imperméable par du vernis. — On emploie aussi l'hydrogène pour gonfler les petits ballons en baudruche qui servent de jouets aux enfants.

2° L'hydrogène, en brûlant, dégage beaucoup de chaleur. — On utilise cette chaleur quand on veut obtenir une température élevée : par exemple, pour fondre le platine, pour souder le plomb ou le fer à eux-mêmes. Si la combustion est activée par un courant d'oxygène, on peut atteindre une température de 2.000° : c'est ce qu'on réalise dans le **chalumeau oxhydrique** (*fig.* 28).

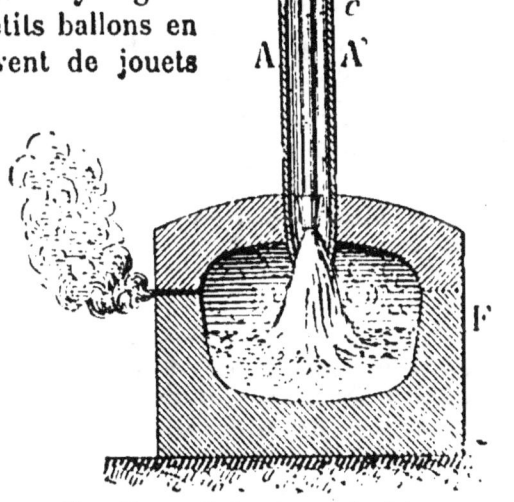

Fig. 28. — Chalumeau oxhydrique.
C, tube intérieur par lequel arrive l'oxygène ; AA', tube concentrique au premier par lequel arrive l'hydrogène ou le gaz d'éclairage ; F, four en chaux vive.

55. Préparation.

1° Dans les laboratoires. — Nous avons vu qu'on peut attaquer le zinc par l'acide sulfurique étendu (ch. i, § 28). On peut aussi employer le zinc et l'acide chlorhydrique étendu.

2° *Dans l'industrie*. — La préparation précédente (attaque du fer par un acide) était employée autrefois industriellement. Actuellement, tout l'hydrogène industriel s'obtient en décomposant par un courant électrique l'eau additionnée d'une petite quantité d'acide sulfurique ou mieux de potasse, qui sert à rendre l'eau conductrice de l'électricité. L'eau se décompose en hydrogène et en oxygène, et l'on prépare ainsi ces deux corps en même temps : c'est en grand l'expérience par le voltamètre, que nous avons vue (§ 14).

L'hydrogène est vendu industriellement dans des tubes en acier où il est comprimé à 120 atmosphères ; c'est cet hydrogène facilement transportable qu'on emploie pour les aérostats militaires. La préparation de l'hydrogène par l'électrolyse de l'eau est très économique. Le prix de revient moyen de 1 mètre cube d'oxygène et 2 mètres cubes d'hydrogène est d'environ 1 fr. 50.

50. Expériences. — Préparer l'hydrogène comme nous l'avons indiqué, avec du zinc et un acide. Faire les diverses expériences indiquées relativement à la légèreté, à la diffusibilité, à la combustion de l'hydrogène. Réduire un oxyde par l'hydrogène.

CHAPITRE V

OXYGÈNE

PLAN

I **Propriétés** **physiques**	Gaz. Un peu plus dense que l'air. Peu soluble dans l'eau. Se liquéfie difficilement.
II **Propriété** **chimique** **essentielle :** **il fait brûler** **les corps**	1° Expériences de combustion dans l'oxygène. { Charbon. Soufre. Phosphore. Fer. Magnésium. 2° Montrer que chacune de ces combustions n'est pas autre chose qu'une combinaison avec l'oxygène.
III **Préparation**	1° Dans les laboratoires. { Décomposition du chlorate de potassium par la chaleur. 2° Dans l'industrie { Décomposition de l'eau. Extraction de l'oxygène de l'air.
IV **Usages**	Emploi fréquent pour activer les combustions.

57. Propriétés physiques.

L'oxygène est un gaz incolore, sans odeur et sans saveur, entrant dans la composition de l'air, de l'eau et d'un grand nombre de corps vivants ou bruts.

Sa densité est 1,1056, c'est-à-dire que 1 litre d'oxygène pèse à 0° et sous la pression de 760 millimètres :

$$1^{gr},293 \times 1,1056.$$

Il est donc un peu plus lourd que l'air.

Il est très peu soluble dans l'eau; 1 litre d'eau à 0° en dissout environ $\frac{1}{20}$ de litre.

Ozone. — Sous l'action d'étincelles électriques, l'oxygène subit une sorte de condensation et se transforme en *ozone;* ce gaz a des propriétés oxydantes beaucoup plus énergiques que l'oxygène; en particulier, il oxyde les microbes contenus dans l'eau et les détruit, ce qui le fait employer pour la stérilisation de l'eau dans plusieurs villes.

Propriétés chimiques.

58. *Expériences.* — 1° Si on introduit dans une éprouvette pleine d'oxygène une allumette ne présentant plus qu'un point rouge, elle se rallume aussitôt et brûle avec un vif éclat. C'est le moyen que nous avons employé pour reconnaître l'oxygène (§ 11). *Un corps brûle donc avec plus d'activité dans l'oxygène que dans l'air.* C'est ce que vont nous montrer encore les expériences suivantes.

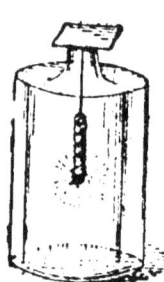

Fig. 29. — Combustion du charbon dans l'oxygène.

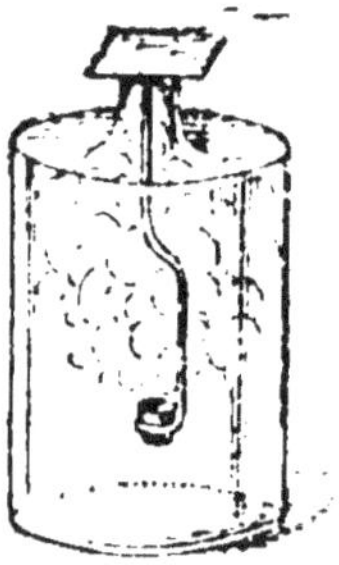

Fig. 30. — Combustion du soufre dans l'oxygène.

2° **Combustion du charbon.** — Dans un flacon plein d'oxygène (*fig.* 29), introduisons un morceau de fusain incandescent suspendu à un fil de fer qui traverse un bouchon plat et large; aussitôt il y brûle *avec beaucoup d'éclat,* se consume rapidement, puis s'éteint.

3° **Combustion du soufre.** — Plaçons un morceau de soufre dans une coupelle de terre fixée à un fil de fer disposé comme dans l'expérience précédente (*fig.* 30), et introduisons-le dans un flacon plein d'oxygène après l'avoir enflammé : il brûle aussitôt avec une flamme *bleue très vive.*

4° **Combustion du phosphore.** — Faisons la même expérience avec du phosphore : il brûle avec une flamme *blanche éblouissante,* et le flacon s'emplit de fumées blanches **très denses et très solubles dans l'eau.**

5° Combustion du fer et du magnésium. — On suspend à un bouchon de liège un fil de fer fin ou un ressort de montre

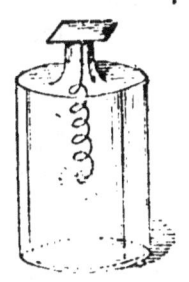

(*fig.* 31), à l'extrémité duquel est attaché un morceau d'amadou qu'on enflamme ; puis on plonge le fil dans un flacon d'oxygène. Le fer ou l'acier brûle avec *éclat*, sans flamme, en projetant en tous sens des étincelles ; la chaleur dégagée est telle que l'oxyde de fer qui s'est formé fond et vient s'incruster dans le fond du flacon, qui

Fig. 31.— Combustion du fer dans l'oxygène.

casserait si on n'avait pris soin d'y laisser un peu d'eau.

Un fil de magnésium enflammé et plongé dans l'oxygène brûle avec *une flamme éblouissante*, et il se produit une poudre solide blanche, la *magnésie*, soluble dans l'eau.

50. Conclusions.

1° Répétons toutes les expériences précédentes dans des flacons pleins d'air ; les corps y brûlent avec moins de vivacité et d'éclat que dans l'oxygène.

1re Conclusion. — **L'oxygène fait brûler les corps avec plus de vivacité et d'éclat que l'air.**

2° Après chaque expérience, on pourrait constater que le flacon ne renferme plus d'oxygène, car une allumette enflammée s'y éteint, mais il renferme un corps nouveau, ayant des propriétés nouvelles. Ainsi, l'oxygène ne change pas la couleur de la teinture de tournesol, tandis que dans les trois premiers flacons (charbon, soufre, phosphore), le tournesol rougit. Dans le flacon où a brûlé du magnésium, une goutte de tournesol rougi redevient bleue. Les composés formés sont appelés gaz carbonique, gaz sulfureux, anhydride phosphorique, oxyde de magnésium ou magnésie.

Enfin, si on analysait les composés obtenus, on trouverait

qu'ils renferment tous de l'oxygène combiné au corps qu'on a fait brûler, aussi bien quand on fait l'expérience dans un flacon d'air que dans un flacon d'oxygène.

60. 2° *Conclusion.* — Les combustions ne sont autre chose que des combinaisons avec l'oxygène, autrement dit des oxydations. Brûler veut donc dire se combiner à l'oxygène, et nous pouvons dire que *la propriété essentielle de l'oxygène est de se combiner à un grand nombre de corps ou, ce qui est la même chose, de les faire* brûler *ou de les* oxyder.

61. *Conclusions pratiques de l'étude des combustions.* — 1° Pour produire ou favoriser les combustions, il faut permettre l'arrivée d'oxygène ou d'air en quantité suffisante à la surface du combustible.

Ainsi, pour activer le feu dans une cheminée, on baisse le tablier, car, en ne laissant libre qu'une faible ouverture, on force l'air à passer sur le combustible et non au-dessus.

2° Une condition nécessaire au bon fonctionnement d'une cheminée, c'est qu'elle *tire bien*, car le *tirage* n'est autre chose que le renouvellement continu de l'air à la surface du combustible.

PRÉPARATION DE L'OXYGÈNE

62. Dans les laboratoires.

Nous avons vu qu'on peut décomposer le chlorate de potassium par la chaleur. Ce sel renferme du chlore, de l'oxygène et du potassium. La chaleur le décompose en oxygène et chlorure de potassium.

Chlorate de potassium *(chauffé)* { Oxygène *(qui se dégage).*
Chlore } Chlorure de potassium
Potassium } *(qui se forme).*

Le dégagement est plus régulier quand on ajoute au chlorate un corps appelé *bioxyde de manganèse*, qui joue là un rôle assez mal connu.

63. Dans l'Industrie.

Tous les procédés industriels reviennent à extraire l'oxygène de l'air ou de l'eau, parce que ce sont deux corps qu'on peut se procurer en grande quantité et sans dépense. Actuellement, les deux procédés presque uniquement employés sont : 1° l'électrolyse de l'eau; 2° la préparation par l'air liquide.

1° *Electrolyse de l'eau.* — Ce procédé a été étudié à propos de l'hydrogène, car l'hydrogène et l'oxygène sont préparés en même temps, lorsqu'on électrolyse l'eau.

2 *Préparation par l'air liquide.* — Si on laisse évaporer de l'air liquide, l'azote s'évapore beaucoup plus vite que l'oxygène, et bientôt le liquide ne contient presque plus que de l'oxygène. C'est un moyen de préparer ce corps industriellement.

L'air liquide employé pour cette préparation est fabriqué actuellement à très bas prix en utilisant le froid produit par la détente de l'air dans l'appareil de M. Claude, qui peut fournir 700 à 1.000 mètres cubes d'oxygène par jour.

Ce mode de préparation a fait baisser de beaucoup le prix de l'oxygène. Ainsi l'oxygène, vendu en général 5 francs le mètre cube dans les laboratoires, peut, paraît-il, être livré à 2 francs depuis qu'on le prépare par l'air liquide.

Ce gaz est livré, comme l'hydrogène, dans des tubes en acier très résistants, dans lesquels on le comprime à 120 atmosphères.

64. Usages de l'oxygène.

L'oxygène est très employé dans l'industrie pour obtenir des températures élevées.

On emploie ce gaz pour les projections, l'éclairage des automobiles, pour la fabrication des rubis artificiels et surtout pour la soudure d'un métal à lui-même (chalumeau oxhydrique) et le coupage des tôles. La consommation journalière de la France, en 1909, a été de 1.200 *mètres cubes*, et elle s'accroît encore.

On fait respirer l'oxygène pur aux personnes qui ont subi un commencement d'asphyxie; les aéronautes emportent des ballons d'oxygène qu'ils respirent dans les régions élevées de l'atmosphère.

65. Expériences. — Préparer de l'oxygène avec du chlorate de potassium et du bioxyde de manganèse ou, à défaut, du sable calciné mélangés en volumes à peu près égaux. Faire les diverses expériences indiquées dans la leçon.

L'expérience relative à la combustion du soufre peut se faire au moyen d'un paquet de 10 ou 15 allumettes qu'on enflamme (quand on n'a pas de soufre à sa disposition).

En recueillant l'oxygène destiné à la combustion du fer, on a soin de ne pas chasser toute l'eau du flacon, mais d'en laisser une hauteur de quelques centimètres.

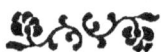

CHAPITRE VI

(PEUT ÊTRE TRAITÉ EN DEUX LEÇONS)

ACIDES, BASES, SELS, SYMBOLES ET FORMULES, POIDS ATOMIQUES ET POIDS MOLÉCULAIRES

PLAN

Acides *Caractères :*	Saveur piquante. Rougissent le tournesol. Donnent des sels et de l'eau avec la potasse. Donnent des sels avec les métaux.
Anhydrides *Caractères :*	Donnent avec l'eau un acide. Sont généralement formés d'un métalloïde et d'oxygène.
Bases *Caractères :*	Bleuissent le tournesol rougi par un acide. Donnent des sels et de l'eau avec les acides.
Oxydes basiques *Caractères :*	Diffèrent des bases par de l'eau en moins. Sont généralement formés d'un métal et d'oxygène.
Sels *Caractères :*	Résultent de la combinaison d'un acide et d'une base avec production d'eau.
Symboles **des corps simples**	Représentent un poids déterminé ou poids atomique du corps. Représentent un volume déterminé, $11^l,16$, si le corps est gazeux $\underset{\substack{\text{Poids}\\\text{atomique}}}{P} = \underset{\substack{\text{poids du litre}\\\text{d'air}}}{1^{gr},293} \times \underset{\substack{\text{volume}\\\text{du gaz}}}{11.16} \times \underset{\substack{\text{densité}\\\text{du gaz.}}}{d} = 14,4 \times d$
Formules **des** **corps composés**	Représentent un poids déterminé ou poids moléculaire du corps; et un volume déterminé, $22^l,32$, si le corps est gazeux ou vaporisable. $\underset{\substack{\text{Poids}\\\text{moléculaire}}}{P} = \underset{\substack{\text{poids du litre}\\\text{d'air}}}{1^{gr},293} \times \underset{\substack{\text{volume}\\\text{du gaz}}}{22,32} \times \underset{\substack{\text{densité}\\\text{du gaz.}}}{d} = 28,8 \times d$

ACIDES. — ANHYDRIDES

66. Expériences.

Prenons l'acide sulfurique; il a une saveur piquante; si nous en versons quelques gouttes dans la teinture de tournesol qui est bleue, celle-ci rougit immédiatement. Il attaque le fer, le zinc, et d'autres *métaux* en donnant un corps nouveau qu'on appelle un *sel* et en dégageant de l'hydrogène. Si l'on verse de l'acide sulfurique dans de la potasse dissoute, il y a effervescence et il se forme également un corps nouveau qui est un *sel* de potassium et de l'eau.

67. *Caractères des acides.* — *Lorsqu'un corps a une saveur piquante, rougit le tournesol, donne des sels et de l'eau avec la potasse, des sels avec les métaux, on l'appelle un acide.*

EXEMPLES : l'acide chlorhydrique, l'acide acétique contenu dans le vinaigre.

68. Anhydrides.

Les flacons où nous avons fait brûler du soufre, du charbon, du phosphore (§ 59) renferment des composés, qui, dissous dans l'eau, rougissent aussi la teinture de tournesol. C'est que ces corps donnent avec l'eau des acides. On les appelle anhydrides.

Un anhydride est donc un corps qui avec *l'*eau donne un acide.

EXEMPLES : anhydride carbonique, anhydride sulfureux, anhydride phosphorique.

Un anhydride est généralement formé d'oxygène et d'un métalloïde.

BASES. — OXYDES BASIQUES

69. Expériences.

Versons quelques gouttes de potasse dans la teinture de tournesol rougie par un acide : celle-ci redevient bleue. La potasse donne, avec les acides, des sels et de l'eau.

70. *Caractères des bases.* — *Lorsqu'un corps bleuit le tournesol rougi par un acide et donne avec les acides des sels et de l'eau, on l'appelle une base.*

Exemples : la soude, l'eau de chaux.

71. Oxydes basiques.

Le flacon où nous avons fait brûler du magnésium (§ 58) renferme la magnésie qui, dissoute dans l'eau, ramène aussi au bleu le tournesol rougi par un acide. C'est que la magnésie donne avec l'eau une base. On l'appelle elle-même un oxyde basique.

Les oxydes basiques sont donc des corps qui diffèrent des bases par de l'eau en moins.

Un oxyde basique est généralement formé d'oxygène et d'un métal.

CORPS NEUTRES

72. Expérience.

Versons du tournesol dans une dissolution de sel marin : il ne rougit pas. Pas davantage, le tournesol rougi par un acide ne redevient bleu. Le sel marin, qui est *sans action sur le tournesol*, est appelé un corps neutre.

L'oxyde de fer, obtenu par la combustion du fer dans l'oxygène, est aussi un corps neutre.

SELS

73. Caractères.

Il résulte de ce qui précède (§ 70) *qu'un corps formé par la combinaison d'un acide et d'une base avec production d'eau est un sel.*

Ainsi, la soude avec l'acide chlorhydrique donne le sel de cuisine ou chlorure de sodium, qui est un sel; la chaux avec l'acide sulfurique donne le plâtre qui est un sel également. Les sels peuvent aussi être formés par l'action d'un acide sur un métal. Ainsi le sulfate de zinc peut être obtenu par l'action de l'acide sulfurique sur du zinc (§ 28). En général, les sels sont neutres au tournesol.

74. Nouvelle distinction entre les métalloïdes et les métaux.

Nous avons dit (§ 71) qu'un oxyde basique renferme généralement un métal. Nous allons nous servir de cette propriété pour caractériser les métaux : *tout corps qui, avec l'oxygène, donne au moins un oxyde basique, est un métal.* Les autres corps simples sont des métalloïdes.

SYMBOLES ET FORMULES

75. Jusqu'ici, chaque fois que nous avons eu à désigner un corps, nous avons écrit son nom en entier : *soufre, anhydride carbonique,* etc.

Mais ces noms sont souvent longs à écrire, et, lorsqu'ils sont écrits, ils ne font pas voir d'un coup d'œil *rapide* la composition des corps qu'ils désignent; c'est comme un nombre écrit en lettres qui parle moins vite à l'imagination que s'il est écrit en chiffres.

De plus, quand je dis *vapeur d'eau,* par exemple, rien ne m'indique que dans ce corps il y ait 2 volumes d'hydrogène pour 1 volume d'oxygène, ou encore 1 gramme d'hydrogène pour 8 d'oxygène (§ 46). Nous allons voir comment on a remédié à ces inconvénients.

CORPS SIMPLES. — SYMBOLES

76. *Chaque corps simple est représenté par une lettre majuscule,* presque toujours la première lettre de son nom, quelquefois les deux premières quand il y a des confusions possibles entre deux corps.

EXEMPLES :

O	désigne	l'oxygène.
H	—	l'hydrogène.
C	—	le charbon.
Ca	—	le calcium.
Cu	—	le cuivre.

QUELQUES EXCEPTIONS :

K désigne le potassium.

Na — le sodium, etc.

O, H, C, Ca,... sont appelés les symboles des corps simples.

On convient que chacun de ces symboles représente un poids déterminé des corps, qu'on appelle son poids atomique.

EXEMPLES :

C désigne 12 gr. de carbone [1].

H — 1 gr. d'hydrogène.

On dit souvent que C, H, ... représentent un atome du corps.

77. TABLEAU DES SYMBOLES ET DES POIDS ATOMIQUES DES PRINCIPAUX CORPS SIMPLES

MÉTALLOÏDES			MÉTAUX		
	Symboles	Poids atomiques		Symboles	Poids atomiques
Chlore	Cl	35,5	Hydrogène	H	1
			Potassium	K	39
Oxygène	O	16	Sodium	Na	23
Soufre	S	32	Calcium	Ca	40
			Magnésium	Mg	24
Azote	Az	14	Fer	Fe	56
Phosphore	P	31	Zinc	Zn	65
			Étain	Sn	118
Carbone	C	12	Cuivre	Cu	63
Silicium	Si	28	Plomb	Pb	207
			Mercure	Hg	200
			Argent	Ag	108
			Or	Au	196

[1] En réalité, le poids atomique d'un corps simple est un rapport, et non un nombre de grammes. Nous l'exprimons en grammes pour simplifier cette notion.

CORPS COMPOSÉS. — FORMULES

78. *Le symbole ou formule d'un corps composé indique la nature et les proportions des corps simples qui le constituent.*

EXEMPLES : 1° La formule de l'eau est H^2O, c'est-à-dire que, pour 2 fois 1 atome d'hydrogène, il y a 1 atome d'oxygène ; autrement dit (tableau du § 77), pour 2 grammes d'hydrogène, il y a 16 grammes d'oxygène. C'est la proportion que nous avons trouvée § 47.

Le nombre de fois que chaque symbole d'un corps simple entre dans une formule s'écrit en haut et à droite de ce symbole, sous forme d'exposant. Ex. : H^2 désigne 2 atomes d'hydrogène.

Si le symbole n'est qu'une fois dans la formule, on ne met pas d'exposant. Ex. : O dans H^2O veut dire 1 atome d'oxygène.

2° La formule de l'acide sulfurique est SO^4H^2, c'est-à-dire que, pour 1 atome de soufre, il y a 4 atomes d'oxygène et 2 atomes d'hydrogène, soit (tableau du § 77) :

32 grammes de soufre
pour 64 grammes d'oxygène
et 2 grammes d'hydrogène.

79. Poids moléculaire.

Le poids correspondant à la formule d'un composé est appelé son poids moléculaire.

EXEMPLES : Le poids moléculaire de l'eau (H^2O) est, puisque $H = 1$ et $O = 16$,

$$2^{gr} + 16^{gr} = 18^{gr}.$$

Le poids moléculaire de l'acide sulfurique est (§ 78) :

$$32^{gr} + 64^{gr} + 2^{gr} = 98^{gr}.$$

On dit aussi que les formules H^2O, SO^4H^2,... représentent une molécule du corps.

80. *Exercices.* — Trouver le poids moléculaire des corps suivants, connaissant leur formule :

Acide azotique................	AzO^3H.
Acide chlorhydrique..........	HCl.
Gaz carbonique...............	CO^2.
Oxyde de carbone.............	CO.
Chlorure de sodium	$NaCl$.
Carbonate de calcium	CO^3Ca.

Se servir pour ces exercices du tableau des poids atomiques (§ 77).

81. Formules de réactions.

Quand une réaction se produit entre plusieurs corps, on peut la représenter par une égalité où l'on indique, d'une part, les corps employés, d'autre part, les corps formés.

EXEMPLES : 1° *On sait* (§ 44) que 2 atomes d'hydrogène se combinent à 1 atome d'oxygène pour donner 1 molécule de vapeur d'eau. On écrit :

$$2H + O = H^2O.$$

De même *on sait* que l'acide chlorhydrique attaque le zinc en donnant du chlorure de zinc et de l'hydrogène. Sachant que la formule du chlorure de zinc est $ZnCl^2$ et celle de l'acide chlorhydrique HCl, on écrit :

$$HCl + Zn = ZnCl^2 + H. \tag{1}$$
$$\underset{\text{hydrique}}{\text{Ac. chlor-}} + \underset{\text{Zinc}}{Zinc} = \underset{\text{de zinc}}{\text{Chlorure}} + \underset{\text{gène}}{\text{Hydro-}}$$

Mais il faut que cette formule soit d'accord avec la loi de Lavoisier (§ 46), c'est-à-dire qu'on trouve dans les deux membres de l'égalité la même quantité de matière, c'est-à-dire le même nombre d'atomes de zinc, de chlore et d'hydrogène. Dans l'exemple précédent, nous devrons prendre 2 fois HCl, et nous obtiendrons par suite 2H. Nous écrirons donc :

$$2HCl + Zn = ZnCl^2 + 2H.$$

Nous allons écrire quelques équations chimiques de réactions précédemment étudiées :

1° *Préparation de l'oxygène par le chlorate de potassium.* — On sait que le chlorate de potassium ClO^3K se décompose par la chaleur en chlorure de potassium, KCl, et en oxygène. Donc :

$$ClO^3K = KCl + 3O ;$$

1 molécule   1 molécule   3 atomes

2° *Préparation de l'hydrogène par le fer et l'acide sulfurique :*

$$SO^4H^2 + Fe = SO^4Fe + 2H.$$

Acide sulfurique   Fer   Sulfate de fer   Hydrogène
1 molécule   1 atome   1 molécule   2 atomes

VOLUMES OCCUPÉS PAR LES ATOMES ET LES MOLÉCULES GAZEUSES

82. Volumes occupés par les atomes de corps simples gazeux.

1° *Volume occupé par 1 atome d'hydrogène.* — Nous avons vu (§ 77) que 1 atome d'hydrogène pèse 1 gramme. Cherchons le volume V qu'occupe ce gramme.

On sait (§ 51) que 1 litre d'hydrogène pèse :

$$1^{gr},293 \times 0,0695.$$

Poids du litre   Densité de l'hydrogène
d'air   par rapport à l'air

Donc V litres pèsent :

$$1^{gr},293 \times 0,0695 \times V$$

et comme le poids de V litres est 1 gramme, on a :

$$1^{gr} = 1,293 \times 0,0695 \times V ;$$

d'où :

$$V = \frac{1}{1,293 \times 0,0695} = 11^{lit},16 \text{ environ};$$

2° *Volume occupé par l'atome d'oxygène :*

$$O = 16 \text{ grammes.}$$

Or, nous avons vu (§ 57) que 1 litre d'oxygène pèse :

$$1^{gr},293 \times 1,1056.$$

Donc V litres pèsent :

$$1^{gr},293 \times 1,1056 \times V = 16 \text{ grammes};$$

d'où :

$$V = \frac{16}{1,293 \times 1,1056} = 11^{lit},16 \text{ environ.}$$

En faisant le même problème pour les atomes de tous les corps gazeux simples, on trouve que tous occupent un même volume de $11^{lit},16$.

Conclusions.

1° *Le poids atomique de tous les corps simples gazeux occupe le même volume de* $11^{lit},16$.

2° Si P est le poids atomique d'un corps, d sa densité, on peut écrire :

$$P = 1,293 \times d \times 11^{lit},16$$

ou

$$P = 14,4 \times d.$$

83. Volumes occupés par les molécules des composés gazeux.

Cherchons, comme pour les atomes, le volume V occupé

par une molécule d'un composé gazeux, ou pouvant exister à l'état de vapeur.

EXEMPLES. — La vapeur d'eau H^2O a pour densité 0,622 (§ 47). Son poids moléculaire étant 18, on a :

$$18^{gr} = 1^{gr},293 \times 0,622 \times V,$$

d'où :

$$V = \frac{18}{1,293 \times 0,622} = 22^{lit},32.$$

L'anhydride sulfureux SO^2 a pour densité 2,22. Son poids moléculaire étant 64, on a :

$$64^{gr} = 1^{gr},293 \times 2,22 \times V,$$

d'où

$$V = \frac{64}{1,293 \times 2,22} = 22^{lit},32.$$

Le phénomène est général : *Le poids moléculaire de tous les composés gazeux occupe un volume de* $22^{lit},32$, soit 2 *fois* $11^{lit},16$.

Si P est le poids moléculaire d'un corps et d sa densité, on peut donc écrire :

$$P = 1,293 \times d \times 22,32$$

ou

$$P = 28,8 \times d.$$

84. Résumé : Ce que représentent un symbole et une formule.

En résumé : 1° un *symbole* d'un corps *simple* représente toujours un poids déterminé qui est le *poids atomique du corps*. Dans le cas seulement où le corps est gazeux à la température ordinaire, il représente aussi un volume constant : $11^{lit},16$.

Donc :

$$P = 1,293 \times 11,16 \times d = 14,4 \times d.$$

2° Une *formule* d'un corps *composé* représente toujours un poids déterminé qui est le *poids moléculaire du corps*. Dans le cas seulement où le corps est *gazeux ou vaporisable sans décomposition*, elle représente aussi un volume constant : 22^{lit},32.

Donc :

$$P = 1,293 \times 22,32 \times d = 28,8 \times d.$$

Ces résultats sont extrêmement importants ; nous aurons sans cesse à les utiliser dans le cours.

85. Exercices. — *La formule du gaz ammoniac est* **AzH³**. *Trouver :*

a) Son poids moléculaire ;

b) Sa densité. Est-il plus dense que l'air, dont la densité est 1 ?

2° *Le poids atomique du chlore est* 35,5. *Quelle est sa densité ? Est-il plus dense que l'air ?*

3° *Le poids moléculaire du gaz acide chlorhydrique* (**HCl**) *est* 36^{gr},5. *Quelle est sa densité ?*

CHAPITRE VII

AIR ATMOSPHÉRIQUE

PLAN

I Air

1° **Propriétés physiques :** gaz, peut être liquéfié.
2° **L'air est un mélange et non une combinaison.**
3° **Composition**
   a) Principe de l'analyse { Combiner l'oxygène avec un corps tel que le composé formé occupe un volume négligeable.
   b) Analyses { Par le *charbon* (bougie). Par le *phosphore* à chaud. Par l'*acide pyrogallique et la potasse.*
   c) Résultats des expériences précédentes : 100 volumes d'air sont formés de 79 volumes d'azote et 21 volumes d'oxygène.
4° **Présence de gaz carbonique et de vapeur d'eau dans l'air.**
5° **Autres matières contenues dans l'air** { Gaz : ozone, ammoniaque, etc. Poussières. Microbes.

II Combustions et respiration

Combustions vives
Caractères : Dégagement *apparent* de chaleur et de lumière.
Combustions avec flamme : gaz portés à l'incandescence.
Caractères des flammes { *éclat* (dû aux solides portés à l'incandescence). *température :* flamme pâle, mais très chaude, de l'hydrogène.

Combustions lentes
Caractères : Dégagement peu apparent de chaleur. Pas de lumière.
Exemple : Transformation du fer en rouille.
La respiration est une combustion lente.

I. — AIR

86. Propriétés physiques.

L'air est un gaz incolore sous une faible épaisseur, d'un bleu plus ou moins foncé lorsqu'il est vu en grande masse ; ce sont de grandes masses d'air que nous désignons sous le nom de ciel.

L'air n'a ni odeur, ni saveur. 1 litre d'air pèse 773 fois moins qu'un litre d'eau, soit $1^{gr},293$. C'est à la densité de l'air prise pour unité qu'on rapporte la densité de tous les autres gaz, de sorte qu'un litre d'air à 0°, et sous la pression 760 millimètres, pesant 1gr,293, le poids d'un litre d'un gaz quelconque s'obtient en multipliant 1gr,293 par sa

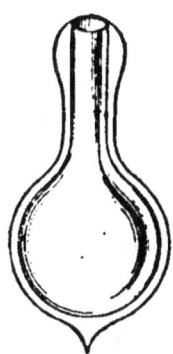

densité. L'air a pu être liquéfié ; le liquide obtenu est légèrement bleu ; on le conserve en le plaçant dans des vases à doubles parois de verre, entre lesquelles on a fait le vide, pour empêcher la chaleur d'arriver jusqu'au liquide ; ainsi protégé contre l'échauffement par le milieu extérieur, l'air liquide peut se conserver pendant quinze jours environ en ne s'évaporant que lentement (*fig.* 32, ballons Dewar).

Fig. 32.
Ballon Dewar.

Ce liquide a la propriété de modifier l'aspect ou la structure d'un grand nombre de corps, par suite de la basse température à laquelle il les porte ; ainsi il solidifie le mercure et l'alcool ; — le caoutchouc, la viande y deviennent durs et cassants.

L'air liquide est employé pour la préparation industrielle de l'oxygène (§ 63).

87. L'air est un mélange et non une combinaison.

L'air est formé d'oxygène et d'azote, comme nous le montreront les analyses faites plus loin ; mais c'est un mélange et non une combinaison ; en effet :

1° L'oxygène et l'azote conservent dans l'air leurs propriétés caractéristiques (§ 11). Par exemple, chacun d'eux se dissout dans l'eau comme s'il était seul, et non dans les mêmes proportions que celles qu'il a dans l'air. De même, quand de l'air liquide s'évapore, chaque gaz s'évapore comme s'il était seul ;

2° Si l'on mélange de l'oxygène et de l'azote dans des proportions voisines seulement de celles qui constituent l'air, le gaz formé présente encore les propriétés de l'air, tandis qu'une combinaison s'effectue toujours dans des proportions constantes.

3° Le mélange d'oxygène et d'azote se fait sans dégagement de chaleur.

COMPOSITION DE L'AIR

88. Une expérience simple va nous montrer que l'air est formé d'oxygène et d'azote. Faisons brûler une bougie dans un espace limité d'air, dans un flacon par exemple.

A cet effet, retournons le flacon sur une bougie allumée placée dans un cristallisoir qui contient de l'eau de chaux ([1]), le goulot du flacon plonge dans cette eau (*fig.* 33). On voit la bougie continuer à brûler quelques secondes, puis s'éteindre, tandis que l'eau a monté dans le flacon jusqu'au $\frac{1}{5}$ environ de sa hauteur.

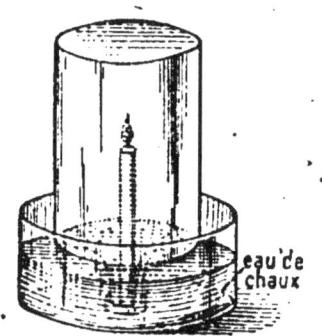

Fig. 33. — Analyse de l'air par la combustion d'une bougie.

Le gaz qui reste dans le flacon n'entretient ni les combustions, car une allumette s'y éteint, ni la respiration, car un animal y meurt rapidement. Ce gaz est appelé *azote*.

L'air est donc formé d'oxygène *et* d'azote. Reste à savoir quelles sont les proportions de ces gaz qui entrent dans sa composition; c'est ce que vont nous montrer les analyses suivantes.

89. Principe des analyses de l'air.

On fait combiner l'oxygène avec un corps tel que le résultat de la combinaison soit un solide, ou un liquide,

([1]) Nous verrons (§ 93) que l'eau de chaux sert à absorber le gaz carbonique formé par la combustion de la bougie.

ou un gaz soluble dans l'eau, c'est-à-dire un corps occupant
un volume négligeable; après l'expérience, il reste dans
l'appareil de l'azote, dont on mesure le volume. Si l'on
connaît le volume de l'air employé, celui de l'oxygène
s'obtient *par différence*, car l'air est un mélange, et l'on
sait que le volume total d'un mélange est égal à la *somme*
des volumes des gaz qui entrent dans sa composition. Nous
savons que dans une combinaison il n'en est pas toujours
ainsi (§ 46).

Les corps choisis pour les analyses de l'air sont :

Le *phosphore*, qui donne avec l'oxygène un composé
soluble dans l'eau;

L'*acide pyrogallique* et la *potasse*, qui donnent un composé liquide;

L'*hydrogène*, qui donne de la vapeur d'eau, liquide à la
température ordinaire. On emploie parfois aussi le cuivre,

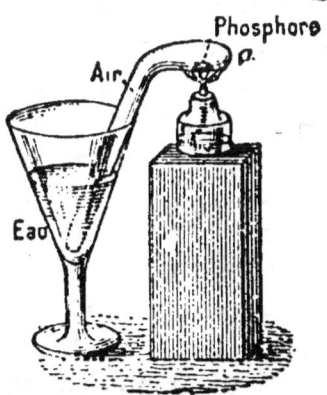

Fig. 34. — Analyse de l'air
par le phosphore.

le mercure. Nous n'étudierons
que les analyses faites au moyen
des deux premiers corps cités.

90. *Analyse par le phosphore.*
—Dans une cloche courbe (*fig.*34)
contenant un volume connu d'air
et retournée sur l'eau d'un verre,
on introduit un morceau de phosphore que l'on pousse, à l'aide
d'un fil de fer, jusque dans la
petite coupe *a*. Avec une lampe
à alcool on chauffe doucement
le phosphore, qui fond et s'enflamme; on voit alors une flamme

pâle descendre jusqu'au niveau de l'eau. A ce moment, la
combustion est terminée; il s'est formé de l'anhydride
phosphorique qui se dissout dans l'eau, et il reste dans la
cloche de l'azote, dont on mesure le volume après l'avoir
ramené à la température et à la pression initiales.

On constate que ce volume égale sensiblement les $\frac{4}{5}$ du volume primitif. Donc l'oxygène occupe dans l'air le $\frac{1}{5}$ du volume total (puisque l'air est un mélange) et l'air est formé des $\frac{4}{5}$ de son volume d'azote et du $\frac{1}{5}$ de son volume d'oxygène.

Plus exactement, il est formé des $\frac{79}{100}$ de son volume d'azote et des $\frac{21}{100}$ de son volume d'oxygène.

91. *Analyse par l'acide pyrogallique et la potasse.* — Dans un long tube à essai renfermant un volume connu d'air et retourné sur la cuve à eau, on introduit un fragment de potasse caustique et une pincée d'acide pyrogallique enfermée dans un petit morceau de papier filtre ; on bouche le tube avec le doigt, on le sort de l'eau et on l'agite. On voit aussitôt le liquide intérieur se colorer en brun, par suite de l'absorption de l'oxygène. En replaçant le tube sur la cuve à eau et en écartant légèrement le doigt qui le ferme, on voit un peu d'eau monter dans le tube, pour combler le vide laissé par l'absorption de l'oxygène. On répète plusieurs fois l'expérience, jusqu'à ce que l'eau ne monte plus ; à ce moment tout l'oxygène est absorbé. On ouvre le tube sur la cuve à eau ; le liquide brun, plus lourd que l'eau, tombe au fond de la cuve. On mesure le gaz restant, après avoir amené le niveau à être le même à l'intérieur et à l'extérieur du tube, pour que la pression soit la même qu'au début : et l'on constate que ce gaz, qui est de l'azote, occupe les $\frac{79}{100}$ du volume d'air employé : *donc, l'air est formé de $\frac{79}{100}$ de son volume d'azote et de $\frac{21}{100}$ de son volume d'oxygène.*

REMARQUE. — Comme avec le phosphore, l'expérience

est rarement faite avec tant de précision, et l'on trouve le plus souvent $\frac{4}{5}$ environ du volume total en azote et $\frac{1}{5}$ en oxygène.

92. Analyse en poids.

L'analyse de l'air a été faite également en poids, avec le plus grand soin, et elle a donné les résultats suivants :
Sur 100 grammes d'air, il y a :

Oxygène......................... 23 grammes
Azote........................... 77   —

93. Présence de gaz carbonique et de vapeur d'eau dans l'air.

L'air renferme, indépendamment de l'oxygène et de l'azote, une petite quantité de gaz carbonique et de vapeur d'eau. Pour constater l'existence du gaz carbonique, on s'appuie sur ce fait que ce gaz peut se combiner à une dissolution de chaux (*eau de chaux*) en donnant un composé insoluble de carbonate de calcium. On expose donc à l'air de l'eau de chaux et on la retrouve, au bout de quelques heures, recouverte d'une pellicule blanche de carbonate de calcium.

L'existence de la vapeur d'eau est mise en évidence par le dépôt de rosée qui se fait sur les corps froids qu'on apporte dans une chambre chaude. On peut doser de façon très précise les quantités de gaz carbonique et de vapeur d'eau contenues dans une masse déterminée d'air; le résultat de ces expériences se résume ainsi : *la quantité d'anhydride carbonique contenue dans l'air atmosphérique est voisine de 3 dix-millièmes; elle est donc à peu près constante. Celle de la vapeur d'eau est très variable.*

94. Autres matières contenues dans l'air.

En dehors de l'oxygène et de l'azote, de la vapeur d'eau

et du gaz carbonique, l'air peut renfermer en faibles quantités un certain nombre d'autres substances : de l'*ozone*, qui parfois n'existe pas du tout dans l'air des villes; du gaz sulfureux, de l'*acide sulfhydrique*, abondants surtout dans le voisinage des centres industriels; du gaz *ammoniac*, de l'*acide azotique* qui se produisent parfois pendant les orages, etc. On y trouve aussi de nombreuses poussières en suspension, visibles quand elles sont sur le trajet d'un rayon de soleil pénétrant dans une chambre obscure.

Parmi ces poussières, il peut se trouver des microbes à l'état de vie active ou de vie ralentie : on appelle ainsi des êtres vivants, produisant les fermentations, les putréfactions, ou causant, quand ils sont introduits dans l'organisme, des maladies contagieuses. C'est ainsi que l'air peut renfermer les microbes de la diphtérie, de la tuberculose, de la coqueluche.

95. Nouveaux gaz de l'air.

Depuis quelques années, on a découvert que l'air renferme toujours, outre l'oxygène et l'azote, divers gaz en faible proportion, entre autres de l'*argon*.

II. — COMBUSTIONS ET RESPIRATION

96. L'air entretient la combustion et la respiration.

Nous avons dit déjà (§ 59) que l'air entretient les combustions; nous y avons fait brûler du soufre, du phosphore, une bougie, etc. Nous savons aussi (§ 59) que ces combustions ne sont autre que des combinaisons avec l'oxygène de l'air. Si elles sont moins vives que dans l'oxygène pur, c'est que l'air renferme de l'azote qui dilue l'oxygène et tempère son action.

L'air entretient aussi la respiration. Les êtres vivants ont besoin d'air pour vivre; ils meurent quand ils en sont privés. Les animaux à respiration aquatique ne font pas

exception à la règle ; ils prennent l'air dissous dans l'eau
(§ 35) et périssent si on les place dans de l'eau récemment
bouillie et par suite privée d'air.

97. Combustions vives.

Toutes les combustions étudiées à propos de l'oxygène
(§ 58) et à propos de l'analyse de l'air (§ 88 et 90) se font
avec dégagement apparent de chaleur et de lumière ; la chaleur dégagée est plus ou moins grande, mais elle est toujours suffisante pour qu'on ne puisse toucher sans se brûler
la partie enflammée de l'objet. Quant à la production de
lumière, elle est bien apparente aussi : flamme bleue du
soufre, incandescence du charbon, etc.

Toutes ces combustions sont appelées **combustions vives.**

98. *Caractères des combustions vives.* — Elles peuvent
se produire avec flamme ou sans flamme. EXEMPLES : le
soufre, le phosphore, le magnésium (§ 58), la bougie (§ 88)
brûlent avec flamme. Le fusain, le fer (§ 58) brûlent sans
flamme.

C'est que la flamme est produite par un gaz ou une vapeur portés à l'incandescence. Or le soufre, le phosphore,
à la température où ils sont portés par leur combustion,
deviennent gazeux ; la bougie se décompose en donnant
aussi des gaz, tandis que le fusain, le fer, restent solides à
la température à laquelle ils brûlent.

99. *Caractères d'une flamme.* — 1° *Éclat.* — La flamme
produite dans une combustion est quelquefois très pâle,
quelquefois brillante. EXEMPLES : la flamme de l'hydrogène ou de l'alcool est pâle (§ 53) ; celle de la bougie est
brillante.

Or, écrasons avec une assiette la flamme de la bougie ;
l se produit sur l'assiette un dépôt de charbon. La flamme
de la bougie renferme donc des particules solides, qui sont
portées à l'incandescence. Écrasons celle de l'alcool ou de
l'hydrogène ; nous ne constatons aucun dépôt solide.

Ce fait est général : *une flamme est éclairante toutes les fois qu'elle renferme des particules solides (charbon ou autres) portées à l'incandescence.*

2° Température. — Les flammes sont plus ou moins chaudes ; celle de l'hydrogène est très chaude ; celle du soufre beaucoup moins chaude.

Quand une flamme est assez chaude, elle peut porter à l'incandescence des corps solides qu'on y introduit et servir ainsi à l'éclairage. EXEMPLES : la flamme de l'hydrogène peut porter à l'incandescence un bâton de chaux vive et servir à l'éclairage (*lumière Drummond*).

Les manchons Auer sont formés de substances solides portées à l'incandescence par la flamme du gaz d'éclairage.

100. Combustions lentes.

Certaines combinaisons avec l'oxygène se produisent sans dégagement apparent de chaleur, et sans lumière. On les appelle combustions lentes.

EXEMPLES : du fer, abandonné à l'air humide, se transforme *peu à peu* en rouille par oxydation. Mais cette oxydation ou combustion se fait avec un dégagement de chaleur trop lent pour que le fer soit porté à l'incandescence : c'est une combustion lente.

101. La respiration est aussi une combustion lente.

Expériences. — Soufflons dans de l'eau de chaux ; l'eau se trouble rapidement ; l'air qui sort de nos poumons renferme donc du gaz carbonique (§ 93). Soufflons sur une vitre froide, nous voyons une buée se condenser sur la vitre : l'air qui sort de nos poumons renferme donc de la vapeur d'eau.

Ce gaz carbonique et cette vapeur d'eau n'existaient pas en aussi grande proportion dans l'air que nous avions absorbé. Cet air s'est donc enrichi en gaz carbonique et en vapeur d'eau dans nos poumons.

Par contre, il s'est appauvri en oxygène. Que devient cet oxygène et d'où proviennent le gaz carbonique et la vapeur d'eau?

L'oxygène introduit dans les poumons passe dans le sang, est emmené dans toutes les parties du corps, et là il oxyde le carbone et l'hydrogène qui sont des éléments constitutifs de tous nos tissus. Le carbone, en brûlant, produit du gaz carbonique (§ 59) ; l'hydrogène produit de la vapeur d'eau (§ 53),et les produits de la combustion sont ramenés par le sang dans les poumons d'où nous les rejetons.

C'est Lavoisier (xviiie siècle) qui découvrit que la respiration est une combustion. Cette combustion est lente, elle se produit avec un dégagement lent de chaleur (chaleur animale) et sans lumière.

102. Air confiné.

Supposons plusieurs personnes réunies dans une salle fermée. Par la respiration, elles absorbent de l'oxygène et rejettent de l'anhydride carbonique. Au bout d'un temps qui varie avec la capacité de la salle et le nombre de personnes, l'air ne renferme plus qu'une proportion assez faible d'oxygène, pouvant descendre jusqu'à 15 pour 100, tandis que la proportion du gaz carbonique a beaucoup augmenté et peut s'élever jusqu'à 10 pour 1.000. La viciation est plus rapide encore si la salle renferme des appareils de chauffage ou d'éclairage. L'air ainsi altéré porte le nom d'air confiné, et le séjour dans cet air s'accompagne de malaises divers : lourdeur de tête, vertiges, gêne de la respiration ; et si l'action se prolonge, syncopes, soif intense, difficulté de plus en plus grande à respirer. On a même vu l'asphyxie se produire, par l'accumulation d'un grand nombre de personnes dans une salle étroite où l'air n'était pas renouvelé ; c'est ainsi qu'après la bataille d'Austerlitz, 300 prisonniers autrichiens ayant été enfermés dans une cave, presque tous succombèrent en peu de temps.

La vie continuelle dans l'air confiné d'un atelier, d'un bureau, d'une classe, etc., produit une débilitation croissante de l'organisme, amène l'anémie, la chlorose, et prédispose à la tuberculose.

D'ailleurs, ce n'est pas seulement la diminution d'oxygène et l'augmentation de gaz carbonique qui rendent nuisible l'air confiné, c'est aussi la présence dans cet air de matières organiques appelées **miasmes**, émanations qui accompagnent la transpiration et la respiration. Leur nature n'est pas bien connue, mais leur présence est facilement décelée par leur odeur forte et repoussante; c'est l'odeur que l'on perçoit lorsqu'on pénètre dans une salle fermée où se trouvent rassemblées depuis quelque temps un certain nombre de personnes.

103. Ventilation.

Il résulte de tout ce que nous venons de dire que l'on doit renouveler l'air des appartements et des locaux destinés à des réunions nombreuses. Ce renouvellement se fait, mais de façon insuffisante, par les joints des portes et des fenêtres et par les cheminées en activité qui favorisent la rentrée de l'air. Il faut, de plus, ventiler fréquemment en ouvrant les fenêtres et en faisant un courant d'air dans l'appartement, quand personne n'y séjourne plus. Divers procédés de ventilation artificielle existent aussi et permettent d'effectuer le renouvellement de l'air avec régularité. Dans tous les cas, la ventilation doit être telle qu'elle fournisse, par personne et par heure, 10 mètres cubes d'air environ.

104. Expériences. — Faire l'analyse de l'air par la bougie, par le phosphore, par l'acide pyrogallique et la potasse. Montrer que l'air expiré renferme du gaz carbonique et de la vapeur d'eau. Pour faire de l'eau de chaux, on mélange de la chaux à de l'eau, et on la filtre; le liquide incolore qui passe est de l'eau de chaux.

Exercices d'observation. — Faire trouver par les élèves les faits qui prouvent la présence de l'air autour de nous ; les moyens de constater la présence de l'air dans les vases que nous appelons vides.

Observation de la flamme d'une bougie, de la flamme d'une lampe, d'un manchon de bec Auer.

CHAPITRE VIII

AZOTE

PLAN

Azote
- **Propriétés**
  - N'est pas combustible.
  - N'entretient ni la respiration, ni la combustion.
- **Préparation**
  - Absorber l'oxygène de l'*air*, par le phosphore ou le cuivre par exemple. Il reste l'azote.
  - Peut se combiner directement à l'oxygène sous l'action de la haute température produite par l'étincelle ou l'arc électrique.
- **Usages**
  - Tempère dans l'air l'action de l'oxygène.
  - Sert à fabriquer des engrais azotés.

105. Préparation.

L'azote ne se prépare que dans les laboratoires. Tous les modes d'analyse de l'air sont en même temps des modes de préparation de ce gaz; le plus souvent on fait brûler du phosphore sous une cloche (*fig.* 35). On obtient ainsi, non de l'azote pur, mais un mélange d'azote et d'argon (§ 95) et de quelques autres gaz en très faible proportion.

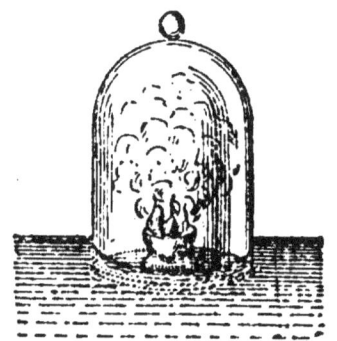

Fio. 35. — Extraction de l'azote de l'air par le phosphore.

106. Propriétés.

L'azote est un gaz incolore, sans odeur et sans saveur, un peu plus léger que l'air.

Il *n'entretient ni la respiration, ni la combustion ;* d'où son nom d'azote (corps qui n'entretient pas la vie).

Un corps enflammé s'y éteint, un animal mis sous une cloche pleine d'azote meurt rapidement.

Il se combine à très peu de corps.

Il *n'est pas combustible.* On peut cependant le combiner à l'oxygène et à la vapeur d'eau sous l'*action continue* d'étincelles électriques ; il se forme de l'acide azotique qui, avec les bases (§ 67), peut donner des-azotates ou nitrates. La même réaction se produit sous l'action de la haute température produite par l'arc électrique. Cette réaction est très importante, car elle permet de préparer des nitrates employés en agriculture comme engrais azotés ; or, toutes les sources d'engrais que nous avions jusqu'à présent sont épuisables à plus ou moins courte échéance. Il n'en sera pas de même pour ceux qu'on peut obtenir avec l'azote, puisque ce gaz existe en quantité prodigieuse dans l'atmosphère.

107. Présence de l'azote dans les tissus animaux et végétaux.

L'azote a été considéré pendant longtemps comme servant uniquement à tempérer dans l'air les propriétés de l'oxygène. Il est reconnu maintenant qu'il a d'autres rôles importants ; il entre dans la composition d'un grand nombre de tissus animaux ou végétaux : le blanc d'œuf, les muscles, le lait, et quantité d'autres tissus renferment de l'azote, ce qu'on peut reconnaître à l'odeur de corne brûlée qu'ils dégagent en brûlant. Où les animaux et les végétaux puisent-ils l'azote qui forme leurs tissus ?

Les animaux le prennent dans les végétaux ou dans la viande qu'ils consomment. Quant aux plantes, elles ne l'empruntent pas non plus à l'atmosphère (sauf les légumineuses), mais au sol, qui contient des substances azotées. C'est pour cette raison qu'il faut souvent utiliser en agriculture des engrais azotés (*nitrates*, § 106).

108. Putréfaction des matières organiques azotées.

Les *matières organiques* ou matières provenant de tissus animaux ou végétaux, s'altèrent rapidement quand on les laisse à l'air. En particulier, les substances azotées se putréfient sous l'influence de certains microbes et donnent lieu à la formation de *gaz ammoniac* (formé d'azote et d'hydrogène), ou plutôt de *sels amoniacaux*, formés d'ammoniaque et d'acides divers (§ 113). C'est ce qui explique l'odeur désagréable des étables mal tenues, des fosses d'aisances où se produit une telle putréfaction.

De même dans le sol, les tissus d'animaux ou végétaux enfouis donnent des produits ammoniacaux. Ces produits, sous l'influence d'autres microbes, peuvent se transformer en acide azotique et en azotates ou nitrates (§ 110).

Ainsi, les animaux et les végétaux prennent l'azote au sol. Les animaux le prennent aux tissus végétaux ou à d'autres tissus animaux. Après la mort des plantes et des animaux, leurs tissus se décomposent, donnent des composés ammoniacaux, puis des nitrates qui servent d'aliments azotés aux végétaux ; et cette circulation continue de l'azote recommence.

Expériences. — Préparer de l'azote par une des expériences indiquées (§ 33 et 90). On peut aussi le préparer en décomposant par la chaleur de l'azotite d'ammonium [même appareil que pour la préparation de l'oxygène (*fig.* 11)].

Constater que le gaz recueilli ne brûle pas, n'entretient pas la combustion, ne trouble pas l'eau de chaux.

CHAPITRE IX

AMMONIAQUE ET SELS AMMONIACAUX

PLAN

1° AMMONIAQUE

I. — Gaz ammoniac

Propriétés {
Odeur piquante. Saveur brûlante.
Plus léger que l'eau.
Très soluble dans l'eau.
Se liquéfie facilement (fabrication de la glace).

II. — Dissolution ammoniacale

Propriétés {
1° La dissolution est basique {
Action sur le tournesol.
Action sur les acides.
Action sur les sels dont les bases sont insolubles.

2° Oxydation de l'ammoniaque {
A l'air, en présence d'un corps poreux : nitrification.

III. — Usages

1° Du gaz ammoniac | Fabrication de la glace.

2° De la dissolution {
Matières colorantes.
Dégraissage des étoffes.
Cautérisation. — Mésvorisation.

IV. — Préparation

Matières de vidange. Distillation de la houille.

2° SELS AMMONIACAUX

Chlorure d'ammonium : Usages {
Décapage des métaux
Piles Leclanché.

Sulfate d'ammonium : Emploi comme engrais.

I. — GAZ AMMONIAC

Symbole : AzH^3. — Poids moléculaire : $14 + 3 = 17$.

109. Propriétés.

On vend dans le commerce, sous le nom d'*ammoniaque* ou *alcali volatil*, un liquide incolore, à odeur piquante caractéristique. Ce liquide est une dissolution dans l'eau d'un gaz appelé *gaz ammoniac ou ammoniaque*. En chauffant la dissolution, le gaz se dégage, et on peut le recueillir par déplacement d'air (§ 32) (*fig.* 36).

C'est un gaz incolore, d'une saveur brûlante, d'une odeur piquante qui provoque les larmes. Son

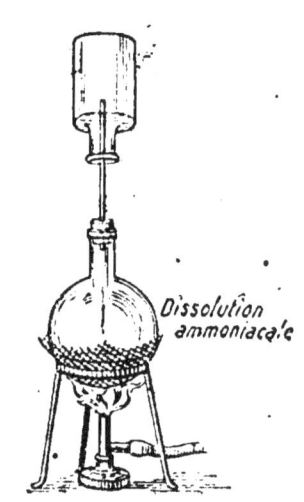

Fig. 36. — Préparation du gaz ammoniac à l'aide de la dissolution ammoniacale.

poids moléculaire étant $14 + 3 = 17$, sa densité est $\frac{17}{28,8} = 0,59$; il est donc plus léger que l'air, et on peut le recueillir par déplacement d'air.

Solubilité. — Le gaz ammoniac est très soluble dans l'eau : 1 litre d'eau en dissout plus de 1.000 litres à 0°. On peut mettre en évidence cette grande solubilité par l'expérience suivante.

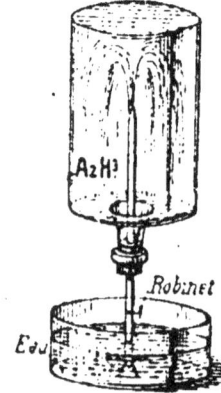

Fig. 37. — Expérience montrant la solubilité du gaz ammoniac dans l'eau.

Dans un vase plein de gaz ammoniac passe un tube dont l'extrémité extérieure seule est fermée. On retourne le flacon au-dessus d'un vase plein d'eau, de façon que l'extrémité du tube y plonge (*fig.* 37); puis on casse la

pointe de ce tube, et l'on voit aussitôt le liquide jaillir dans
le flacon et le remplir ; à mesure que le gaz s'est dissous,
le vide s'est fait dans leflacon, et la pression atmosphérique
y a fait monter l'eau du vase inférieur.

Chauffée, la dissolution perd peu à peu son gaz et, à 70°,
elle n'en contient plus du tout ; c'est d'ailleurs un fait général que les gaz sont moins solubles à chaud qu'à froid.

Liquéfaction. — Le gaz ammoniac se liquéfie facilement.
Le liquide obtenu (ne pas le confondre avec la dissolution
ammoniacale) repasse à l'état de gaz quand on le laisse à
l'air ; il produit alors un refroidissement qui permet de l'employer pour congeler de l'eau (*fabrication industrielle de la
glace par le procédé Carré*).

La dissolution ammoniacale est constamment employée
de préférence au gaz, sous le nom d'*ammoniaque* ou *alcali
volatil.* Presque tout l'ammoniaque du commerce est vendu
sous cette forme, le reste est vendu à l'état liquide.

DISSOLUTION AMMONIACALE

**110. Propriétés : La dissolution ammoniacale est
basique.**

EXPÉRIENCE. — I. Versons du tournesol rougi par un
acide dans de l'ammoniaque du commerce ; il bleuit.

II. Faisons tomber goutte à goutte de l'acide chlorhydrique dans de l'ammoniaque du commerce contenant un
peu de tournesol bleu. A un moment, le tournesol vire au
rouge. Une vive réaction s'est produite, le vase s'est
échauffé, et, si l'on évapore le liquide, il reste un corps solide
blanc, provenant de la combinaison de l'acide et de la base ;
on l'appelle *sel ammoniac* ou *chlorure d'ammonium.*

Le même phénomène se produirait avec un autre acide.
La dissolution ammoniacale est donc basique.

III. Cette base *déplace de leurs sels les bases insolubles ;*
ainsi elle déplace l'hydrate ferreux du sulfate ferreux, l'hy-

drate ferrique du sulfate ferrique, l'alumine du sulfate d'aluminium, etc. ; l'expérience se fait simplement en versant de l'ammoniaque dans une dissolution d'un des sels précédents.

L'ammoniaque peut s'oxyder. — Le gaz ammoniac ne brûle pas *dans l'air*, au contact d'un corps enflammé.

Mais il peut s'oxyder en présence d'un *corps poreux*, et sous l'influence de ferments : il se produit de l'acide azotique et, s'il y a des bases au voisinage, il se forme des azotates ou nitrates. Nous avons vu déjà (§ 108) que ce phénomène se produit dans le sol, qui joue le rôle de corps poreux : c'est le phénomène de nitrification.

111. Usages.

La solution ammoniacale est très *caustique ;* elle attaque la peau en produisant une sensation de cuisson, puis une cautérisation ; d'où son emploi pour cautériser les piqûres d'insectes et les morsures de vipères. Respirée à petite dose, elle stimule le système nerveux, ce qui la fait employer contre les syncopes. Absorbée à la dose de 5 à 6 gouttes dans un verre d'eau, elle dissipe l'ivresse.

On l'utilise aussi contre la *météorisation :* quand des bestiaux ont absorbé trop de fourrage frais, il se produit une quantité anormale de gaz acides qui gonflent le tube digestif de ces animaux et peuvent amener la mort. On combat cette météorisation à l'aide de l'ammoniaque dissous qui se combine avec les gaz acides, les neutralise et fait disparaître le gonflement.

L'industrie l'utilise pour préparer certaines matières colorantes employées en teinture pour dégraisser les étoffes, eto.

112. Préparation.

Nous avons vu (§ 108) que la putréfaction des matières organiques azotées donne naissance à des produits ammoniacaux. D'autre part, certaines matières organiques azotées, telles que la houille, chauffées en vases clos, autrement dit distillées, dégagent aussi des composés ammoniacaux.

Dans l'*industrie*, on utilise pour préparer l'ammoniaque ces *sources naturelles* : on l'extrait des eaux vannes des matières de vidange, et de la houille ou mieux des eaux d'épuration du gaz d'éclairage.

II. — SELS AMMONIACAUX

113. Les sels ammoniacaux les plus importants sont le chlorure et le sulfate d'ammonium. Tous se préparent en faisant arriver du gaz ammoniac dans l'acide correspondant au sel qu'on veut obtenir ([1]).

114. Chlorure d'ammonium AzH⁴Cl.

Le chlorure d'ammonium ou *sel ammoniac* est un sel blanc, soluble dans l'eau. On l'emploie : 1° pour décaper les métaux que l'on veut souder ou étamer, parce qu'il forme avec les oxydes qui recouvrent leur surface des chlorures volatils; 2° en dissolution pour constituer le liquide des piles Leclanché.

115. Sulfate d'ammonium SO⁴(AzH⁴)².

Le sulfate d'ammonium est un sel blanc, soluble dans l'eau, qu'on fabrique *en très grande quantité pour servir d'engrais* ; dans les usines à gaz, c'est presque toujours lui qu'on prépare avec l'ammoniaque provenant de l'épuration physique. Il est en effet, avec le nitrate de soude, l'engrais azoté le plus employé.

116. Remarques générales sur les bases.

1° La dissolution ammoniacale déplace les bases inso-

([1]) On sait en effet qu'une base se combine aux acides pour donner des sels.

lubles de leurs sels (§ 110, 3°). Le fait est général : une base soluble déplace une base insoluble de ses sels ;

2° L'ammoniaque est déplacée de ses sels par une base non volatile telle que la chaux. Le fait est général : une base fixe déplace une base volatile de ses sels.

Il en résulte qu'on peut préparer une base en la chassant d'un de ses sels par une autre base.

117. Expériences. — *Ammoniaque.* — Montrer l'action de la dissolution ammoniacale sur le tournesol, sur les acides, sur les sels.

Déboucher une bouteille d'acide chlorhydrique et une bouteille d'ammoniaque l'une à côté de l'autre : des fumées blanches se forment au-dessus des flacons, c'est du chlorure d'ammonium. Montrer que l'ammoniaque enlève les taches d'acide et qu'il dégraisse les étoffes.

Sels ammoniacaux. — Triturer ensemble de la chaux et un sel ammoniacal, et faire constater, à l'odeur, qu'il se dégage de l'ammoniaque.

CHAPITRE X

SOUFRE

PLAN

I **Soufre**	**Propriétés physiques**	Solide jaune. *Mauvais conducteur* de la chaleur et de l'électricité. Insoluble dans l'eau. *Soluble dans le sulfure de carbone.* Fond vers 114°. — Bout à 447°. — Deux modes de cristallisation.
	Propriétés chimiques	1° Il brûle en produisant de l'anhydride sulfureux. — Conséquences: corps *réducteur.* 2° *Il a des propriétés analogues à celles de l'oxygène,* combinaison avec le carbone, l'hydrogène, le fer, etc.
	Usages	Allumettes, poudre noire, gaz sulfureux, acide sulfurique. Fabrication du sulfure de carbone. Empreintes de médailles en galvanoplastie. Destruction de l'oïdium.
	Extraction	1° Du soufre natif. Raffinage. 2° Des pyrites.
II **Hydrogène sulfuré**	**Propriétés physiques et physiologiques**	Gaz. *Odeur* fétide. Un peu soluble dans l'eau. Poison violent.
	Propriétés chimiques	1° C'est un *acide* { Attaque presque tous les métaux. Décompose beaucoup de sels en donnant un sulfure. 2° Il peut *s'oxyder* { Brûle en donnant eau et gaz sulfureux ou soufre. A l'air humide: eau et dépôt de soufre. A l'air humide, en présence des corps poreux: acide sulfurique.
	Préparation	Décomposition d'un sulfure par un acide (sulfure de fer par acide sulfurique étendu).

SOUFRE

Symbole : S. — Poids atomique : **32.**

118. État naturel.

Le soufre existe en grande abondance dans la nature :
1° à l'*état natif,* c'est-à-dire simplement mêlé à des matières

terreuses : on le trouve à cet état en Sicile et dans le voisinage des volcans (*solfatares* de Pouzzoles près Naples
et de l'Italie); — 2° à l'état de *composés*, sulfures ou sulfates
tels que : sulfures de fer, de plomb, de zinc, de cuivre, de
mercure; sulfate de calcium ou pierre à plâtre, etc.

119. Propriétés physiques.

Le soufre est un solide jaune clair, qui n'a ni odeur ni
saveur. On le vend sous forme de bâtons un peu coniques
appelés *canons* ou sous forme de fine poussière appelée
fleur de soufre. Il est mauvais con-
ducteur de l'électricité et de la chaleur : on peut, par le frottement,
électriser un bâton de soufre non
isolé ; si l'on chauffe un morceau
de soufre en le tenant à la main ou
en le plongeant dans l'eau chaude,
on entend des craquements dus à

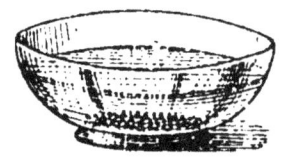

Fio. 38. — Cristallisation
du soufre par évaporation
de sa dissolution.

ce que les parties superficielles, étant chauffées, se dilatent
et se séparent des parties intérieures qui n'ont pas reçu de
chaleur.

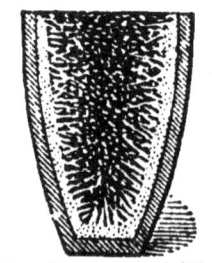

Fio. 39. — Cristalli-
sation du soufre
par fusion et re-
froidissement.

Le soufre est insoluble dans l'eau, mais
très soluble dans le *sulfure de carbone*.
En laissant évaporer la dissolution, on
constate que le soufre se dépose en cristaux *octaédriques* (*fig.* 38). Si au contraire
on le fait cristalliser par fusion (en fondant le soufre et en le laissant refroidir),
on obtient de longues aiguilles transparentes *prismatiques* (*fig.* 39). Le soufre
peut donc présenter deux formes cristallines différentes.

120. Fusion et volatilisation du soufre. — Chauffé, le
soufre fond vers 114° en formant un liquide jaune clair, très
fluide ; si l'on continue à chauffer, le liquide s'épaissit ; vers

200°, il est tellement épais qu'on peut alors retourner le vase sans que le soufre s'écoule. Au-dessus de cette température, il redevient plus fluide, puis entre en ébullition (447°).

Avant de bouillir, le soufre liquide avait déjà émis beaucoup de vapeurs jaunes.

Soufre mou. — Si l'on coule du soufre pâteux dans de l'eau froide pour le solidifier brusquement, on obtient un corps mou, jaune foncé, élastique, qu'on appelle le *soufre mou*. Mais il reprend au bout de quelques jours la couleur et la consistance du soufre ordinaire.

121. Propriétés chimiques du soufre.

1° *Le soufre brûle.* — Le soufre brûle à l'air avec une flamme bleue, peu chaude et peu éclairante, en donnant un gaz d'une odeur suffocante, le *gaz sulfureux* SO^2. C'est le gaz qui se forme quand on fait brûler des allumettes soufrées. Dans l'oxygène, la combustion du soufre est plus vive que dans l'air (§ 16).

Le soufre, se combinant facilement à l'oxygène, est un corps réducteur : il réduit par exemple l'azotate de potassium, composé très instable, en produisant une grande quantité de gaz, ce qui le fait employer avec ce corps pour fabriquer la poudre noire.

2° *Le soufre a des propriétés analogues à celles de l'oxygène.* — Dans beaucoup de réactions, le soufre ressemble à l'oxygène. Ainsi, le charbon chauffé avec du soufre donne un gaz qui, refroidi, se condense en un liquide d'une odeur désagréable, le *sulfure de carbone* CS^2, analogue par sa composition au gaz carbonique CO^2. L'hydrogène et la vapeur de soufre chauffés forment un gaz, l'*hydrogène sulfuré* H^2S, analogue par sa formule à l'eau H^2O. Le fer, le cuivre, le zinc et d'autres métaux sont attaqués par le soufre à des températures plus ou moins élevées et donnent des sulfures de formule analogue à celle des oxydes ; c'est ainsi qu'on

obtient facilement un sulfure de fer ou de cuivre en chauffant dans une capsule du soufre avec de la limaille de fer
ou de la tournure de cuivre.

Toutes ces propriétés rapprochent le soufre de l'oxygène.

122. Usages.

Les usages du soufre sont nombreux :

1° Il sert à la fabrication des allumettes, de la poudre
noire, du gaz sulfureux et, par suite, de l'acide sulfurique (applications de la première propriété chimique étu-
diée) ;

2° Il sert à fabriquer le sulfure de carbone (employé pour
détruire le phylloxera de la vigne) ; à sceller le fer dans la
pierre parce que le sulfure de fer formé est très dur ;

3° Sa fluidité à l'état liquide et sa rapide solidification le
font employer pour prendre des empreintes de médailles en
galvanoplastie ;

4° On l'emploie en médecine contre les maladies de la
peau, et en agriculture pour détruire l'*oidium* de la
vigne, petit champignon qui se développe sur les tiges et
les feuilles et empêche les grains de raisin de se développer.

123. Extraction du soufre.

L'industrie emploie par an, en France seulement, plus de
40 millions de kilogrammes de soufre. La plus grande partie provient du soufre natif ; on en extrait aussi un peu des
pyrites (*sulfure de fer naturel*).

1° *Extraction du soufre natif*. — Il faut séparer le soufre
des matières terreuses avec lesquelles il est mélangé.

Pour cela, on chauffe le minerai ; le soufre se volatilise
et se trouve ainsi séparé de sa gangue.

Le minerai est placé dans des vases de terre (*fig.* 40),
rangés sur deux files parallèles dans un fourneau et chauf-

fés. Le soufre se vaporise et vient se condenser dans des vases semblables placés en dehors du four ; de là il coule dans des baquets pleins d'eau froide où il se sôlidifie.

2° *Extraction des pyrites.* — Il suffit de chauffer les py-

Fig. 40. — Extraction du soufre par le procédé de Pouzzoles.

rites à l'abri de l'air pour les décomposer en soufre et en un sulfure de fer moins sulfuré que la pyrite :

$$3FeS^2 \; = \; Fe^3S^4 \; + \; 2S.$$

Pyrite   Sesquisulfure   Soufre
de fer

Ce procédé est peu employé, les pyrites servant surtout à la fabrication de l'acide sulfurique.

124. Raffinage du soufre.

Le soufre obtenu dans les opérations précédentes est impur ; on le raffine à Marseille en le distillant pour le séparer des matières non volatiles qu'il contient encore. On le fond d'abord (*fig.* 41) dans une chaudière A peu chauffée, puis le soufre fondu passe dans la chaudière B où, chauffé directement par le foyer, il se volatilise. Les vapeurs viennent se condenser dans une grande chambre en maçonnerie ; tant que les parois n'ont pas atteint une température de 114°, le soufre se solidifie à leur contact sous forme d'une poussière très fine appelée *fleur de soufre*. Mais la solidification dégageant de la chaleur, les parois s'échauffent bientôt assez pour que le soufre reste liquide ; il s'écoule alors

FIG. 41. — Raffinage du soufre.

sur le sol incliné de la chambre, d'où on le fait couler dans une chaudière E, puis dans des moules en bois, coniques, plongés dans l'eau froide : on obtient ainsi le soufre *en canon*.

ACIDE SULFHYDRIQUE OU HYDROGÈNE SULFURÉ

Formule : H^2S. — Poids moléculaire : $2 + 32 = 34$.

125. État naturel.

1° Quand une matière organique renfermant du soufre se

putréfie (choux, œufs), elle dégage un **gaz** d'une odeur nauséabonde appelé **hydrogène sulfuré** ou **acide sulfhydrique** ou
sulfure d'hydrogène. Il s'en dégage dans les fosses d'aisances et dans les égouts ;

2° L'acide sulfhydrique se trouve aussi dans les gaz vol-
caniques, et il existe en dissolution dans certaines eaux minérales : eaux *sulfureuses* d'Aix-les-Bains, d'Uriage, etc.
(§ 40).

126. Propriétés physiques et physiologiques.

L'acide sulfhydrique est un gaz incolore, d'une odeur fé-
tide analogue à celle des œufs pourris. L'eau en dissout 3 à
4 fois son volume. Ce gaz est un poison violent : $\frac{1}{1.500}$ dans
l'air suffit pour tuer un oiseau. C'est lui qui cause la mort
si rapide des ouvriers qui pénètrent dans des fosses d'aisances mal aérées. Une dissolution de sulfate de fer ou *vitriol vert*, versée dans les fosses avant que les ouvriers n'y
descendent, empêche ces accidents de se produire. On combat l'empoisonnement par l'hydrogène sulfuré en faisant
respirer avec précaution du chlore dilué, qu'on produit en
imbibant un linge d'eau de Javel additionnée d'un peu de
vinaigre.

Absorbé en dissolution dans les eaux sulfureuses, il sert
à traiter les affections des voies respiratoires. En bains, il
agit sur la circulation.

127. Propriétés chimiques.

1° *L'hydrogène sulfuré est un acide.* — L'hydrogène sulfuré rougit le tournesol. Il attaque presque tous les métaux, souvent à la température ordinaire, en donnant des
sels appelés sulfures ; ainsi une pièce d'argent, plongée dans
une dissolution d'hydrogène sulfuré, noircit par la formation de sulfure d'argent. L'hydrogène sulfuré est donc un
acide ; d'où son nom d'acide sulfhydrique. Cet acide déplace

l'acide d'un grand nombre de sels ; ainsi, avec l'azotate de plomb, il se fait de l'acide sulfurique et du sulfure de plomb noir. Cette réaction permet de reconnaître l'acide sulfhydrique.

REMARQUES. — 1° La peinture à base de plomb (céruse) noircit au contact des émanations d'hydrogène sulfuré, parce qu'il se forme du sulfure de plomb noir. Au contraire, la peinture au blanc de zinc n'est pas noircie, parce qu'il se forme du sulfure de zinc qui est blanc ;

2° L'acide sulfhydrique peut déplacer un acide d'un sel. Nous verrons bien souvent encore des acides en déplacer d'autres de leurs sels (§ 127).

2° *Action de l'oxygène et de l'air.* — L'hydrogène sulfuré est formé d'hydrogène et de soufre, corps combustibles. Rien d'étonnant, par suite, à ce qu'il brûle. *Au contact d'un corps enflammé*, il brûle avec une flamme bleue en donnant de la vapeur d'eau et du gaz sulfureux si la combustion est complète, ou du soufre si la combustion est incomplète.

$$H^2S + 3O = H^2O + SO^2, \qquad (1)$$
$$H^2S + 0 = H^2O + S. \qquad (2)$$

Quant à la dissolution d'hydrogène sulfuré, elle s'oxyde à la température ordinaire en donnant de l'eau et un dépôt de soufre. Aussi la dissolution de ce gaz doit-elle être faite avec de l'eau privée d'air par l'ébullition, et conservée dans des flacons pleins et bien bouchés.

En présence de corps poreux, la dissolution d'acide sulfhydrique s'oxyde plus complètement ; il se forme de l'acide sulfurique :

$$\underset{\substack{\text{Hydrogène}\\\text{sulfuré}}}{H^2S} + \underset{\text{Oxygène}}{4O} = \underset{\substack{\text{Acide}\\\text{sulfurique}}}{SO^4H^2}.$$

C'est ce qui explique la destruction rapide du linge dans les établissements de bains sulfureux.

128. Préparation.

Pour préparer l'acide sulfhydrique, on décompose un de
ses sels par un acide; par exemple, le sulfure de fer par
l'acide sulfurique étendu d'eau dans un appareil à hydrogène (*fig.* 42). Il se forme du sulfate de fer et l'acide sulf-

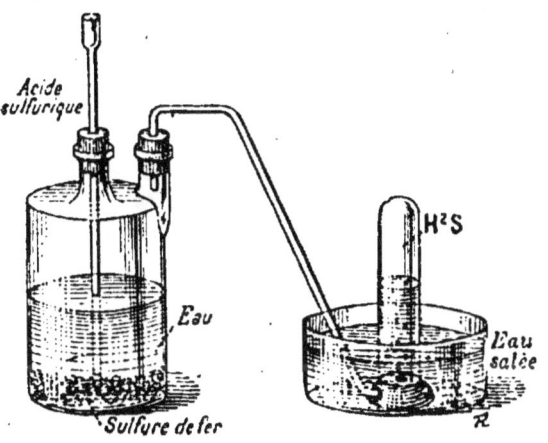

FIG. 42. — Préparation de l'acide sulfhydrique.

hydrique se dégage; on le recueille, soit gazeux, sur l'eau
salée, soit en dissolution dans l'eau :

$$FeS \quad + \quad SO^4H^2 \quad = \quad SO^4Fe \quad + \quad H^2S.$$

Sulfure   Acide   Sulfate de fer   Acide
de fer   sulfurique   sulfhydrique

Expériences. — *Soufre.* — Dissoudre du soufre dans du
sulfure de carbone, filtrer pour séparer le soufre insoluble, et
abandonner la dissolution à la température ordinaire ; des cristaux se déposent peu à peu.

Faire fondre du soufre dans une coupelle; l'empêcher de s'enflammer en le recouvrant d'une soucoupe ou d'un couvercle quelconque. Verser un peu de soufre liquide dans l'eau (soufre mou).
Laisser refroidir le reste, et, quand une croûte s'est formée à la
surface, la percer, faire écouler tout le soufre fondu et enlever
la croûte: on aperçoit sur les parois du vase de longues aiguilles
de soufre.

Faire brûler du soufre. Effectuer sa combinaison avec le cuivre et le fer.

Hydrogène sulfuré et sulfures. — Préparer une dissolution d'hydrogène sulfuré. Montrer qu'elle est acide, qu'elle noircit une pièce d'argent, qu'elle décompose le sulfate de cuivre, l'azotate de plomb, etc.

Montrer divers sulfures métalliques.

CHAPITRE XI

COMPOSÉS OXYGÉNÉS DU SOUFRE

ANHYDRIDE SULFUREUX

Formule : SO^2. — Poids moléculaire : $32 + (16 \times 2) = 64$.

PLAN

I Propriétés physiques	{ Gaz *suffocant*. Beaucoup plus dense que l'air. Facilement liquéfiable.

II
Propriétés
chimiques

1° Est un anhydride. Les sels sont des *sulfites*.
2° Peut s'oxyder. A l'état de dissolution : formation d'acide sulfurique.

Conséquences :
- Réducteur { Expérience avec acide azotique. Formation de peroxyde d'azote et d'acide sulfurique.
- Décolorant { Expérience avec violettes ou roses, avec tache de vin.

3° *N'entretient ni combustions ni respiration.*

III
Usages

Réducteur : d'où préparation de l'acide sulfurique.
Décolorant : d'où emploi dans le blanchiment.
N'entretient pas la vie : d'où emploi comme antiseptique.
N'entretient pas les combustions : d'où emploi pour éteindre feux de cheminée.

IV
Préparation { *Grillage du soufre ou du sulfure de fer.*

129. Propriétés physiques.

Le soufre, en brûlant, dégage un gaz d'une odeur suffocante et provoquant la toux ; ce gaz est de l'anhydride ou gaz sulfureux.

C'est un gaz assez soluble dans l'eau, beaucoup plus dense que l'air, car, son poids moléculaire étant 64, on a :

$$D = \frac{64}{28,8} = 2,22.$$

On pourra donc le recueillir par déplacement d'air (§ 32).
Il se liquéfie facilement dans un mélange de glace et de sel
(*fig.* 43) ou à la température ordinaire sous une pression de
quelques atmosphères. L'évaporation du liquide obtenu
produit un froid utilisé pour la fabrication de la glace artificielle (appareil
Pictet).

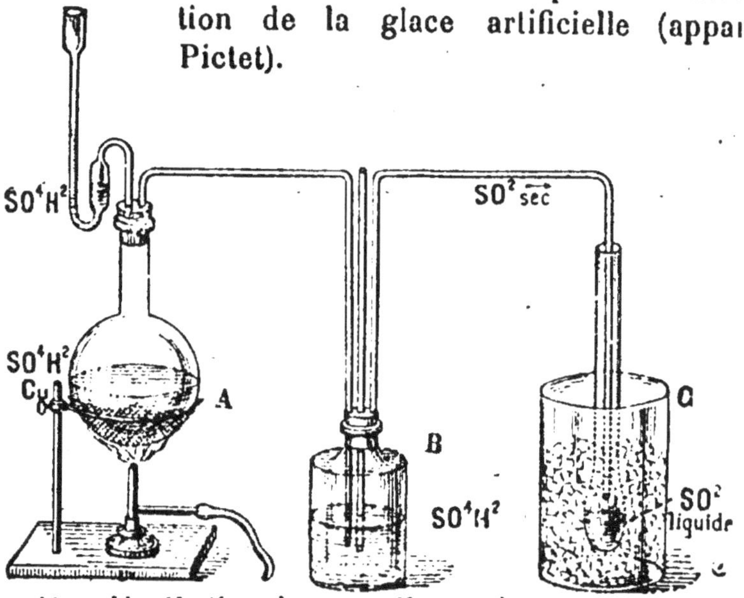

Fig. 43. — Liquéfaction du gaz sulfureux dans les laboratoires.

En A, acide sulfurique et cuivre, qui, chauffés, dégagent du gaz sulfureux. En B,
acide sulfurique pour dessécher le gaz sulfureux formé. En C, mélange de
glace et de sel pour refroidir le gaz et le liquéfier.

130. Propriétés chimiques.

1° *La dissolution de gaz sulfureux est acide*, car elle rougit le tournesol et donne avec les bases des sels appelés
sulfites; on appelle l'acide correspondant *acide sulfureux;*

2° *Action de* l'air. — L'anhydride sulfureux ne brûle pas;
une allumette plongée dans ce gaz ne peut l'enflammer.
Quant à la *dissolution* de gaz sulfureux, elle s'oxyde à la
température ordinaire, lentement, en formant de l'*acide sulfurique:*

$$SO_2 + O + H_2O = SO_4H_2.$$

Gaz   Oxygène   Eau   Acide
sulfureux   sulfurique

C'est pourquoi il faut conserver la dissolution dans des flacons pleins, bien bouchés, et la faire toujours dans de l'eau bouillie.

131. *Conséquence.* — Cette combinaison facile avec l'oxygène fait du gaz sulfureux un corps réducteur (§ 48); le produit de la réduction est toujours de l'acide sulfurique. Ainsi, versons quelques gouttes d'acide azotique dans un flacon de gaz sulfureux; il se dégage des vapeurs rouges de peroxyde d'azote, et il se forme de l'acide sulfurique; il y a eu réduction partielle de l'acide azotique par le gaz sulfureux:

$$SO^2 \; + \; 2Az0^3H \; = \; SO^4H^2 \; + \; 2AzO^2.$$

| Gaz sulfureux | Acide azotique | Acide sulfurique | Peroxyde d'azote |

Cette réaction est utilisée dans la fabrication de l'acide sulfurique.

132. *Décoloration.* — C'est aussi parce qu'il enlève l'oxygène aux matières colorantes que le gaz sulfureux est un décolorant. Ainsi, des violettes ou des roses blanchissent quand on les plonge dans un flacon de ce gaz. Il semble cependant que, dans certains cas, il n'y ait pas *destruction* de la matière colorante, mais seulement *combinaison* de l'anhydride sulfureux avec elle.

3° *Le gaz sulfureux n'entretient pas les combustions*, car une allumette enflammée s'y éteint, *ni la respiration*, car un animal n'y peut vivre.

133. Usages.

Ces diverses propriétés trouvent leurs applications.

1° *C'est un réducteur.* — On applique cette propriété dans la fabrication de l'acide sulfurique. La plus grande quantité du gaz sulfureux qu'on prépare sert à cette fabrication. On emploie aussi le gaz sulfureux pour *blanchir* la laine, la soie, les plumes, la paille, les éponges, etc., en un mot tout

ce qu'on ne peut pas blanchir au chlore. Voici comment se
fait le blanchiment par le **gaz sulfureux** : on brûle du soufre
dans une chambre où l'on a suspendu les objets à blanchir,
humectés d'eau. On les laisse exposés à l'action du gaz pendant douze heures environ. Puis on les lave à grande eau
pour éliminer l'excès d'acide sulfureux, et l'acide sulfurique
qui a pu se former.

On peut aussi enlever les taches de fruit ou de vin au
moyen du gaz sulfureux : on brûle quelques allumettes
soufrées dans une assiette au-dessus de laquelle on place
un cornet de papier
troué à son sommet
(*fig.* 44) ; le gaz sul-
fureux passe dans le
cornet et sort par l'ou-
verture supérieure ; il
suffit de placer au-
dessus la tache
humide pour qu'elle
se décolore. On lave
ensuite à grande eau.

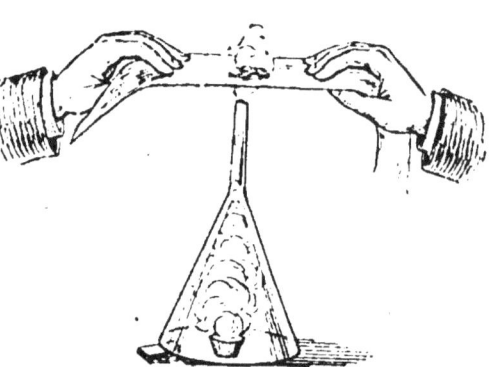

FIG. 44. — Enlèvement d'une tache de
fruit sur une étoffe.

(A défaut d'entonnoir, on peut utiliser
un cornet de papier.)

2° Le *gaz sulfureux*
n'entretient pas la vie.
— Cette propriété
le fait employer comme antiseptique, pour détruire les
germes de maladies contagieuses, pour désinfecter les
literies, pour combattre la gale et les autres maladies de
peau (on emploie souvent pour cet usage des pommades à
base de soufre qui produisent le même effet que le gaz sulfureux). Il sert de même pour détruire les moisissures, dans
les tonneaux où l'on veut conserver des liquides alcooliques ;
on brûle à l'intérieur du fût des mèches soufrées qui agissent
par le gaz sulfureux qu'elles produisent. Il est très employé
aussi pour la désinfection des cales des navires.

Enfin, le gaz sulfureux n'entretenant pas les combustions,

on l'emploie pour éteindre les feux de cheminée : on place
du soufre sur le foyer, on l'enflamme et on ferme hermétiquement l'ouverture de la cheminée avec des draps mouillés.
Le soufre brûle et le gaz sulfureux formé arrête la combustion de la suie.

134. Préparation.

Dans l'*industrie*, on prépare le gaz sulfureux en brûlant
du soufre ou des pyrites à l'air. Si l'on emploie des pyrites,
il se forme un résidu de sesquioxyde de fer :

$$2FeS^2 \;+\; 110 \;=\; Fe^2O^3 \;+\; 4SO^2.$$

Bisulfure de fer   Oxygène   Sesquioxyde   Gaz
de fer   sulfureux

Dans les *laboratoires*, on peut tout simplement faire brûler du soufre dans un flacon ; on voit le gaz, beaucoup plus
dense que l'air, descendre dans le flacon et l'emplir bientôt.
On peut aussi réduire partiellement l'acide sulfurique par

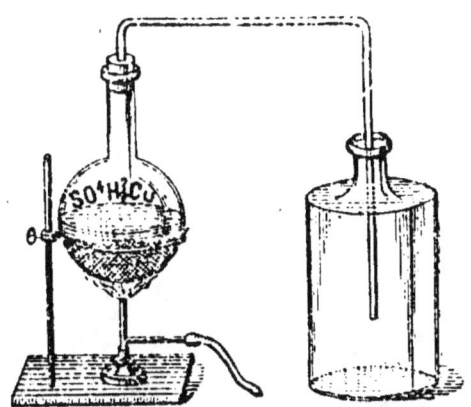

Fio. 45. — Préparation du gaz sulfureux dans les laboratoires.

le cuivre (§ 138); on chauffe, par exemple, de la tournure de
cuivre (§ 6) avec de l'acide sulfurique dans un ballon (*fig*. 45).

Il se forme du sulfate de cuivre, de la vapeur d'eau et du gaz sulfureux qu'on recueille par déplacement d'air :

$$2SO^4H^2 + Cu = SO^4Cu + SO^2 + 2H^2O.$$

135. Expériences. — Verser du tournesol dans un flacon de gaz sulfureux: il rougit. Décolorer par le gaz sulfureux du permanganate de potassium, de la teinture de campêche, ou, si l'on en peut avoir, des violettes. Enlever une tache de vin avec du soufre ou des allumettes en combustion. Montrer que le gaz sulfureux n'entretient pas les combustions.

CHAPITRE XII

COMPOSÉS OXYGÉNÉS DU SOUFRE

(suite)

ACIDE SULFURIQUE

Formule : SO^4H^2. — Poids moléculaire : 98.

PLAN

Acide sulfurique				
1° Propriétés physiques	Saveur caustique. Consistance oléagineuse. Ébullition très difficile.			
2° Propriétés chimiques	a) Acide très énergique. Déplace les autres acides de leurs combinaisons. b) Se combine très facilement à l'eau. — Enlève aux matières organiques les éléments de l'eau (carbonisation du bois, du sucre).			
3° Usages	C'est le corps qui a les usages les plus nombreux et les plus importants : superphosphates, acides, sulfates, aluns, bougies, etc.			
4° Préparation	I. Acide ordinaire	Principe : oxyder le gaz sulfureux par l'air en employant comme intermédiaires des composés oxygénés d'azote.		
		Description de l'appareil	Chambre de plomb. Tour de Glover. Tour de Gay-Lussac.	
		Ce qui se passe dans l'appareil.		
	II. Acide concentré	Concentration de l'acide ordinaire par évaporation dans des vases de porcelaine ou de grès.		

ACIDE SULFURIQUE

Formule : SO^4H^2. — Poids moléculaire : 98.

136. Nous avons vu (§ 130) que la dissolution de gaz sulfureux peut s'oxyder et donner de l'acide sulfurique.

137. Propriétés de l'acide sulfurique.

L'acide sulfurique du commerce est un liquide incolore et inodore, d'une saveur très acide, d'une consistance oléagineuse qui lui a fait donner le nom d'*huile de vitriol* (on l'extrayait autrefois du sulfate de fer ou vitriol vert). Il bout à 338°; l'ébullition se fait très difficilement, à cause de la viscosité du liquide et de son adhérence pour le verre ; de grosses bulles soulèvent le liquide, qui retombe ensuite brusquement. Pour éviter ces chocs qui pourraient faire casser la cornue, on peut introduire dans l'acide des fils de platine ou un corps poreux qui, en apportant de l'air dans le liquide, rendent l'ébullition plus régulière.

138. Propriétés chimiques.

1° *L'acide sulfurique est un acide très énergique.* — L'acide sulfurique rougit le tournesol, même quand il est très étendu. Il se combine avec les bases en donnant des sulfates. Avec la potasse, par exemple, on obtient deux sels : le sulfate acide ou bisulfate de potassium SO^4KH et le sulfate neutre SO^4K^2 ; il en est de même avec la soude.

Il déplace les acides d'un grand nombre de sels : ainsi, versé sur de la craie (carbonate de calcium), il forme du sulfate de calcium et du gaz carbonique; avec le sel marin (chlorure de sodium), il donne du sulfate de sodium et de l'acide chlorhydrique, etc.

Il attaque tous les métaux, sauf l'or et le platine. Les *métaux très oxydables*, fer, zinc, sont attaqués à *froid* par l'acide *étendu* et donnent un sulfate et de l'hydrogène (préparation de l'hydrogène). Les métaux *moins oxydables*, plomb, cuivre, mercure, sont attaqués par l'acide *concentré* et *chaud*, et donnent un sulfate et du gaz sulfureux.

2° *L'acide sulfurique se combine facilement avec l'eau.* — L'acide sulfurique se combine très facilement à l'eau, en dégageant beaucoup de chaleur; quand on mélange 4 parties d'acide et 1 partie d'eau, la température peut atteindre 100°.

Aussi, toutes les fois qu'on fait un mélange de ces deux corps, *il faut verser* l'acide dans l'eau, *goutte à goutte et en agitant constamment* pour répartir la chaleur. Si l'on versait l'eau dans l'acide, chaque goutte d'eau, en arrivant dans le liquide, se vaporiserait instantanément et projetterait le liquide hors du vase, ce qui pourrait blesser dangereusement l'opérateur.

139. *Conséquences.* — L'acide sulfurique, absorbant facilement l'eau, est souvent employé pour dessécher les gaz. Son action sur l'eau explique aussi qu'il attaque et détruise les matières organiques, en leur en' ,ant les éléments de l'eau : un morceau de bois, de sucre, un fragment de paille, se carbonisent quand on les plonge dans de l'acide sulfurique ; des fils de chanvre ou de coton sont rougis, puis rapidement détruits ; la laine résiste plus longtemps à la destruction. La même action déshydratante se produit quand l'acide est en contact avec la peau ; il donne lieu à des brûlures profondes qu'il faut laver immédiatement avec de l'eau ammoniacale, ou, à son défaut, de l'eau pure. Introduit dans l'estomac, il attaque fortement la muqueuse et produit la mort.

140. Usages.

Il n'est peut-être aucun corps qui ait des usages aussi nombreux et aussi importants que l'acide sulfurique ; on en fabrique des centaines de millions de kilogrammes par an, et presque aucune industrie ne peut s'en passer. Mais c'est l'industrie des superphosphates (§ 185) qui consomme presque tout ; ainsi la France fabrique annuellement 10 millions de tonnes de superphosphates, dont 500.000 sont fabriqués à Saint-Gobain. Cette industrie considérable exige une quantité énorme d'acide sulfurique.

On emploie aussi l'acide sulfurique pour préparer la plupart des acides et des sulfates : sulfates de potassium et de sodium et, par suite, potasse et soude du commerce, sul-

fates de cuivre, de zinc, de fer, aluns, etc. On s'en sert pour
fabriquer les bougies, le phosphore, le glucose, pour purifier
les pétroles, dissoudre l'indigo, décaper les métaux, pour
fabriquer certaines piles électriques et pour quantité
d'autres usages.

111. Préparation.

1° *Principe.* — La préparation industrielle de l'acide sulfurique est donc extrêmement importante. Elle consiste dans
une oxydation du gaz sulfureux. Nous avons vu qu'une dissolution de gaz sulfureux laissée à l'air se transforme peu à
peu en acide sulfurique; mais on obtient ainsi *lentement*
de l'acide *étendu.* Pour avoir *rapidement* de l'acide *concentré*,
tout en oxydant avec l'air, on emploie comme intermédiaire
un composé oxygéné d'azote A, qui oxyde le gaz sulfureux
en donnant de l'acide sulfurique et un composé moins
oxygéné d'azote, B; ce composé repasse à l'état A sous
l'influence de l'air et de la vapeur d'eau, et il est de nouveau capable
d'oxyder le
gaz sulfu-
reux.

2° *Descrip-
tion de l'ap-
pareil.* — Il
faut donc
mettre en pré-
sence du gaz
sulfureux, de
l'air, de la
vapeur et un
composé ni-

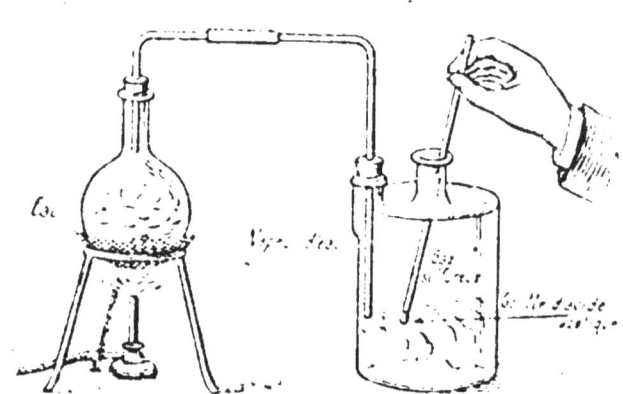

Fio. 46. — Principe de la fabrication
de l'acide sulfurique.

tré, c'est-à-dire azoté (*fig.* 46). Les réactions se font dans
d'immenses chambres à parois de plomb (on emploie le
plomb, parce que l'acide sulfurique ne l'attaque pas tant qu'il

n'est pas très concentré); ceschambres, au nombre de trois,

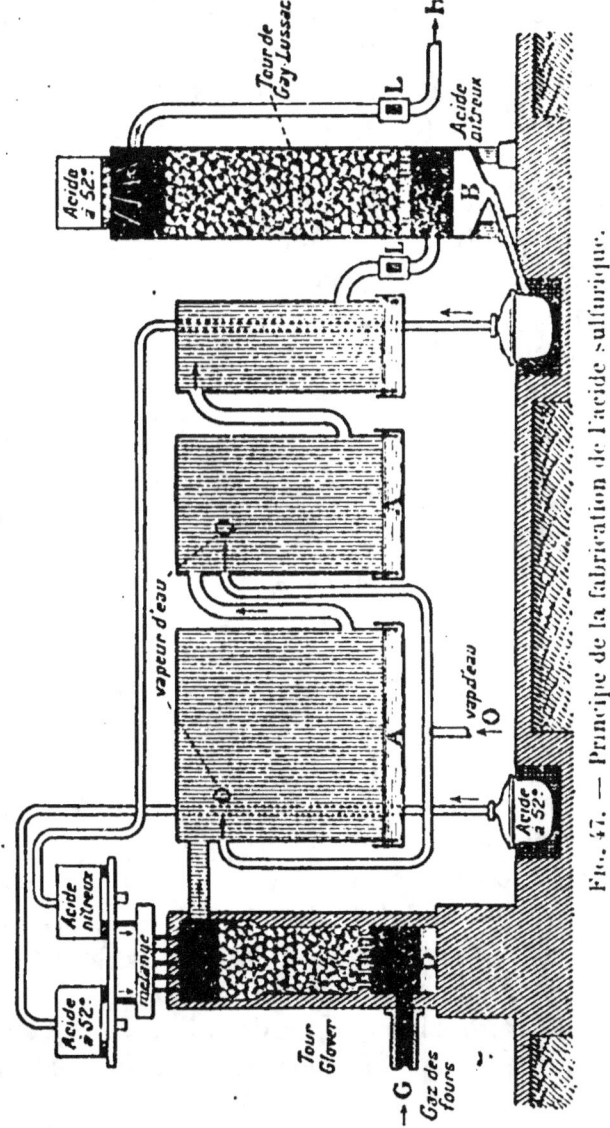

Fig. 47. — Principe de la fabrication de l'acide sulfurique.

ont de 1.000 à 3.000 mètres cubes de capacité (fig. 47). De
la vapeur d'eauy arrive, ainsi que du gaz sulfureux chargé

de vapeurs nitreuses et de l'air. L'appareil est en réalité plus complexe; nous n'avons pas à entrer dans sa description.

Pour obtenir le gaz sulfureux nécessaire à la fabrication de l'acide sulfurique, on grille du soufre ou des pyrites (§ 134) dans des fours spéciaux.

Ce procédé de fabrication, dans lequel la production d'acide est très régulière, et la main-d'œuvre presque nulle, permet d'obtenir l'acide sulfurique à un bas prix extraordinaire : 12 francs les 100 kilogrammes.

142. Concentration de l'acide ordinaire.

Dans la fabrication précédente, on a obtenu de l'acide à 52° Baumé (¹) et de l'acide à 60° Baumé. La presque totalité de l'acide des chambres sert à préparer les superphosphates ; l'acide à 60° est généralement concentré à 66° Baumé. Actuellement, cette concentration se fait à peu près partout dans des vases de *verre*, de *porcelaine* ou de *grès;* on ne peut employer un vase de métal ordinaire qui serait attaqué, et l'on n'emploie presque plus les vases de platine, qui coûtent très cher.

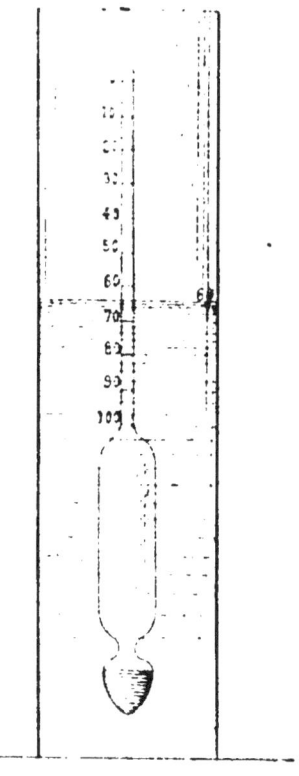

Fio. 48. — Pèse-acide de Baumé.

(¹) On mesure le degré de concentration de cet acide en y plongeant un *pèse-acide* ou *aréomètre de Baumé* (*fig.* 48). Plus le nombre de degrés indiqué est grand, plus l'acide est concentré; l'acide du commerce doit marquer 66° Baumé. S'il marque moins, c'est qu'il renferme trop d'eau.

143. Remarques sur les bases, les acides, les sels. — L'étude de l'ammoniaque, de l'acide sulfhydrique et de l'acide sulfurique, nous a donné quelques notions nouvelles sur les bases, les acides et les sels.

1° **Une base déplace parfois une autre base d'un de ses sels.**

EXEMPLE : l'ammoniaque déplace les hydrates de fer, de zinc (§ 110).

La chaux déplace l'ammoniaque (§ 116).

2° **Un acide déplace parfois un autre acide d'un de ses sels.**

EXEMPLE : l'acide sulfurique déplace l'acide chlorhydrique, l'acide carbonique de ses sels (§ 138).

L'hydrogène sulfuré déplace l'acide azotique de l'azotate de plomb (§ 127).

3° **Comparons la formule des sels à celle des acides.**

Acide sulfurique	Sulfates de potassium	Sulfate de cuivre
SO^4H^2	SO^4KH	SO^4Cu
	SO^4K^2	

On voit que l'hydrogène de l'acide a été remplacé par un métal. C'est là un fait général.

La formule d'un sel peut s'obtenir avec celle de l'acide, en remplaçant l'hydrogène par un métal.

Tantôt 1 atome du métal remplace 1 atome d'hydrogène. EXEMPLES : potassium, sodium. On dit que le métal est univalent.

Tantôt 1 atome du métal remplace 2 atomes d'hydrogène. On dit que le métal est **divalent**. EXEMPLE : le cuivre est divalent (SO^4H^2 donne SO^4Cu).

144. Expériences. — Faire les expériences montrant que l'acide sulfurique rougit le tournesol ; se combine aux bases avec dégagement de chaleur; décompose la craie, le sel marin ; attaque le fer, le zinc, etc., à froid.

Montrer comment doit se faire un mélange d'acide sulfurique et d'eau ; faire constater à la main l'élévation de température, puis y plonger un thermomètre pour mesurer exactement la température du mélange. — Plonger un morceau de sucre, un bout d'allumette, un brin de paille dans l'acide, et faire constater que ces corps se carbonisent. — Verser de l'acide sulfurique sur une coquille d'œuf; il y a à la fois effervescence (parce que le calcaire est attaqué) et carbonisation de la matière organique.

Faire une tache d'acide sur deux morceaux d'étoffe : laver immédiatement l'une des taches à l'eau ammoniacale, et faire constater qu'elle disparaît (il se forme du sulfate d'ammonium). Laisser l'autre tache sans la laver ; au bout de quelques jours, elle est
remplacée par un trou.

CHAPITRE XIII

CHLORURE DE SODIUM
ACIDE CHLORHYDRIQUE

PLAN

I **Chlorure** **de sodium**	**Extraction**	Des eaux de la mer. Des mines de sel gemme.	
	Propriétés	Voir : acide chlorhydrique, chlore, soude, eau de Labarraque.	
	Usages	Alimentation. Industries chimiques.	
II **Acide** **chlor-** **hydrique**	**1° Propriétés physiques**	**Gaz**	Odeur piquante. Très soluble dans l'eau.
	2° Propriétés chimiques	**Acide énergique**	Rougit tournesol. Se combine aux bases : potasse, soude, etc. Décompose les sels : carbonate de calcium. Attaque presque tous les métaux.
	3° Usages		Emploi fréquent dans l'industrie (décapage des métaux, extraction de la gélatine des os, préparation des chlorures, du gaz carbonique, etc.). Préparation du chlore.
	4° Préparation industrielle		Chlorure de sodium et acide sulfurique.

CHLORURE DE SODIUM : NaCl

145. État naturel.

Le chlorure de sodium (sel gemme, sel marin, sel de cuisine) est extrêmement abondant dans la nature. On le trouve, soit en dissolution dans les eaux de la mer ou des sources salées, soit en couches épaisses dans le sol. Mais actuellement on ne l'extrait plus guère que de la mer et de la terre : c'est que les sources salées sont très peu riches en sel; d'autre part, le sel de ces sources provient générale-

ment des gîtes salins peu éloignés, qu'il est plus économique d'exploiter directement. Donc, deux sources principales de sel : la mer et les mines de *sel gemme*.

116. Extraction du sel des eaux de la mer.

L'eau de mer contient par litre de 26 à 30 grammes de
sel, et, en moins grande quantité, des chlorures de potassium et de magnésium, du sulfate et du carbonate de calcium, des bromures, des iodures, etc.

Pour en extraire le chlorure de sodium, on fait évaporer
l'eau au soleil dans des bassins appelés marais salants. En
France, cette exploitation a lieu sur une partie des côtes
de la Méditerranée et de l'Océan. L'eau de mer est amenée
d'abord dans un vaste réservoir A où elle se clarifie(*fig.* 49).

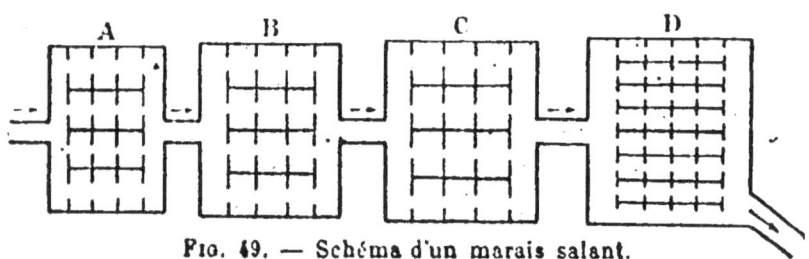

Fio. 49. — Schéma d'un marais salant.

Puis elle passe dans une série de bassins B, C, peu profonds,
où elle se concentre et abandonne les substances les moins
solubles, entre autres du sulfate de calcium.

Elle passe alors dans les bassins D, plus petits, appelés
tables salantes : le sel s'y dépose peu à peu ; on l'enlève
avec des pelles et on en fait, sur le bord des bassins, des
tas qu'on abandonne quelque temps à l'air. Le sel s'égoutte
et le chlorure de magnésium auquel il est mélangé, ayant
la propriété d'absorber facilement l'eau, est peu à peu entraîné par les pluies. On obtient ainsi le sel *gris* ou *sel de
cuisine ;* pour avoir le sel *blanc* ou *sel de table*, on dissout le
sel gris dans de l'eau qu'on fait évaporer ensuite à chaud.

147. Extraction du sel gemme.

Les mines de sel gemme les plus importantes sont celles de Wieliczka en Pologne, de Stassfurt en Prusse, de Vic et Dieuze en Lorraine. Elles sont souterraines ou à ciel ouvert.

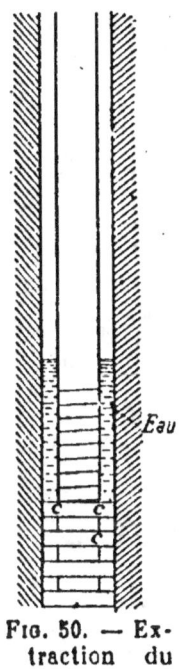

Fig. 50. — Extraction du sel gemme.

Quand le sel est pur et en masses compactes, on l'exploite à la pioche, et l'on n'a qu'à pulvériser sous des meules les blocs obtenus pour le livrer à la consommation.

Le plus souvent le sel est mêlé à des matières étrangères. Dans ce cas, il faut le dissoudre dans l'eau, puis faire évaporer la dissolution. Pour cela, on fore un trou qui descend jusqu'au milieu de la mine (fig. 50), on y place un long tube percé de trous C à sa partie inférieure, et on fait arriver de l'eau des sources voisines. L'eau dissout le sel, on remonte l'eau salée à l'aide d'une pompe et on la concentre en la chauffant.

148. Propriétés et usages.

Le chlorure de sodium est un corps solide transparent, d'une saveur salée caractéristique ; il cristallise en cubes qui se groupent en *trémies* (fig. 51). Le chlorure de sodium retient souvent un peu d'eau entre ses cristaux : c'est pourquoi il décrépite quand on le jette sur le feu ; l'eau se vaporisant projette au loin les cristaux qui l'enferment.

Fig. 51. — Cristaux de sel.

On emploie le chlorure de sodium pour assaisonner les aliments, il paraît du reste indispensable à l'alimentation de l'homme ; il sert aussi à conserver les viandes, le beurre, certains légumes, car c'est un antiseptique. On l'emploie avec avantage dans l'alimentation des bestiaux, et en agriculture, comme amendement.

En dehors de ces applications diverses, tous les usages du chlorure de sodium consistent dans la préparation du chlore, de la soude et de leurs dérivés. C'est ce que nous verrons dans les leçons suivantes.

149. Action de l'acide sulfurique sur le sel marin.

Versons de l'acide sulfurique sur du sel marin ; une vive effervescence se produit. En même temps il se dégage un gaz à odeur piquante, qui rougit le tournesol.

Ce gaz est de l'acide chlorhydrique : l'acide sulfurique a donc déplacé l'acide chlorhydrique de son sel, le chlorure de sodium (§ 143).

II. — ACIDE CHLORHYDRIQUE

Formule : HCl. — Poids moléculaire : $1 + 35,5 = 36,5$.

150. Propriétés physiques.

L'acide chlorhydrique est un gaz incolore d'une odeur piquante qui provoque la toux. Sa formule est HCl ; son poids moléculaire est donc 36,5 et sa densité $\dfrac{36,5}{28,8} = 1,268$; c'est donc un gaz plus lourd que l'air.

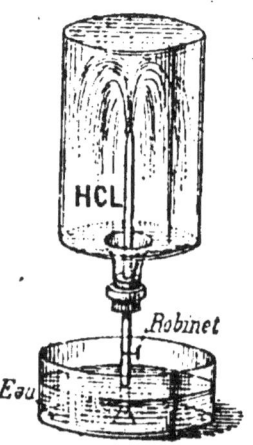

Solubilité. — Ce gaz est très soluble dans l'eau : 1 litre d'eau en dissout environ 500 litres à la température ordinaire. On montre cette grande solubilité par la même expérience que pour l'ammoniaque (§ 109) (*fig.* 52).

Fig. 52. — Expérienc. montrant la solubilit. du gaz chlorhydrique

Le commerce livre toujours l'acide chlorhydrique à l'état de dissolution sous le nom d'*acide muriatique* ou *esprit de sel ;* cette dissolution doit marquer 22° à l'aréomètre de Baumé (§ 142, note).

Si on laisse ouvert un flacon renfermant ce liquide, on voit des fumées très denses s'en échapper; elles sont dues à la combinaison de l'acide avec la vapeur d'eau de l'air.

151. Propriétés chimiques.

L'acide chlorhydrique est un acide très énergique. En effet :

1° Il rougit fortement la teinture de tournesol ;

2° Il se combine avec les *bases;* si, dans une dissolution d'acide chlorhydrique rougie par quelques gouttes de tournesol, on verse goutte à goutte de la potasse dissoute, à un moment le tournesol redevient bleu; si l'on cesse alors l'expérience et qu'on analyse la dissolution, on constate qu'elle renferme un corps nouveau qui n'a aucune action sur le tournesol, et qui est un *sel :* c'est du *chlorure de potassium.*

$$KOH + HCl = KCl + H^2O.$$

Potasse   Acide   Chlorure   Eau
chlorhydrique   de potassium

De même, l'acide chlorhydrique se combine avec la soude. Avec l'*ammoniaque,* l'expérience peut se faire simplement en débouchant l'une à côté de l'autre deux bouteilles, l'une d'ammoniaque, l'autre d'acide chlorhydrique. On voit se former, au-dessus des flacons, des fumées blanches de *chlorure d'ammonium* (§ 114).

Action sur les sels. — Si nous versons de l'acide chlorhydrique sur du carbonate de calcium (craie), il se produit une effervescence; l'acide chlorhydrique déplace le gaz carbonique de la craie et forme du chlorure de calcium. L'acide chlorhydrique peut décomposer encore d'autres sels en formant dans tous les cas un chlorure.

Action sur les métaux. — A l'état gazeux, l'acide chlorhydrique attaque tous les métaux, sauf l'or et le platine, à des températures plus ou moins élevées; il se forme des chlorures métalliques et de l'hydrogène. En dissolution, il n'attaque pas l'or, le platine, le cuivre, ni le mercure, mais il attaque tous les autres métaux.

Toutes ces propriétés indiquent bien que ce composé est un acide.

152. Préparation industrielle.

L'acide chlorhydrique est préparé en assez grande quantité *industriellement*. On l'obtient en décomposant un de ses sels par un acide : le sel choisi est le chlorure de sodium ou *sel de cuisine*, parce qu'il existe en abondance dans la nature et par suite est bon marché. Il se forme du sulfate de sodium et il se dégage de l'acide chlorhydrique (§ 149).

L'appareil employé est celui de la figure 53.

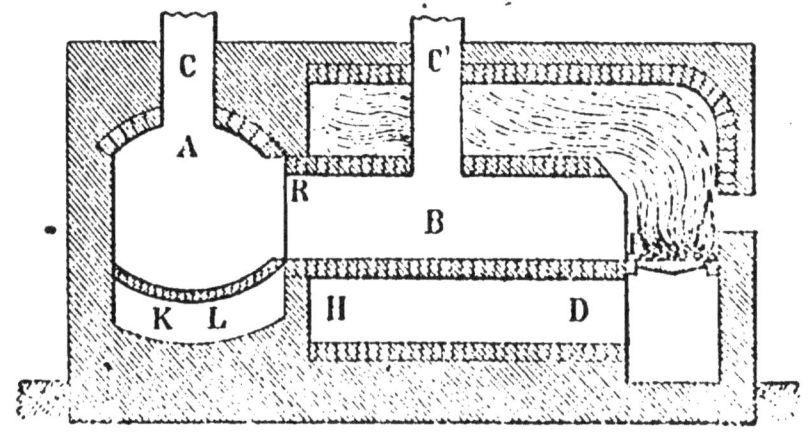

Fio. 53. — Appareil pour la préparation industrielle
de l'acide chlorhydrique.

On place le mélange dans la cuvette A, où il commence à s'échauffer, l'acide chlorhydrique formé se dégage par le tuyau C. Quand le dégagement cesse, on enlève la cloison R et on fait passer la masse dans le compartiment B, où la température est élevée, tandis qu'on remet une nouvelle charge en A. L'acide chlorhydrique formé se dégage par le tuyau C'. L'acide se produit donc de façon continue; on le recueille dans des bonbonnes contenant de l'eau où il se dissout.

153. Remarque.

Le procédé précédent donne, en même temps que de l'acide chlorhydrique, du sulfate de sodium très employé dans l'industrie pour préparer la soude du commerce (*cristaux*) par le *procédé Leblanc*.

154. Usages.

1° Un grand nombre des applications de l'acide chlorhydrique découlent de sa propriété *acide*. Ainsi il est employé pour décaper le fer et le zinc, parce qu'il forme avec ces métaux des chlorures volatils. Il sert à extraire la·gélatine des os parce qu'il transforme en chlorure de calcium les sels de calcium qu'ils contiennent. Il sert à préparer l'hydrogène, les chlorures de zinc, d'étain, etc., le gaz carbonique et d'autres acides volatils;

2° L'acide chlorhydrique sert surtout à préparer le chlore et les chlorures décolorants. C'est ce que nous allons voir dans la leçon suivante.

155. Expériences. — Montrer l'action de l'acide chlorhydrique sur le tournesol, sur les bases, les métaux et les sels; expériences avec la potasse, le fer, le zinc, etc., le carbonate de calcium, l'ammoniaque.

Verser de l'acide sulfurique sur du chlorure de sodium et montrer, en approchant une bouteille d'ammoniaque, qu'il se dégage de l'acide chlorhydrique.

CHAPITRE XIV

CHLORE

Symbole : Cl. — Poids atomique : 35,5.

PLAN

I **Préparation**	1° *Électrolyse* des chlorures de sodium ou de potassium { fondu. { dissous.				
	2° *Oxydation* de l'acide chlorhydrique par un corps oxydant (air).				
II **Propriétés** **physiques**	Gaz jaune verdâtre. Odeur suffocante. 2 fois 1/2 plus lourd que l'air. Soluble dans l'eau.				
III **Propriétés** **chimiques**	1° *Combinaison avec l'hydrogène*	*a)* Expériences	Mélange de chlore et d'hydrogène à la *lumière diffuse* ; Mélange à la *lumière solaire.*		
		b) Résultat de la combinaison	Formation d'*acide chlorhydrique.*		
		c) Conséquences de cette propriété : *le chlore décompose beaucoup de corps hydrogénés :* Il décompose	l'hydrogène sulfuré et l'ammoniaque, d'où corps désinfectant. l'eau, d'où corps oxydant { C'est un décolorant : décolore sucre, toile écrue, etc.		
	2° *Combinaison avec les métalloïdes et les métaux*	Expériences	Avec soufre, phosphore, antimoine Avec cuivre, fer, or, mercure.		
IV **Usages**	Désinfectant. Décolorant.				

156. Nous avons obtenu l'acide chlorhydrique avec le chlorure de sodium comme matière première. Nous allons maintenant, avec l'une ou l'autre de ces matières, fabriquer le chlore.

157. Préparation du chlore.

1° **Par l'électrolyse du chlorure de sodium ou du chlorure de potassium.** — Si l'on fait passer un courant électrique dans du chlorure de sodium *fondu*, il est décomposé en chlore qui se dégage à l'électrode positive, et en sodium qui se dépose à l'électrode négative.

$$NaCl = \overset{-}{Na} + \overset{+}{Cl}$$

Chlorure de sodium   Sodium   Chlore

Si le chlorure est en *dissolution*, il est encore décomposé en chlore et en sodium ; mais le sodium, au contact de

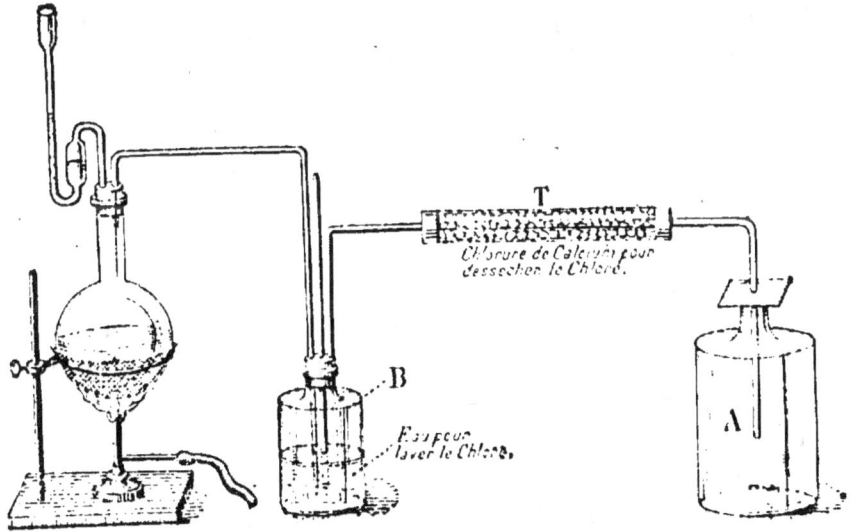

Eau pour laver le Chlore.

Chlorure de Calcium pour dessécher le Chlore.

FIG. 54. — Préparation du chlore dans les laboratoires.

l'eau, donne de la soude avec dégagement d'hydrogène (§ 48), de sorte que, si l'on a pris soin de séparer les deux électrodes par un diaphragme, on recueille à l'une du chlore, à l'autre de la soude et de l'hydrogène.

$$Na + H^2O = NaOH + H.$$

Sodium   Eau   Soude   Hydrogène

Même chose se produit avec le chlorure de potassium.

2° Au moyen de l'acide **chlorhydrique**. — On peut aussi

préparer le chlore en **oxydant** l'acide chlorhydrique, de manière à former de l'eau et du chlore :

$$2HCl + O = H^2O + 2Cl.$$

Dans l'industrie, on oxyde l'acide chlorhydrique par l'oxygène de l'air, parce que c'est un oxydant qui n'est pas coûteux.

Dans les *laboratoires*, on oxyde l'acide chlorhydrique par
le bioxyde de manganèse ; il suffit de chauffer le mélange
des deux corps (*fig.* 54) dans un ballon et de recueillir,
par déplacement d'air, le gaz qui se dégage, en faisant arriver le tube abducteur au fond d'un flacon A plein d'air.
On ne peut le recueillir ni sur le mercure qu'il attaque
(§ 164), ni sur l'eau dans laquelle il se dissout.

158. Propriétés physiques.

Le chlore est un gaz jaune verdâtre ; il a une odeur forte
et suffocante ; il provoque la toux et l'oppression, et peut
même, respiré en grande quantité, déterminer des crache-
ments de sang, car il attaque les poumons. On combat ses
effets en buvant du lait, ou en faisant des inhalations de
vapeur d'eau chaude, parce que l'eau dissout le chlore.

Son poids atomique est 35,5 ; sa densité est :

$$\frac{35,5 \times 2}{28,8} = 2,47.$$

Ce corps est donc beaucoup plus lourd que l'air : c'est ce
qui nous a permis de le recueillir par déplacement d'air. Il
est assez soluble dans l'eau, puisque 1 litre d'eau en dissout
environ 3 litres à 8° ; la solution est appelée *eau de chlore*.
— Le chlore a pu être liquéfié facilement.

159. Propriétés chimiques.

I. — COMBINAISON AVEC L'HYDROGÈNE

La propriété chimique essentielle du chlore est celle qu'il a de se combiner très facilement à l'hydrogène, même à la température ordinaire.

Expériences. — Si l'on fait, dans un ballon, un mélange à volumes égaux de chlore et d'hydrogène et qu'on l'expose à la *lumière diffuse*, au bout de quelques jours tout le chlore s'est combiné à l'hydrogène. A la *lumière solaire*, la combinaison est instantanée, et se produit avec une telle explosion que le ballon vole en éclats ; la combinaison instantanée se produit aussi sous l'influence de la lumière électrique ou de la lumière provenant de la flamme du magnésium, ou au contact d'une flamme. Il se forme de l'acide chlorhydrique :

$$H + Cl = HCl.$$

160. Conséquences de la combinaison à l'hydrogène.

Le chlore se combinant très facilement à l'hydrogène, il décompose, pour s'en emparer, beaucoup de corps qui en renferment.

161. 1° Le chlore décompose l'hydrogène sulfuré et l'ammoniaque.

Si l'on verse une dissolution d'*hydrogène sulfuré* dans un flacon de chlore, il se forme un dépôt de soufre, et la dissolution renferme de l'acide chlorhydrique :

$$2Cl + H^2S = 2HCl + S.$$
Chlore   Hydrogène   Acide   Soufre
          sulfuré   chlorhydrique

Le chlore détruit aussi l'*ammoniaque*, AzH^3 ; on remplit un long tube d'une dissolution de chlore jusqu'aux neuf

dixièmes de sa hauteur (*fig.* 55) et on achève avec une dissolution d'ammoniaque, puis on retourne le tube sur un
verre d'eau; on voit des bulles de gaz se
dégager et monter jusqu'au sommet du
tube ; ce gaz est de l'azote. Le chlore a
donc pris l'hydrogène de l'ammoniaque.
Les deux réactions précédentes expliquent
l'emploi du chlore pour désinfecter les
fosses d'aisances (§ 108 et 125).

102. 2° **Le chlore décompose l'eau.**

Laissons à la lumière solaire un flacon
d'eau de chlore ; il se dégage des bulles
d'oxygène. C'est que l'eau a été décomposée par le chlore :

$$H^2O \;+\; 2Cl \;=\; 2HCl \;+\; O.$$
$$\text{Eau} \qquad \text{Chlore} \qquad \text{Acide} \qquad \text{Oxygène}$$

Fig. 55. — Com
binaison de
l'ammoniaque
et du chlore
dissous.

A la lumière diffuse, la décomposition se
fait aussi, mais lentement, c'est pourquoi
l'*eau de chlore* ne se conserve pas plus de quelques jours
lorsqu'elle n'est pas dans un flacon noir.

**103. Conséquences de l'action du chlore sur l'eau : le
chlore est oxydant.**

Puisque le chlore décompose l'eau et met en liberté
l'oxygène, il en résulte qu'en présence de l'eau il est oxydant.
En particulier, *le chlore oxyde les matières organiques en
présence de l'eau et les* décolore.
Versons de l'eau de chlore dans de la teinture de tournesol, ou dans une dissolution d'indigo ; elle les décolore.
Plongeons dans de l'eau de chlore un morceau de papier ou
d'étoffe taché d'encre, la tache disparaît. L'encre d'imprimerie et l'encre de Chine, qui sont à base de charbon, ne
sont pas décolorées par le chlore humide.

La toile écrue est blanchie par un séjour de quelques instants dans de l'eau de chlore; l'expérience peut se faire
aussi en mettant la toile humide dans un flacon de chlore
gazeux.

Dans toutes ces expériences, il y a **oxydation** et par suite
décoloration par le chlore en présence de l'eau.

II. — COMBINAISON AVEC LES MÉTALLOIDES ET LES MÉTAUX

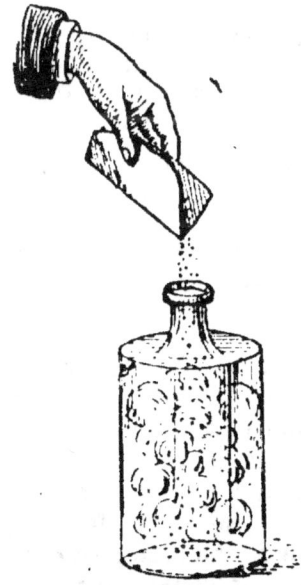

Fio. 56. — Combinaison de
l'antimoine dans le chlore.

164. La deuxième propriété essentielle du chlore est
celle qu'il a de se combiner avec un
grand nombre de métalloïdes et de
métaux, en produisant une grande
quantité de chaleur. Les expériences peuvent se disposer de la
même façon que pour les combustions dans l'oxygène :

Le *soufre* enflammé et introduit
dans le chlore s'y éteint mais, après
quelques instants, des fumées
épaisses de *chlorure de soufre* se
produisent.

Le *phosphore*, plongé dans un
flacon de chlore sans avoir été
chauffé au préalable, s'y enflamme
spontanément et donne du *chlorure
de phosphore*.

L'*antimoine*, en poudre très fine,
projeté dans le chlore (*fig.* 56), s'y
combine en produisant comme une pluie de feu; des
fumées épaisses de *chlorure d'antimoine* emplissent rapidement le flacon.

Tous les métaux se combinent au chlore.

Le *cuivre* et le *fer* chauffés donnent des fumées jaunes de *chlorure de cuivre* ou de *fer* (*fig.* 57). L'or et le *mercure* sont attaqués par le chlore à la température ordinaire : une feuille d'or plongée dans un flacon de chlore gazeux humide ou d'eau de chlore disparaît en donnant du chlorure d'or soluble dans l'eau.

Fɪɢ. 57. — Combinaison du cuivre dans le chlore.

165. Usages du chlore.

Le chlore est surtout employé comme *décolorant* et comme *désinfectant*. Pour ces usages, il n'est livré ni à l'état de gaz, trop difficile à transporter, ni à l'état de dissolution, trop facilement décomposable, mais à l'état de chlorures décolorants qui agissent par le chlore qu'ils renferment (§ 168) ; aussi presque tout le chlore fabriqué industriellement sert-il à la préparation des chlorures décolorants.

166. Expériences. — Recueillir quatre ou cinq flacons de chlore gazeux et un flacon de chlore dissous.

1° *Expériences avec le gaz.* — Combinaisons avec le chlore : du soufre, du phosphore, de l'antimoine, du cuivre ou du fer.

2° *Expériences avec la dissolution.* — Combinaison avec la dissolution ammoniacale. — Dissolution de l'or dans l'eau de chlore. — Décoloration du tournesol ou de l'indigo, d'une tache d'encre, d'une tache de vin. — Blanchiment d'un morceau de toile écrue.

CHAPITRE XV

CHLORURES DÉCOLORANTS
ÉLECTROLYSE
DU CHLORURE DE SODIUM. — SOUDE

PLAN

I **Chlorures** **décolorants**	Trois chlorures décolorants	eau de Javel. eau de Labarraque. chlorure de chaux.	
	Propriétés	Décolorants (blanchissage et blanchiment). Désinfectants.	
	Préparation	1° Courant de chlore passant dans une dissolution de potasse, de soude, ou sur de la chaux éteinte. 2° Électrolyse du chlorure de sodium, ou du chlorure de potassium dissous, sans diaphragme entre les électrodes.	
II **Électrolyse** **du chlorure** **de sodium**	1° fondu	Sodium Chlore.	
	2° dissous	Avec diaphragme	Soude. Chlore.
		Sans diaphragme	Eau de Labarraque.
III **Soude** **caustique**	Base très énergique.		

I. — CHLORURES DÉCOLORANTS

167. Nous avons utilisé déjà le chlorure de sodium pour préparer l'acide chlorhydrique (§ 149) ; puis le chlorure de sodium ou l'acide chlorhydrique pour préparer le chlore.

Nous allons préparer maintenant des composés appelés chlorures décolorants, en nous servant soit du chlore, soit encore du chlorure de sodium, ou du chlorure de potassium.

168. Expériences.

Faisons passer un courant de chlore dans une dissolution étendue de soude caustique; il se forme l'*eau de
Javel*, celle du commerce. Ce liquide a la propriété de
dégager plus ou moins rapidement du chlore gazeux sous
l'action d'un acide tel que le gaz carbonique de l'air. Il
peut par suite avoir les mêmes usages que le chlore, c'est-
à-dire servir comme décolorant et comme désinfectant.

On l'appelle un chlorure décolorant.

169. Principaux chlorures décolorants.

On fabrique industriellement trois chlorures décolorants,
en faisant passer un courant de chlore dans la dissolution de
soude, dans celle de potasse, ou sur de la chaux éteinte.

Ce sont :

1° L'eau de Javel (chlorure décolorant de potasse) ;

2° L'eau de Labarraque (chlorure décolorant de soude),
moins coûteuse que la précédente et vendue couramment
dans le commerce pour de l'eau de Javel ;

3° Le chlorure de chaux, poudre blanche que l'on doit
garder dans un lieu sec, car, à l'air humide, elle perd peu à
peu son chlore.

170. Préparation industrielle.

Premier procédé. — On fait passer un courant de chlore
sur la potasse, la soude ou la chaux (§ 168) (*fig.* 58).

Deuxième procédé. — On prépare aussi l'eau de Labarraque en électrolysant du chlorure de sodium dissous.
Mais on ne sépare pas par une cloison les deux électrodes
comme au § 157 ; le chlore et la soude ne restent pas
séparés, ils forment un chlorure décolorant.

L'eau de Javel se prépare de même par l'électrolyse du
chlorure de potassium dissous.

171. Usages.

1° *Blanchissage.* — L'eau de Javel et l'eau de Labarraque
servent en économie domestique, pour le blanchissage du
linge; les taches de fruits, de vin, d'encre, sont décolorées
par un séjour de quelques minutes dans de l'eau de Javel

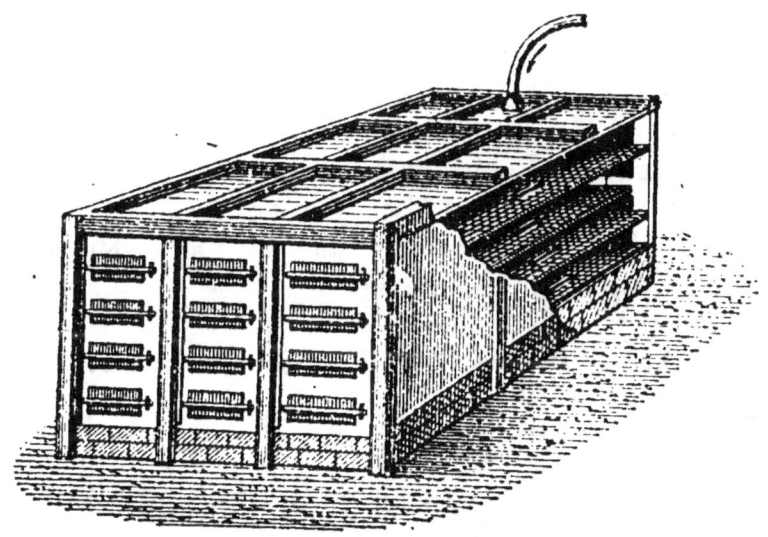

Fig. 58. — Préparation du chlorure de chaux.

étendue. Mais il faut n'employer ce liquide que pour des
étoffes blanches, et éviter son contact prolongé avec le tissu,
car il en altérerait les fibres et l'userait rapidement.

2° *Blanchiment.* — Les chlorures décolorants sont très
employés pour le blanchiment des étoffes de lin, de chanvre
et de coton. Le blanchiment a pour but d'enlever aux tissus
ou aux fibres la matière bise qui les colore; il s'opère quelquefois en exposant les étoffes sur un pré à l'action de l'air
et de la rosée; mais c'est un procédé très long qui ne se
pratique plus guère que dans les Vosges et dans quelques
autres régions. On y substitue presque partout maintenant
le blanchiment par le chlorure de chaux dissous ou par

l'eau de Javel ; en principe, il suffit de plonger l'étoffe à plusieurs reprises dans des bains de chlorure décolorant, puis de la laisser à l'air pour que le chlore soit mis en liberté. Mais l'opération doit être conduite avec précaution pour que le chlorure décolorant ne désagrège pas le tissu.

La laine et la soie ne peuvent pas être blanchies par un chlorure décolorant, qui les détruit, même quand il est en solution étendue.

On utilise aussi le chlorure de chaux pour décolorer les chiffons qui servent à fabriquer le papier, pour enlever les taches d'encre, etc.

3° *Désinfection.* — Les chlorures décolorants sont employés pour désinfecter les fosses d'aisances, les égouts, en un mot tous les endroits rendus malsains par la décomposition des matières organiques.

II. — ÉLECTROLYSE DU CHLORURE DE SODIUM

172. Reportons-nous aux paragraphes 157 (préparation du chlore) et 170 (préparation des chlorures décolorants), et voyons les divers corps qu'on peut fabriquer par l'électrolyse du chlorure de sodium.

1° Chlorure de sodium fondu	Formation de chloro. Id. de sodium.	
2° Chlorure de sodium dissous	Electrodes séparées par un diaphragme	Formation de chlore. — de soude.
	Electrodes non séparées par un diaphragme.	Formation d'eau de Labarraque (vulgairement eau de Javel).

Nous avons étudié le chlore, l'eau de Labarraque. Le sodium n'a pas grande utilité pratique. Il nous reste à voir la soude.

III. — SOUDE CAUSTIQUE
NaOH

173. Propriétés et usages.

La *soude caustique* ou *hydrate de sodium*, qu'il ne faut pas confondre avec la soude du commerce ou carbonate de soude, se trouve dans le commerce sous forme de plaques dures, blanches, qui se liquéfient à l'air. Elle est *très soluble dans l'eau*. Sa dissolution est caustique ; elle ramène au bleu le tournesol rougi par un acide ; elle se combine à un grand nombre d'acides en donnant des *sels de sodium ;* les plus importants de ces sels sont le chlorure de sodium, déjà étudié, et l'azotate de sodium.

La soude caustique, à l'état de dissolution (*lessive de soude*), sert à préparer les *savons durs*. Elle est constamment employée *dans les laboratoires* comme base.

Expériences. — Montrer comment on enlève une tache avec de l'eau de Javel : il faut *avoir soin de laver ensuite à grande eau l'endroit qui était taché*, pour que le tissu ne soit pas « brûlé » par le chlorure décolorant qui resterait dans l'étoffe.

Montrer que la dissolution de soude caustique bleuit le tournesol rougi par un acide et se combine avec les acides en produisant une vive réaction.

CHAPITRE XVI

AZOTATE DE SODIUM
ACIDE AZOTIQUE, SALPÊTRE

PLAN

1° Azotate de sodium

Abondance de ce corps dans le sol (Pérou).

Son emploi
{ 1° Comme engrais : *c'est l'engrais azoté le plus important.*
{ 2° Pour préparer les autres composés oxy- | Acide azotique.
{ génés d'azote. | Azotate de potassium.

2° Acide azotique

I
Préparation { Décomposition d'un *azotate* par l'acide *sulfurique.*

II
Propriétés { Acide *fumant*
physiques { Acide *du commerce.*

III
Propriétés
chimiques

1° C'est un acide { Rougit le tournesol.
{ Se combine aux bases en donnant les *azotates*

2° C'est un oxydant
{ Oxydation des *métalloïdes* (soufre, phosphore, carbone). Action plus vive avec l'acide concentré.
{ Oxydation des *métaux.* Action plus vive avec l'acide étendu. Fer passif.
{ Oxydation des corps composés (gaz sulfureux, matières organiques).

IV
Usages { Très nombreux
{ Préparer acide sulfurique.
{ Teindre laine et soie en jaune.
{ Coton-poudre, nitroglycérine.
{ Azotates : gravure sur cuivre.

3° Salpêtre ou azotate de potassium

Azotate
de potassium
{ Existe à l'état naturel : *salpêtre.*
{ Préparation à l'aide du nitrate de sodium.
{ Usages { *Engrais.*
{ { *Fabrication de la poudre*

AZOTATE DE SODIUM

AzO³Na

174. L'étude de la soude (§ 173) nous amène à parler d'un de ses sels les plus importants, l'azotate de sodium ou nitrate de soude.

Le *nitrate de soude* est très abondant dans le sol ; il existe au Pérou en bancs épais d'une étendue considérable, situés presque à la surface du sol. C'est un sel blanc cristallisé, qu'on emploie en très grande quantité comme engrais azoté : c'est ainsi que l'Amérique du Sud en exporte annuellement plus d'un million de tonnes dont les $\frac{3}{4}$ au moins servent d'engrais, surtout pour les blés.

Il sert aussi à préparer l'acide azotique.

ACIDE AZOTIQUE

Formule : **AzO³H**. — Poids moléculaire : $14 + (16 \times 3) + 1 = 63$.

175. Expérience.

Chauffons dans une cornue de l'azotate de sodium avec

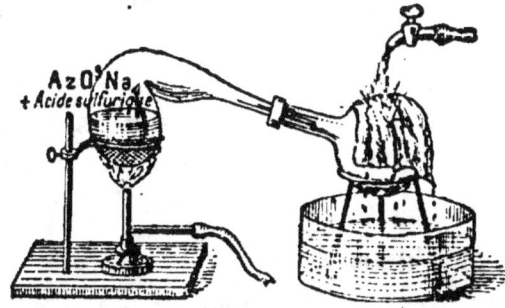

de l'acide sulfurique. Il se dégage d'abord des vapeurs d'un brun rouge appelées **vapeurs rutilantes** ([1]), puis des vapeurs d'acide azotique se dégagent et, si la cornue communique

FIG. 59. -- Préparation de l'acide azotique concentré dans les laboratoires.

avec un ballon refroidi (*fig.* 59), ces vapeurs s'y condensent

([1]) Les vapeurs rutilantes sont des mélanges de composés formés d'azote et d'oxygène : en particulier elles renferment du *peroxyde d'azote*.

en un liquide jaunâtre, qui est de l'acide azotique concentré.
L'acide sulfurique a donc déplacé l'acide azotique de son
sel.

176. Préparation industrielle.

Dans l'industrie, on opère d'une manière analogue. Le
nitrate de sodium est chauffé dans de grandes chaudières
avec de l'acide sulfurique; les vapeurs d'acide azotique qui ·

Fig. 60. — Préparation industrielle de l'acide azotique.

se dégagent se condensent dans des bonbonnes de grès
(*fig.* 60) placées les unes à la suite des autres, et contenant
un peu d'eau. On obtient ainsi l'*acide du commerce*, assez
impur.

177. Propriétés physiques.

L'acide azotique pur est un liquide incolore, d'une odeur
désagréable, fumant à l'air, d'où le nom d'*acide fumant*.

Il se décompose partiellement à la lumière en donnant
des vapeurs rouges qui se dissolvent dans le liquide et le
colorent en jaune.

Dans le commerce, on vend un acide azotique renfermant

davantage d'eau ; il est connu surtout sous le nom d'*acide du commerce* ou d'*eau-forte*.

178. Propriétés chimiques.

1° *L'acide azotique est un acide très énergique.* — Il rougit le tournesol ; il se combine aux bases avec un grand dégagement de chaleur et donne naissance à des sels qu'on appelle *azotates*. Avec les métaux, il donne aussi des azotates ; mais il agit en même temps sur eux comme oxydant.

2° *L'acide azotique est un corps très oxydant.* — L'acide azotique se décompose très facilement, cède de l'oxygène et par suite est un **oxydant.**

a) OXYDATION DES MÉTALLOIDES. — Presque tous les métalloïdes sont oxydés par l'acide azotique *concentré ;* ainsi, chauffé avec du soufre, il donne de l'acide sulfurique ; avec le phosphore, il donne de l'acide phosphorique et, si l'acide employé est concentré, la réaction se fait avec explosion. Avec le charbon, on n'a même pas besoin de chauffer : quelques gouttes d'acide azotique concentré versées sur du noir de fumée bien sec rendent le charbon incandescent ; il se forme du gaz carbonique et des vapeurs rutilantes.

b) OXYDATION DES MÉTAUX. — L'acide azotique attaque presque tous les métaux, mais d'autant plus facilement qu'il est *plus étendu.* Il se forme en même temps qu'un *azotate* des vapeurs rutilantes et parfois de l'azote. Ainsi, avec les métaux *très oxydables* (potassium, sodium), on obtient surtout de l'*azote.* Avec le cuivre, le mercure, l'argent, *peu oxydables*, on obtient surtout des vapeurs rutilantes.

L'or et le platine sont les deux seuls métaux que n'attaque pas l'acide azotique.

Fer passif. — Comme la plupart des métaux, le fer n'est pas attaqué par l'acide azotique *concentré*, mais il présente en outre ce caractère que, après avoir été plongé dans l'acide concentré, il ne peut plus être attaqué par l'acide étendu : on dit qu'il est devenu passif. Pour faire cesser cette passivité, il suffit de le toucher avec une tige de cuivre.

c) OXYDATION DES CORPS COMPOSÉS ET DES MATIÈRES ORGANIQUES. — L'acide azotique peut oxyder aussi certains corps composés; il transforme le gaz sulfureux en acide sulfurique (préparation de ce corps, § 141). Il peut oxyder les matières organiques : il décolore l'indigo; il colore en jaune la peau, la laine et la soie, ce qui le fait employer en teinture; mais il détruit les tissus si son action se prolonge.

Il enflamme l'essence de térébenthine, etc.

L'acide azotique a d'autres actions importantes sur les composés organiques; il transforme le coton en une substance très inflammable, le coton-poudre. Il transforme la glycérine en nitro-glycérine, corps qui est la base de la dynamite.

170. Usages.

L'acide azotique a des applications nombreuses :

1° *C'est un oxydant*, et par suite il sert à préparer l'acide sulfurique, à teindre en jaune la laine, les plumes et la soie.

2° *Son action sur les matières organiques* le fait employer à la fabrication du coton-poudre, de la nitro-glycérine, etc.

3° *C'est un acide* et par suite il sert à préparer les azotates, à décaper les métaux, à graver sur cuivre et sur acier : c'est la *gravure à l'eau-forte*.

GRAVURE SUR CUIVRE. — On recouvre la plaque à graver d'une couche de vernis, non attaquable par l'acide, en laissant tout autour un léger bourrelet sur les bords; puis, on trace le dessin sur le vernis au moyen d'une pointe fine qu'on enfonce assez pour mettre le métal à nu. On verse alors sur la plaque de l'eau-forte qui y est retenue par le bourrelet; elle attaque le cuivre dans tous les points où la cire est enlevée, et reproduit le dessin en creux. Il suffit ensuite d'enlever l'acide et de dissoudre le vernis pour que la plaque soit prête.

180. Eau régale.

L'eau régale est un mélange d'acide chlorhydrique et d'acide azotique. Elle peut dissoudre tous les métaux, même l'or et le *platine*, qu'aucun acide isolé n'attaque.

AZOTATE DE POTASSIUM
AzO^3K

181. En dehors du nitrate de sodium, l'azotate le plus important est l'azotate de potassium ou *salpêtre* ou *nitrate de potasse*. Il existe en abondance dans les Indes, en Égypte, etc., sur la surface du sol où il apparaît après la saison des pluies. Dans nos régions, il se forme sur les murs humides (murs des étables, des écuries). Mais la majeure partie du nitrate de potasse employé en Europe est fabriquée avec le *nitrate de sodium* du Pérou. Si l'on fait bouillir une dissolution de ce corps avec du *chlorure de potassium*

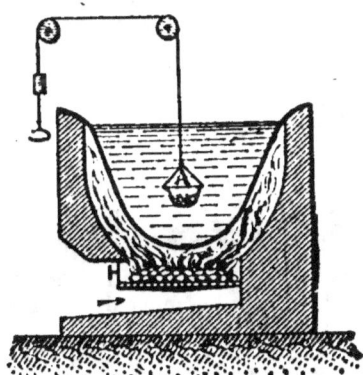

Fig. 61. — Fabrication du nitrate de potasse; le chlorure de sodium, à mesure qu'il se forme, se dépose dans le chaudron A.

(*fig.* 61), une double décomposition se produit : il se forme du *chlorure de sodium*, qui, n'étant pas plus soluble à chaud qu'à froid, se dépose à mesure que le liquide se concentre; et de l'*azotate de potassium*, qui ne cristallise que par refroidissement et qu'on purifie ensuite.

Propriétés. — Le salpêtre est un corps blanc cristallisé, d'une saveur fraîche. Il se *décompose facilement en cédant de l'oxygène*, ce qui le fait employer dans la fabrication de la *poudre noire* dite *poudre de chasse*, mélange de salpêtre, de soufre et de charbon.

182. Expériences. — 1° *Acide azotique.* — Préparer de l'acide azotique concentré (§ 175), qui servira à faire les diverses expériences relatives à ce corps : expérience du *fer passif* ; — oxydation du noir de fumée *bien desséché*, en versant dessus de l'acide azotique fumant ; — oxydation de

l'essence de térébenthine : on met dans une soucoupe un peu de ce liquide ; puis on verse *de loin*, par un long tube droit auquel on a adapté un entonnoir à l'aide d'un caoutchouc (*fig. 62*), un peu d'acide azotique fumant ; il se produit une vive réaction et l'essence s'enflamme (opérer de préférence dans la cour).

Montrer l'action de l'acide azotique étendu sur le fer, le zinc, le cuivre.

Plonger dans de l'acide azotique de la laine blanche : on la retire jaunie.

2° *Eau régale.* — Chauffer dans un ballon de l'acide chlorhydrique avec une parcelle d'or ; dans un autre de l'acide azotique avec une autre parcelle d'or; il n'est attaqué dans aucun des ballons. Mélanger le contenu des deux ballons : on constate que l'or disparaît.

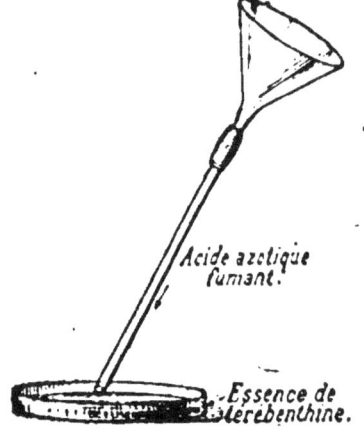

Fig. 62. — Action de l'acide azotique sur l'essence de térébenthine.

3° *Azotates.* — Montrer les azotates de potassium, de sodium. Jeter un peu de ces deux sels sur des charbons ardents : ils *fusent* en activant la combustion.

CHAPITRE XVII

PHOSPHATE DE CALCIUM
SUPERPHOSPHATES. — PHOSPHORE

———

PLAN

Le phosphate de calcium naturel est le plus important de tous les composés du phosphore.

1° Phosphate de calcium : $(PO^4)^2 Ca^3$
Sel correspondant à l'acide phosphorique PO^4H^3.

I **Etat** **naturel**	*Os.* *Sol* : Algérie, Tunisie, Ariège, etc.
II **Usages**	*a*) Comme engrais phosphaté. *b*) Pour préparer superphosphates, phosphore, acide phosphorique.

2° Superphosphates

I **Préparation**	Phosphate tricalcique et acide sulfurique à 50° Baumé.
II **Usages**	Très employé comme engrais : *c'est l'engrais phosphaté le plus employé.*

3° Phosphore

I **Préparation**	On chauffe dans un four électrique phosphate naturel, silice et charbon.
II **Propriétés** **physiques** **et physio-** **logiques**	Solide jaune pâle. Odeur d'ail. Soluble dans sulfure de carbone. Fond à 44°. *Très vénéneux.*
III **Propriétés** **chimiques**	Action de *l'oxygène* *et de l'air* : A la température ordinaire : *phosphorescence* A 60° ou par le frottement : *inflammation.*
IV **Phosphore** **rouge**	Solide rouge, non cristallisé. Insoluble dans sulfure de carbone. Non phosphorescent. — S'enflamme à 260° seulement. *Non vénéneux.* S'obtient en chauffant à 270° du phosphore ordinaire en vase clos.
V **Usages**	Allumettes.

183. De tous les composés du phosphore, c'est le phosphate de calcium naturel qui est le plus important, d'abord parce qu'il est employé comme engrais, mais surtout parce qu'il sert à préparer tous les autres composés du phosphore (*superphosphates*, acide phosphorique) et le phosphore lui-même.

I. — PHOSPHATE DE CALCIUM NATUREL
$(PO^4)^2 Ca^3$

184. Le phosphate de calcium est très abondant dans la nature; il forme les $\frac{80}{100}$ de la partie minérale des os. On le trouve aussi dans le sol en certaines régions, tantôt en masses cristallines, tantôt sous forme de rognons très durs ou *nodules*. En Algérie, en Tunisie, il en existe des gisements considérables; le sol de la France en renferme aussi de grandes quantités, et on l'exploite dans plusieurs départements, en particulier dans l'Ariège, le Pas-de-Calais, la Somme, la Meuse, les Ardennes, etc.

Pulvérisé, ce corps sert comme engrais, parce qu'il apporte au sol l'acide phosphorique, indispensable au végétal au même titre que l'azote, la potasse et la chaux; bien qu'insoluble dans l'eau pure, il peut être absorbé par la plante, parce que les poils absorbants des racines sécrètent des acides qui le rendent soluble.

La plus grande partie du phosphate de calcium sert à préparer les superphosphates; une autre partie beaucoup plus minime sert à préparer le phosphore et l'acide phosphorique.

II. — ACIDE PHOSPHORIQUE, SUPERPHOSPHATES

185. Action de l'acide sulfurique sur le phosphate de calcium.

Le phosphate de calcium naturel, de formule $(PO^4)^2 Ca^3$.

renferme 3 atomes de calcium, d'où son nom de phosphate tricalcique.

1° Fabrication de l'acide phosphorique. — Mélangeons ce sel pulvérisé avec une quantité *suffisante* d'acide sulfurique étendu; cet acide prend les 3 atomes de calcium ; il se forme du sulfate de calcium qui, presque insoluble, se dépose, et de l'acide phosphorique PO^4H^3, qui se dissout. L'acide sulfurique a donc déplacé l'acide phosphorique de son sel.

2° Fabrication des superphosphates. — Si, dans l'expérience précédente, on emploie de l'acide sulfurique plus *concentré*, et si l'on chauffe légèrement, l'acide sulfurique ne prend plus que 2 atomes de calcium; il se forme encore du sulfate de calcium; mais au lieu d'acide phosphorique, il se produit du phosphate monocalcique : $(PO^4)^2 CaH^4$. De plus, comme l'acide sulfurique employé était assez concentré, ce phosphate ne peut s'y dissoudre et reste mélangé au sulfate de calcium. Le mélange se solidifie rapidement; concassé et réduit en poudre, il constitue les *superphosphates qui sont par conséquent un mélange de sulfate de calcium et de phosphate monocalcique.*

Les superphosphates sont les engrais *phosphatés* les plus employés ; nous avons vu (§ 140) la quantité énorme de ces engrais qu'on fabrique chaque année en France. Ils sont beaucoup plus rapidement absorbés par les plantes que le phosphate de calcium naturel, parce que le phosphate monocalcique qu'ils renferment est soluble dans l'eau. Mais il arrive qu'après quelque temps de séjour dans le sol, ce phosphate redevient insoluble, le phénomène est désigné sous le nom de *rétrogradation des superphosphates.* Ces engrais sont d'autant meilleurs qu'ils rétrogradent moins facilement.

REMARQUE. — Outre le phosphate naturel et les superphosphates, on emploie comme engrais phosphatés : 1° le *noir animal* (§ 210); 2° les *os ;* 3° les *scories de déphosphora-*

tion, qu'on obtient comme résidu dans les usines métallur-
giques où l'on transforme en acier de la fonte renfermant
du phosphore ; ces scories, riches en phosphate de calcium
et livrées à bon marché, constituent un engrais dont l'emploi se répand de plus en plus.

III. — PHOSPHORE

186. Préparation.

Il y a quelques années, on extrayait presque tout le
phosphore des os. Actuellement, on l'extrait à peu près totalement du phosphate de cal-
cium du sol, par un procédé très
simple. On chauffe dans un *four
électrique* un mélange finement
pulvérisé de *phosphate tricalcique*, de *sable* ou *silice* et de
charbon. A cette haute température, la silice (acide très stable)
décompose le phosphate de calcium et met en liberté l'acide
phosphorique, que le charbon
réduit ensuite en donnant du
phosphore. Le four électrique
(*fig.* 63) est muni d'un tube à
dégagement par où sortent les
vapeurs de phosphore qu'on condense. Le phosphore obtenu est

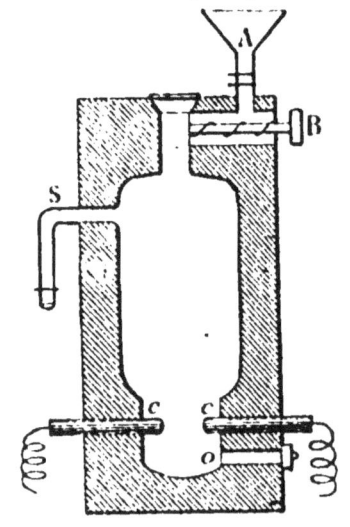

Fig. 63. — Fabrication industrielle du phosphore dans le
four électrique.

ensuite fondu sous l'eau, filtré plusieurs fois pour qu'il se
sépare des matières étrangères, et coulé en bâtons.

187. Propriétés physiques et physiologiques.

Le phosphore est un corps solide jaune pâle, translucide,
d'une odeur rappelant celle de l'ail ; récemment fondu, il est
assez mou pour être rayé par l'ongle. Il est insoluble dans

l'eau, mais soluble dans le *sulfure de carbone*. Il fond à 44°.

Le phosphore est très vénéneux; il détermine, chez les ouvriers qui le manipulent, la carie des os de la mâchoire et du nez; introduit dans l'estomac, il provoque des vomissements, des convulsions et amène rapidement la mort. Son contrepoison est l'*essence de térébenthine*, qui l'empêche de s'unir à l'oxygène du sang.

188. Pro; riétés chimiques.

Action de l'oxygène et de l'air. — Le phosphore s'oxyde très facilement :

a) *A la température ordinaire*, le phosphore émet dans l'*air* des lueurs violacées visibles seulement dans l'obscurité; ces lueurs sont dues à la combustion lente du phosphore.

b) *Chauffé à* 60°, le phosphore brûle avec éclat dans l'oxygène ou dans l'air, et donne des vapeurs blanches d'*anhydride phosphorique*, avec grand dégagement de chaleur.

Parfois l'inflammation du phosphore se produit sans qu'on le chauffe, parce que la chaleur dégagée par son oxydation lente suffit pour l'enflammer. Cela a lieu surtout lorsqu'il est très divisé; ainsi un morceau de papier imprégné d'une solution de phosphore dans le sulfure de carbone prend feu spontanément dès que le liquide s'est évaporé : c'est que le phosphore s'y trouve à l'état de particules très fines qui s'enflamment d'elles-mêmes. Le frottement suffit aussi pour enflammer le phosphore.

Conséquences : il faut conserver le phosphore dans l'eau bouillie et ne jamais le manier avec les doigts; les brûlures qu'il produit sont dangereuses, parce que l'anhydride phosphorique formé, étant très avide d'eau, corrode les tissus. On les traite avec de l'eau dans laquelle on a délayé de la *magnésie*, qui neutralise l'acide phosphorique formé.

189. Phosphore rouge.

Sous l'action prolongée de la lumière ou de la chaleur, le

phosphore ordinaire se transforme peu à peu en phosphore rouge, corps qui a les propriétés chimiques du phosphore ordinaire, mais qui s'en distingue par quelques propriétés particulières. Le tableau suivant va nous permettre de comparer les principales propriétés de ces deux formes de phosphore.

Phosphore ordinaire :	Phosphore rouge :
Couleur ambrée.	Couleur rouge.
Cristallise à la température ordinaire.	Ne cristallise qu'à une haute température.
Soluble dans le sulfure de carbone.	Insoluble dans le sulfure de carbone.
Fond à 44°.	Ne fond pas, mais se transforme partiellement au-dessus de 200° en phosphore ordinaire.
Phosphorescent.	Non phosphorescent.
Brûle à 60°.	S'enflamme à 260° seulement.
Vénéneux.	Non vénéneux.

190. Usages du phosphore ordinaire et du phosphore rouge.

Ces deux variétés de phosphore servent à la fabrication des allumettes chimiques. Les allumettes ordinaires sont en bois de peuplier ou de tremble; les allumettes cylindriques sont en bois de pin. Les bûches de bois, bien séchées, sont divisées mécaniquement en petits bâtons prismatiques ou cylindriques de quelques centimètres de hauteur.

1° *Allumettes ordinaires.* — Les bûchettes sont ensuite réunies dans des cadres, qui permettent d'en tremper un grand nombre à la fois d'abord dans du soufre fondu, sur une longueur de 5 à 6 millimètres ; puis, lorsque le soufre est solidifié, dans une pâte renfermant du *phosphore* et divers autres produits.

La fabrication de ces allumettes étant très dangereuse pour les ouvriers, on l'a remplacée par celle des allumettes au *sulfure de phosphore :* la pâte employée est formée de sulfure de phosphore, de chlorate de potassium qui fournit de l'oxygène; de colle et d'une matière colorante.

2° *Allumettes sans soufre*. — Comme le soufre dégage en brûlant une odeur désagréable, on le remplace quelquefois par de la paraffine ou de l'acide stéarique. Les allumettes-bougies, les tisons n'ont pas de soufre.

3° *Allumettes au phosphore rouge*. — Ces allumettes au phosphore rouge, dites *allumettes suédoises*, ont l'avantage de n'être pas vénéneuses, car elles n'ont pas de phosphore; elles sont garnies d'une pâte composée de chlorate de potassium, de sulfure d'antimoine et de colle forte, et elles ne peuvent s'enflammer que sur un frottoir spécial recouvert d'une pâte au phosphore rouge.

191. Expériences. — 1° *Phosphates*. — Montrer du phosphate de calcium, des superphosphates, des scories de déphosphoration. Faire calciner un os dans un poêle, et faire observer ce qu'il devient.

2° *Phosphore*. — Montrer du phosphore ordinaire et du phosphore rouge. — Se souvenir, pour toutes les expériences à faire, que *le phosphore ne doit jamais être touché avec les mains, ni rester au contact de l'air lorsqu'on ne s'en sert pas tout de suite.* Dès qu'un morceau de phosphore est coupé pour une expérience, le mettre dans l'eau jusqu'au moment où on l'emploiera. — *Le couper toujours sous l'eau.* — Enflammer du phosphore dans un flacon d'air; mais auparavant, essuyer le phosphore entre plusieurs doubles de papier filtre (sans trop frotter, pour éviter son inflammation). Si l'on ne faisait soigneusement cet essorage, l'eau se volatiliserait pendant la combustion en projetant en tous sens des particules de phosphore enflammé. — Montrer que l'anhydride phosphorique formé pendant la combustion se dissout dans l'eau et rougit le tournesol. — Faire constater que le phosphore luit dans l'obscurité (traces des allumettes sur les murs). Expérience du phosphore divisé qui s'enflamme à la température ordinaire.

Exercice d'observation. — Les élèves pourront observer un *os*, et faire avec des os diverses expériences : calcination à l'air, attaque par l'acide chlorhydrique, par exemple.

Observation d'une allumette.

CHAPITRE XVIII

(PEUT ÊTRE TRAITÉ EN DEUX LEÇONS)

CARBONE

PLAN

I Carbone et charbons	Les charbons contiennent une grande proportion de carbone mélangé à d'autres corps. On les reconnaît à ce qu'ils brûlent en donnant du gaz carbonique.		

II Étude du carbone sous ses divers états	Charbons naturels	Presque purs	Graphite. Diamant.
		Moins purs	Houille. Anthracite. Lignite. Tourbe
	Charbons artificiels		Coke. Charbon des cornues Charbon de bois. Noir animal. Noir de fumée.

III Propriétés chimiques	1° Il brûle. — Résultat de la combustion : gaz carbonique ou oxyde de carbone. — Emploi comme combustible.
	Conséquence : corps réducteur. Réduit { La vapeur d'eau (gaz de l'eau) Les oxydes métalliques. (Application à la métallurgie.)
	Formation des carbures métalliques.

CARBONE

Symbole : **C.** — Poids atomique : **12.**

192. Les charbons renferment du carbone.

Le diamant, le graphite ou mine de plomb dont sont faits les crayons, la houille, le noir de fumée, etc., sont des substances d'aspect bien différent. Mais tous ces corps ont une propriété commune : ils brûlent dans l'oxygène ou dans l'air en donnant du gaz carbonique. Tous renferment un même élément : le carbone, mélangé à une proportion plus ou moins grande d'impuretés. On appelle ces corps des **char-bons.**

Les charbons peuvent être classés en plusieurs groupes.

Charbons naturels :

1° Le *diamant* et le *graphite* sont du carbone presque pur;

2° L'*anthracite*, la *houille*, le *lignite*, la *tourbe* sont des charbons naturels moins purs que les précédents. Ils servent de combustibles.

Charbons artificiels :

3° Le *charbon de bois*, le *coke*, le *charbon des cornues*, le *noir de fumée*, le *noir animal*, sont des charbons artificiels. Les uns servent de combustibles, les autres sont employés à des usages divers, que nous verrons plus loin.

DIAMANT

193. Le diamant est du carbone presque pur et cristallisé (*fig.* 64). C'est le plus dur de tous les corps connus; il les raye tous sans être rayé par aucun d'eux, et il faut faire usage de sa propre poussière pour le tailler. Il réfracte beaucoup la lumière : c'est pourquoi, lorsqu'il est convenablement taillé, il produit les jeux de lumière qui le font rechercher dans la bijouterie. Le diamant, incolore le plus souvent, est quelquefois coloré en jaune, rose, vert, etc.; il existe aussi des diamants noirs, plus durs que les diamants transparents, et servant à d'autres usages (§ 196).

194. Taille.

Le diamant se trouve au Brésil, dans les Indes, dans l'île de Bornéo, en Sibérie, dans le Sud de l'Afrique, où il est disséminé dans des sables d'alluvions; on l'en sépare par des lavages, puis on soumet les diamants bruts à la taille, qui a pour but de multiplier les *feux* du diamant. Pour cela, on le dégrossit d'abord (*clivage*); puis on lui donne sa forme approximative en le frottant contre un autre diamant ; enfin les facettes obtenues sont polies au contact d'une plate-forme d'acier, recouverte de poussière de diamant ou *égrisée*, humectée d'huile, et tournant très rapidement.

On taille généralement en *rose* les diamants de peu d'épais-

Fɪɢ. 64. — Diamant brut.

seur, et en *brillant* ceux qui sont plus épais. Dans la rose (*fig.* 63), le dessous est plat, et la partie supérieure forme un dôme à 6, 12, 24 facettes. Dans le brillant (*fig.* 65), la partie supérieure est formée d'une face plane assez large ou *table* entourée de 32 facettes obliques ; la face inférieure forme une pyramide allongée à facettes. Les brillants ayant des facettes beaucoup plus nombreuses que les roses ont un éclat plus grand et sont plus recherchés ; on les monte à jour.

195. Le diamant est le plus cher de tous les corps. Le prix des diamants taillés dépend de leur poids et de leur limpidité ; on évalue le poids en *carats* (1 carat valant 0ᵍʳ,205). Un diamant de 1 carat coûte généralement de 100 à 250 francs ; au-dessus de cette taille, le prix est à peu près proportionnel au carré du poids ; ainsi un diamant taillé pesant 3 carats coûterait :

$$3 \times 3 \times 100 = 900 \text{ francs.}$$

Au-dessus de 20 carats, le prix ne dépend plus que de la beauté.

Fᴵᴳ. 63. — Diamants taillés :
1° en rose ; 2° en brillant.

Parmi les plus beaux diamants, on peut citer :

L'*Excelsior* (973 carats) ; le diamant du rajah de Bornéo (367 carats) ; le *Ko-hi-noor* ou montagne de lumière (106 carats) ; le *Régent de France* (136 carats), l'un des plus beaux diamants grâce à sa limpidité parfaite ; il a été estimé à 12 millions de francs. Le plus gros de tous les diamants a été découvert en janvier 1905 dans le Sud-Africain; on l'a surnommé *le Premier*. Ce diamant, du poids de 3.032 carats ou 621ᵍʳ,56, pèse plus que tous les diamants célèbres réunis. On estime sa valeur à 30 millions de francs.

196. Usages.
On emploie les diamants les plus transparents en bijouterie ; les diamants moins purs et les diamants noirs servent

à faire des pivots pour l'horlogerie, des pointes d'outils pour percer ou graver les roches très dures, pour couper le verre, etc.

GRAPHITE

197. Le graphite, ou *plombagine*, ou *mine de plomb*, est une variété de carbone qui se présente en paillettes brillantes d'un gris d'acier, ou en masses feuilletées. Il est rayé par l'ongle et laisse sur le papier une trace couleur de plomb, d'où son nom, et son emploi pour fabriquer les crayons. Il est bon conducteur de la chaleur et de l'électricité.

On trouve du graphite à Ceylan et en Sibérie. En Espagne, en Angleterre, en France, il existe en petite quantité.

On emploie le graphite pour fabriquer les crayons à papier. Les crayons tendres sont faits de graphite pur, les crayons ordinaires sont faits d'une pâte d'argile et de plombagine qu'on a moulée. Il sert aussi à noircir les objets de fonte ou de fer (poêles) et à les préserver de la rouille; à rendre conductrice la surface des moules employés en galvanoplastie. Pétrie avec de l'argile réfractaire, la plombagine sert à faire des creusets capables de résister aux plus hautes températures de nos fourneaux; délayée avec une matière grasse, elle est employée pour graisser les essieux de voiture, les engrenages, et adoucir ainsi leur frottement.

CHARBONS NATURELS

108. Les charbons naturels proviennent de la décomposition plus ou moins lente de végétaux à l'abri de l'air.

100. Houille.

La houille, ou *charbon de terre*, est noire, brillante, parfois feuilletée. Certains morceaux portent des empreintes de feuilles, de tiges, de fruits indiquant suffisamment son origine végétale ; on pense qu'elle est due à ce que d'anciennes forêts ayant été ensevelies pendant longtemps sous les eaux, les arbres s'y sont lentement décomposés.

Le sol de la France renferme de nombreux gisements de houille : bassin de la Loire (Rive-de-Gier, Saint-Étienne), bassins de l'Allier, du Nord et du Pas-de-Calais, etc... La Belgique et l'Angleterre renferment dans leur sol beaucoup plus de houille que la France.

La houille renferme de 75 à 88 0/0 de carbone. Chauffée en vases clos, elle dégage des produits gazeux combustibles (*gaz d'éclairage*), mêlés de produits volatils condensables à la température ordinaire : *eau ammoniacale, benzine, huiles lourdes, goudrons;* ces produits sont employés de mille manières, comme nous le verrons dans la suite du cours. Il reste dans les cornues un résidu solide, le *coke.*

La houille est très employée comme combustible, surtout dans l'industrie, car à poids égal elle donne en brûlant beaucoup plus de chaleur que le bois. Les houilles *grasses* brûlent avec une longue flamme ; elles fondent et se boursouflent en brûlant ; elles sont appréciées surtout des forgerons. Les houilles *maigres* brûlent avec une flamme courte, dégagent moins de chaleur que les houilles grasses et sont employées de préférence pour le chauffage des chaudières, la cuisson des briques, etc.

200. Anthracite.

L'anthracite, appelé aussi *charbon de pierre*, est une substance noire, brillante, compacte et très dure; il contient 90 à 95 0/0 de carbone. Il s'allume difficilement, mais il dégage beaucoup de chaleur en brûlant, et ne se boursoufle pas comme la houille. On l'emploie dans l'industrie et, pour le chauffage domestique, dans les poêles à combustion lente. On trouve de l'anthracite aux États-Unis, en

Angleterre et, en France, sur les bords de la Loire et dans le Dauphiné.

201. Lignites.

Les lignites ont une origine analogue à celle de la houille, mais sont de formation plus récente.

Ils sont généralement noirs; ils contiennent 48 à 60 0/0 de carbone et brûlent avec une flamme peu chaude, en produisant une fumée d'une odeur désagréable.

Le *jais* ou *jayet*, employé pour faire les bijoux de deuil, est un genre de lignite, noir, luisant, assez dur pour être poli.

202. Tourbe.

La tourbe est d'origine récente; elle se forme encore actuellement dans certaines contrées marécageuses. Elle est abondante surtout en Hollande, en Prusse, et en France dans la Somme, l'Oise et l'Aisne.

C'est une substance brune, spongieuse, qui brûle lentement en dégageant peu de chaleur et en produisant beaucoup de fumée. Mais, desséchée et comprimée, elle est un combustible excellent et économique.

CHARBONS ARTIFICIELS

203. Mode de formation.

Les charbons artificiels s'obtiennent en *faisant brûler incomplètement des substances riches en carbone*, ou *en les décomposant par la chaleur.*

204. Coke.

Lorsqu'on distille de la houille en vase clos, il reste comme résidu un charbon poreux, appelé coke, tandis qu'un charbon très dur et très dense s'est incrusté sur les parois de la cornue et constitue le *charbon des cornues*. Le coke est gris noirâtre, souvent terne, très léger.

Il brûle sans flamme, car il ne contient pas de gaz comme la houille (§ 99), et laisse en brûlant un résidu de cendres provenant des matières minérales que renfermait la houille. C'est un combustible très employé pour le chauffage domestique et surtout pour le chauffage industriel.

205. Charbon des cornues.

Le charbon des cornues est du carbone presque pur; il est très dur et conduit très bien l'électricité. Aussi l'emploie-t-on en électricité.

206. Charbon de bois.

Quand on brûle du bois à l'air, il se dégage du gaz carbonique, de la vapeur d'eau, et il reste des cendres ; mais si on recouvre d'une épaisse couche de cendres le bois bien enflammé, il n'arrive plus assez d'air pour le consumer complètement; le carbone ne brûle pas et on retrouve quelques heures après, des morceaux de charbon à la place du bois.

On peut préparer le charbon de bois, soit par combustion incomplète, soit par distillation.

207. *Procédé par combustion incomplète ou procédé des meules.* — Les meules se font sur place, dans la forêt même où l'on coupe le bois ; autour de quelques longues perches enfoncées dans le sol et formant une sorte de cheminée, on dispose régulièrement plusieurs lits de morceaux de bois, de telle sorte que les morceaux soient obliques et serrés les uns contre les autres (*fig.* 66) ; on ménage seulement, à la base, quelques canaux horizontaux qui aboutissent à la cheminée centrale. On forme ainsi une meule que l'on recouvre de feuilles sèches, de mousse, de gazon, puis d'une couche de terre ; cette couche ne laisse de libres que les ouvertures de la cheminée et des canaux inférieurs. On emplit alors la cheminée de bois enflammé;

la combustion se propage peu à peu ; mais, comme l'air, est en quantité insuffisante, le bois de la meule se carbonise. Lorsque la fumée, d'abord épaisse et noire, devient transparente et d'un bleu clair, la carbonisation est achevée dans la partie supérieure de la meule ; on bouche la cheminée et on ouvre des *évents* un peu plus bas ; quand la fumée qui en sort est transparente, on les bouche à leur tour et ainsi de suite. Enfin, quand on juge la carbonisation complète (au bout de quelques jours), on bouche toutes les ouvertures avec de la terre et on laisse refroidir

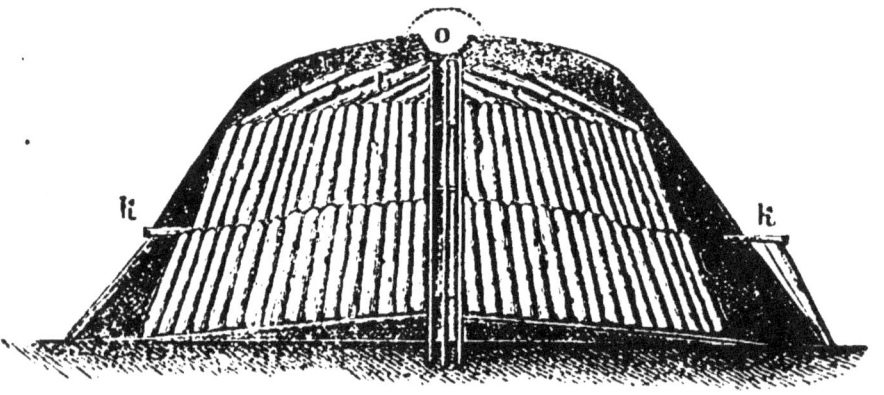

Fig. 66. — Préparation du charbon de bois par le procédé des meules.

vingt-quatre heures environ. La meule démolie, on sépare le charbon bien cuit des *fumerons*, qui se distinguent à leur couleur terne, un peu brune, et à la difficulté qu'on éprouve à les casser.

Le procédé des meules est très peu coûteux, mais une partie du charbon est sacrifiée, parce qu'elle brûle, et tous les produits volatils sont perdus. Le procédé par distillation est plus économique.

208. *Procédé par distillation.* — Pour distiller le bois, on le chauffe dans des cornues cylindriques en fonte (*fig.* 67), qui communiquent avec des tubes refroidis où arrivent les gaz provenant de la distillation ; une partie de ces gaz se

condense par refroidissement, et l'on obtient ainsi de
l'acide pyroligneux ou vinaigre de bois, de l'esprit-de-bois

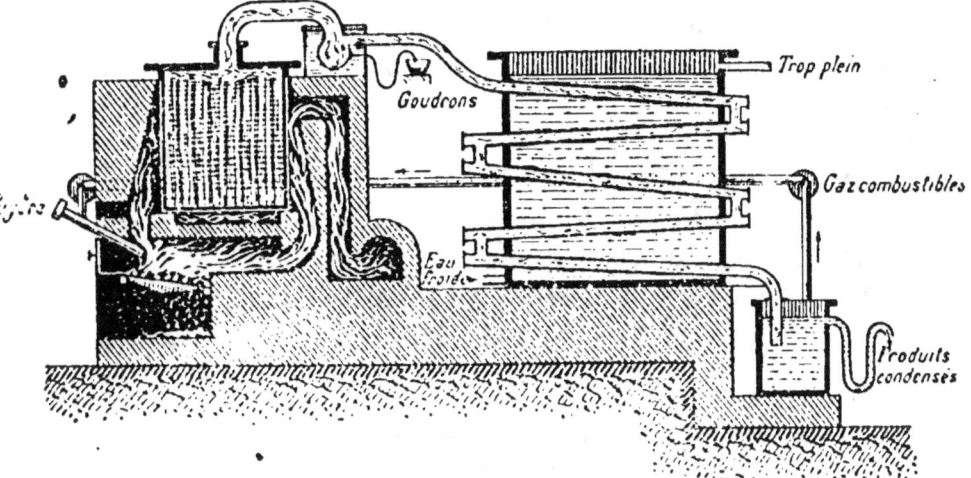

FIG. 67. — Distillation du bois.

ou alcool à brûler. Les gaz non condensables, en partie
combustibles, sont envoyés dans le foyer qui chauffe les
cornues.

209. Propriétés du charbon de bois.

Le charbon de bois a la propriété d'*absorber facilement
les gaz*.

Cette propriété le fait employer comme désinfectant,
pour filtrer l'eau des mares lorsqu'on est obligé de l'utiliser dans l'alimentation ; les filtres à charbon enlèvent à
ces eaux leur mauvaise odeur, mais ils laissent passer les
microbes que peut renfermer l'eau ; ce sont donc des appareils de clarification plutôt que de filtration, et il faut
leur préférer les filtres Chamberland (§ 39).

On emploie aussi le charbon de bois pour désinfecter les
eaux souillées de matières organiques qui sortent de certaines usines (tanneries, brasseries, etc.), et qu'on ne peut

laisser telles quelles à cause des gaz infects qui proviennent de leur décomposition. — Il sert encore à désinfecter les fosses d'aisances, à enlever la mauvaise odeur des viandes gâtées, etc.

Mais la majeure partie du charbon de bois sert soit comme combustible, soit à la fabrication de la poudre noire (§ 181).

210. Noir animal.

Les os renferment une matière organique, l'*osséine*, et des sels minéraux, phosphate et carbonate de calcium. Si l'on calcine des os, c'est-à-dire si on les chauffe à l'air, l'os brûle, et il reste un os sans osséine, formé seulement de sels

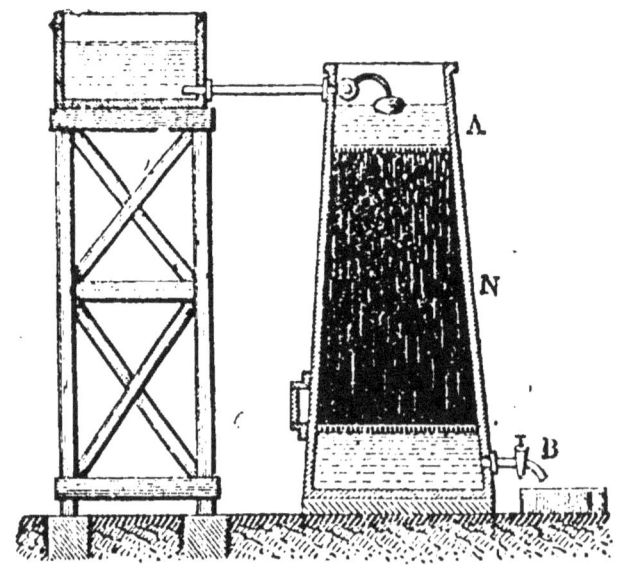

Fio. 68. — Filtre à noir animal, employé dans la décoloration des jus sucrés.

Le jus sucré arrive en A, traverse le noir animal N et s'écoule, incolore, en B.

minéraux. Mais si l'on chauffe les os en vase clos, dans une casserole de fer battu, fermée par un couvercle par exemple, on obtient une matière noire ayant la forme de l'os, constituée par des sels minéraux mélangés à du charbon. L'osséine s'est décomposée et le charbon est resté comme dans la décomposition du bois. Le mélange de charbon, d'os et de sels minéraux s'appelle noir animal (§ 208).

On le livre généralement en grains. — Le noir animal a la propriété d'absorber très facilement les matières colorantes ; agité avec du vin ou de la teinture de tournesol, il forme une bouillie qui, filtrée, donne un liquide incolore. Cette propriété le fait employer dans l'industrie pour décolorer les jus sucrés (*fig.* 68), les sirops, le phosphore, etc.

211. Noir de fumée.

Le noir de fumée est une poussière noire très fine qui se forme lorsqu'on fait brûler à l'air des substances très riches en carbone, telles que les résines, les huiles, les

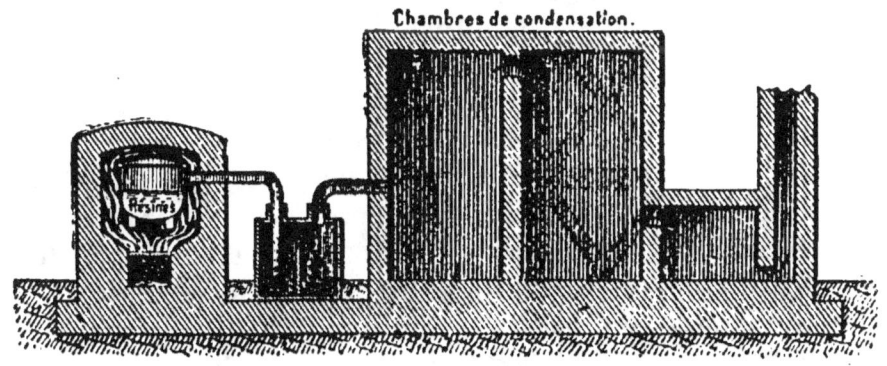

FIG. 69. — Fabrication du noir de fumée.

graisses (c'est ce corps qui s'échappe d'une lampe qui file).

Dans l'industrie, on fabrique le noir de fumée en brûlant les résines dans une marmite en fonte (*fig.* 69) chauffée dans un foyer.

Le noir de fumée est employé pour la peinture en bâtiments, pour la préparation de l'encre de Chine et de l'encre d'imprimerie. Mélangé à de l'argile, il sert à faire les crayons noirs des dessinateurs.

II. — PROPRIÉTÉS CHIMIQUES DU CARBONE

212. Action de l'oxygène.

Nous avons vu bien des fois dans les leçons précédentes que le carbone est combustible : le carbone chauffé brûle dans l'oxygène ou dans l'air sans laisser de résidu solide.

Il se forme du *gaz carbonique* lorsque l'air est en excès(1), de l'*oxyde de carbone* s'il est en quantité insuffisante(2) :

$$C + 2O = CO_2,$$
Carbone   Oxygène   Gaz carboique

$$C + O = CO.$$
Carbone   Oxygène   Oxyde de carbone

Ces deux réactions peuvent d'ailleurs se produire en même temps. *La combustion du carbone dégage une grande quantité de chaleur :* ainsi 12 grammes de carbone, en se transformant en gaz carbonique, produisent assez de chaleur pour élever la température de 1 kilogramme d'eau de 0 à 94°. C'est la raison pour laquelle le carbone est si employé comme combustible.

213. Le carbone réduit la vapeur d'eau. Gaz de l'eau. —
Il résulte de cette combinaison facile avec l'oxygène que le *carbone est* réducteur : il réduit la vapeur d'eau en donnant de l'oxyde de carbone (1), du gaz carbonique (2) et de l'hydrogène.

$$C + H_2O = CO + 2H, \qquad (1)$$
Charbon   Eau   Oxyde de carbone   Hydrogène

$$C + 2H_2O = CO_2 + 4H. \qquad (2)$$
Charbon   Eau   Gaz carboique   Hydrogène

Or l'oxyde de carbone et l'hydrogène sont combustibles. Aussi, le mélange de gaz ainsi obtenu est-il employé pour le chauffage dans l'industrie; on l'appelle **gaz de l'eau ou gaz pauvre**. On l'obtient facilement en faisant passer un mélange de vapeur d'eau et d'air à travers une colonne de coke incandescent.

Nous avons vu (§ 48) d'autres conséquences pratiques de cette décomposition de l'eau par le charbon.

214. *Le carbone réduit les oxydes métalliques.* — Chauffé avec la plupart des oxydes métalliques, le carbone met en liberté le *métal* et donne de l'oxyde de carbone ou du gaz carbonique, suivant que la température est plus ou moins élevée. Ainsi, avec l'oxyde de cuivre, on a :

$$2CuO \ + \ C \ = \ 2Cu \ + \ CO^2.$$
Oxyde de cuivre   Charbon   Cuivre   Gaz carbonique

Avec l'oxyde de zinc, on a :

$$ZnO \ + \ C \ = \ Zn \ + \ CO.$$
Oxyde de zinc   Charbon   Zinc   Oxyde de carbone

Cette action réductrice est très importante, parce qu'elle *est souvent appliquée en* métallurgie *pour extraire le métal de ses oxydes*.

215. Carbures métalliques. — Lorsque la réduction d'un oxyde métallique par le charbon se fait à une température élevée, il arrive qu'une partie du carbone se combine au métal en donnant un carbure métallique. Ainsi l'oxyde de fer chauffé dans les hauts fourneaux avec du charbon donne, non du fer, mais de la *fonte*, combinaison de fer et de carbone. Un mélange de chaux et de charbon chauffé dans le four électrique (*fig.* 70) se transforme en *carbure de calcium* avec dégagement d'oxyde de carbone, etc.

$$CaO \ + \ 3C \ = \ CaC^2 \ + \ CO.$$
Chaux   Charbon   Carbure de calcium   Oxyde de carbone

Cette réaction est appliquée dans la fabrication indus-

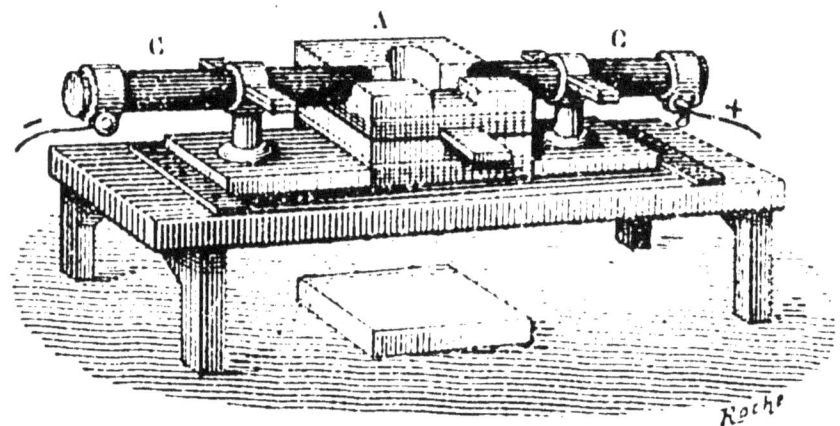

FIG. 70. — Four électrique.

A, creuset où se trouve le mélange de chaux et de charbon ; C et C, charbons
entre lesquels jaillit l'arc électrique.

trielle du carbure de calcium, employé pour préparer
l'acétylène.

210. Expériences. — Montrer les diverses espèces de charbons. Décolorer du vin ou du tournesol par du noir animal.
Faire brûler du charbon dans un flacon et constater avec de
l'eau de chaux qu'il s'est formé du gaz carbonique. Faire brûler
de l'essence de térébenthine dans une capsule de porcelaine et
faire constater la formation abondante de noir de fumée. Expériences montrant la composition d'un os.

Exercices d'observation. — Morceau de houille. — Morceau de
charbon de bois.

Observation d'un crayon.

CHAPITRE XIX

CARBONATE DE CALCIUM
GAZ CARBONIQUE

PLAN

1° Carbonate de calcium

I Divers états	Marbres, pierre à bâtir, craie, etc.

II Propriétés	1° Soluble dans l'eau chargée de gaz carbonique, inso'uble dans l'eau pure. Conséquences : 2° Décomposition par la chaleur : formation de **chaux** et de **gaz carbonique**.	Dépôt de calcaire sur les parois des vases où on chauffe eau calcaire. Stalactites, stalagmites. Sources pétrifiantes.

2° Gaz carbonique

I Propriétés physiques	Gaz lourd. Soluble dans l'eau. Se liquéfie et se solidifie facilement.
II Propriétés chimiques	1° Ne brûle pas. 2° N'entretient pas les combustions ni la respiration. 3° C'est un anhydride. Les sels sont des carbonates
III Usages	Fabrication des *eaux gazeuses*. Fabrication des carbonates. Emploi de l'anhydride carbonique liquide à divers usages.
IV Préparation	*a)* Décomposition d'un carbonate par un acide. *b)* Résidu de fermentations alcooliques.

217. Nous avons vu que le carbone peut, en brûlant, donner du gaz carbonique. Le gaz carbonique est un *anhydride* (§ 68) auquel correspondent des sels qu'on appelle *carbonates.* — De tous ces composés, c'est le carbonate de calcium le plus important.

I. — CARBONATE DE CALCIUM
CO_3Ca

218. Divers états.

Le carbonate de calcium ou *calcaire* est le corps le plus répandu dans la nature. Il se présente sous de nombreux aspects :

1° Les marbres sont du carbonate de calcium. Blancs quand ils sont purs, ils sont souvent colorés par des oxydes métalliques ; ils sont susceptibles d'être polis ;

2° Le calcaire comprend aussi le *calcaire grossier* ou *pierre à bâtir* des environs de Paris ; le *calcaire jurassique* employé aussi comme pierre de construction ; la *craie*, calcaire blanc très friable à grains très fins, qui, sous le nom de *blanc d'Espagne* ou *blanc de Meudon*, sert à nettoyer les métaux et le verre.

3° Enfin, on trouve du calcaire dans les os des vertébrés, les coquilles des œufs, la carapace de beaucoup d'animaux.

219. Propriétés.

1° Le carbonate de calcium est insoluble dans l'eau pure, mais soluble dans l'eau chargée de gaz carbonique. Si cette eau perd ensuite le gaz qu'elle tenait en dissolution, le carbonate se dépose. Ainsi, lorsqu'on chauffe de l'eau calcaire (§ 36), le gaz carbonique se dégage et il se forme un dépôt de carbonate de calcium sur les parois du vase. C'est ce qui explique aussi la formation des *stalactites* et des *stalagmites* dans les grottes, et l'existence des *sources pétrifiantes*. Les eaux de ces sources, très chargées de calcaire lorsqu'elles coulent dans le sol, abandonnent une grande partie de leur gaz carbonique quand elles arrivent à l'air, et leur calcaire se dépose ; des objets placés dans l'eau se recouvrent ainsi d'une couche calcaire, qui leur donne l'aspect de la pierre. Exemple : fontaine de Saint-Allyre, à Clermont-Ferrand ;

2° Sous l'action de la chaleur, *le carbonate de calcium se* décompose *en* chaux *et en* gaz carbonique. C'est de cette façon qu'on peut fabriquer industriellement ces deux corps.

II. — GAZ CARBONIQUE

Symbole : **CO²**. — Poids moléculaire : **12 + (16 × 2) = 44.**

220. Propriétés physiques.

Le gaz carbonique est un gaz incolore, d'une odeur piquante, d'une saveur aigrelette quand il est dissous. Nous le reconnaîtrons à *ce qu'il éteint les corps en combustion,* ou à ce qu'il *trouble l'eau de chaux.* Sa densité est $\frac{44}{28,8} = 1,529$.

Il est donc beaucoup plus lourd que l'air; l'expérience suivante le montre. On applique l'ouverture d'une éprouvette pleine d'air sur l'ouverture d'une éprouvette inférieure pleine de gaz carbonique; puis on retourne le tout et, quelques instants après, on sépare les deux éprouvettes; on constate qu'une allumette plongée dans l'éprouvette inférieure s'y éteint, ce qui prouve que le gaz carbonique y est descendu : il est donc plus lourd que l'air. On peut d'ailleurs le *verser* d'un vase A dans un autre vase B, tout comme

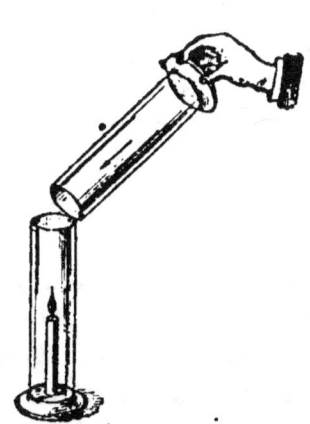

FIG. 71. — Expérience montrant que le gaz carbonique est plus lourd que l'air.

on le ferait avec un liquide (*fig.* 71); si A renferme une bougie allumée, le gaz l'éteint en tombant dans ce vase.

Le gaz carbonique est soluble dans l'eau ; 1 litre d'eau en dissout 1 litre à 15°. Comme pour tous les gaz, on peut en dissoudre davantage en augmentant la pression du gaz au-dessus du liquide ; cette propriété est appliquée dans la fabrication des eaux gazeuses.

Le gaz carbonique se liquéfie assez facilement et il a même pu être solidifié. On vend dans le commerce de grandes quantités d'anhydride carbonique liquéfié dans des récipients d'acier très résistants, contenant 2, 4 ou 8 kilogrammes de ce liquide ; il se vend de 1 franc à 1 fr. 50 le kilogramme.

221. Propriétés chimiques.

1° Le gaz carbonique ne brûle pas; on ne peut l'oxyder par aucun moyen ;

2° Il n'entretient pas les combustions ni la respiration : un corps enflammé s'y éteint; un oiseau introduit dans une cloche remplie de ce gaz y meurt. Dans une atmosphère où la proportion de gaz carbonique atteint 30 0/0, une personne succombe, même si l'atmosphère contient plus d'oxygène que l'air ordinaire. L'asphyxie est due à ce que le sang ne peut plus se débarrasser dans les poumons du gaz carbonique qu'il contient, la pression de ce gaz dans l'air étant trop forte;

3° C'est un anhydride. La dissolution de gaz carbonique est acide : elle rougit faiblement le tournesol; elle se combine aux bases en donnant des sels appelés *carbonates;* versée dans de l'*eau de chaux,* par exemple, elle la trouble parce qu'il se forme un précipité de carbonate de calcium insoluble (CO^3Ca); si l'on ajoute un excès de gaz carbonique, la dissolution redevient claire, parce que le carbonate de calcium est soluble dans l'eau chargée de gaz carbonique.

222. Applications.

L'application la plus importante du gaz carbonique consiste dans la fabrication des *eaux gazeuses: eaux de Sells
artificielles* et *limonades.* Elle repose sur le fait que la solubilité de ce gaz augmente avec la pression : ainsi l'eau de
Seltz peut contenir 5 fois son volume de gaz carbonique,
alors qu'à la pression ordinaire elle n'en contiendrait que
1 fois son volume. Aussi, dès qu'elle est à l'air, le gaz s'en
dégage en grande partie ; il faut donc la conserver *sous
pression;* c'est pourquoi on la vend dans des *siphons,* flacons
assez épais et hermétiquement fermés où le liquide est
surmonté de gaz carbonique à 4 ou
5 atmosphères (*fig.* 72). On trouve
dans le commerce des siphons d'eau
de Seltz à bon marché : 15 et même
10 centimes.

C'est aussi le gaz carbonique qui
fait mousser le vin de Champagne,
le cidre, la bière.

L'anhydride carbonique est encore employé pour fabriquer la
céruse ou carbonate de plomb, le
carbonate de soude. A l'état *liquide,*
il sert à fabriquer de la glace arti-

Fig. 72. — Siphon à eau
de Seltz.

ficielle (froid produit par son évaporation); à saturer de gaz
les bières qu'on exporte ; à faire monter la bière des caves
dans les endroits où on veut la consommer, etc.

223. Préparation.

1° *Industriellement,* on a besoin d'obtenir de grandes
quantités de gaz carbonique, surtout pour les eaux gazeuses. Or la combustion du charbon dans l'air donne du
gaz mêlé d'azote ; aussi emploie-t-on presque toujours
d'autres procédés de préparation :

a) Souvent on *décompose un carbonate naturel* (craie) par de l'acide *sulfurique*, qui déplace l'anhydride carbonique et donne du sulfate de calcium :

$$CO^3Ca + SO^4H^2 = CO^2 + SO^4Ca + H^2O.$$

Carbonate   Acide   Gaz   Sulfate   Eau
de calcium   sulfurique   carbonique de calcium

b) Une grande quantité du gaz carbonique du commerce est un produit résidu des fermentations alcooliques.

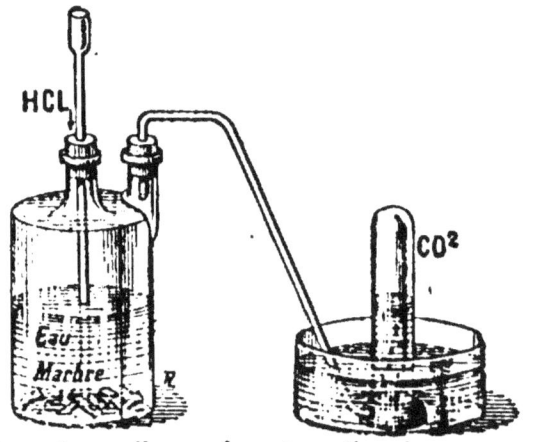

FIG. 73. — Appareil pour la préparation du gaz carbonique dans les laboratoires.

2° *Dans les laboratoires*, on décompose la craie ou le marbre par l'acide chlorhydrique *étendu*, qui chasse l'anhydride carbonique de son sel (*fig.* 73).

224. Diverses sources naturelles de production du gaz carbonique.

Un grand nombre de phénomènes naturels donnent lieu à un dégagement de gaz carbonique : les combustions, la respiration des plantes et des animaux, les fermentations en produisent ; il s'en dégage des volcans en activité, des fissures du sol en certaines régions, de cavités souterraines, de grottes, etc. ; aux environs de Naples, il existe une grotte dite *du Chien*, dans laquelle un chien de taille moyenne meurt asphyxié, tandis qu'un homme ne .court aucun danger : c'est que du sol de cette grotte se dégage du gaz carbonique ; ce gaz, plus lourd que l'air, reste à la partie inférieure et y forme une couche où le chien se trouve plongé, tandis que l'homme respire dans l'air qui est au-dessus.

225. Comme le gaz carbonique *est asphyxiant,* il faut éviter de séjourner dans une atmosphère viciée par ce gaz ; c'est une des raisons pour lesquelles on doit aérer les appartements qu'on habite, surtout si des appareils de chauffage et d'éclairage contribuent à en vicier l'air. Il faut éviter aussi de pénétrer dans un endroit où l'on suppose que du gaz carbonique s'est accumulé. C'est ainsi qu'avant d'entrer dans une cave abandonnée, dans un lieu clos où du raisin fermente, il est prudent d'y introduire une bougie allumée. Si elle s'éteint, c'est que l'atmosphère renferme beaucoup de gaz carbonique ; il y a donc danger d'asphyxie, et il est nécessaire de ventiler. ce lieu avant d'y entrer.

Expériences. — 1° *Carbonate de calcium.* — Verser peu à peu de l'eau de Seltz dans de l'eau de chaux, elle se trouble par la formation de carbonate de calcium insoluble. Continuer à verser de l'eau de Seltz ; à un moment, l'eau de chaux redevient claire parce que le carbonate de calcium se dissout dans l'eau chargée de gaz carbonique. Prendre cette eau et la chauffer ; le carbonate de calcium ᵔ précipite de nouveau, parce que le gaz carbonique se dégage de l'eau.

Mettre des fragments de craie dans un poêle rouge ; elle se . transforme en chaux vive. Si on la recueille et qu'on la mette dans l'eau, elle se gonfle, se fendille, puis se réduit en poussière, elle se transforme en *chaux éteinte.*

2° *Gaz carbonique.* — Préparer du gaz carbonique avec de la craie et de l'acide chlorhydrique étendu. Montrer qu'il est plus lourd que l'air ; qu'il ne brûle pas et n'entretient pas la combustion, qu'il trouble l'eau de chaux et rougit le tournesol.

Montrer que du gaz carbonique se dégage des poumons par la respiration, en faisant souffler dans de l'eau de chaux, au moyen d'un tube de verre ou d'un chalumeau de paille.

CHAPITRE XX

OXYDE DE CARBONE

PLAN

I Propriétés	{	Gaz combustible.
II Préparation	{	Dans l'industrie, on brûle du charbon dans une quantité insuffisante d'air.
III Propriétés physio-logiques	{	C'est un poison. Conséquences pratiques : éviter les causes de production de ce gaz dans les appartements.

OXYDE DE CARBONE

Formule : **CO**. — Poids moléculaire : $12 + 16 = 28$.

226. Propriétés physiques et chimiques.

L'oxyde de carbone est un gaz incolore, inodore, sans saveur. Sa densité est $\dfrac{28}{28,8} = 0,97$. Il est très peu soluble dans l'eau.

Sa propriété chimique caractéristique est d'être combustible. Au contact de l'air et d'un corps enflammé, il brûle avec une flamme *bleue très chaude* en donnant du gaz carbonique, reconnaissable à ce qu'il trouble l'eau de chaux. C'est cette flamme qu'on observe à la surface du coke qui brûle dans un poêle.

227. Préparation.

L'oxyde de carbone est souvent employé dans l'*industrie* comme combustible, à cause de la grande quantité de chaleur qu'il produit. Dans ce cas, on le prépare en brûlant du

charbon dans une quantité insuffisante d'air (§ 212) (*fig.* 74)
On fait passer un fort courant d'air à travers un foyer contenant une grande colonne de coke incandescent. A l'entrée du foyer où l'air ar-
rive en grande quantité,
il se forme du gaz carbo-
nique; mais plus haut, où
l'air est en moindre quantité, il se forme de l'oxyde
de carbone (l'appareil employé s'appelle *gazogène*).
On emploie le combus-
tible des gazogènes dans
les verreries, les usines à
gaz, etc.

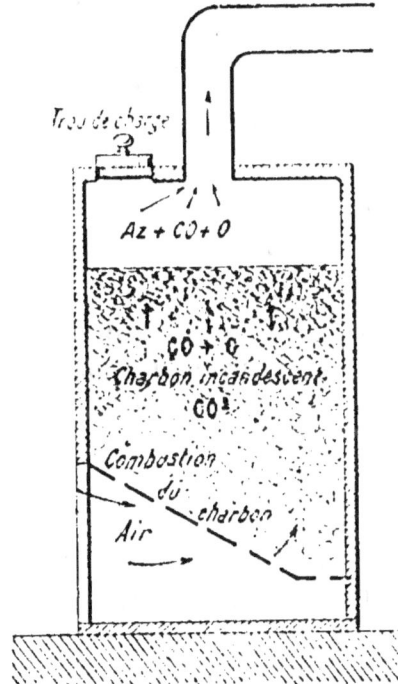

Fig. 74 — Préparation industrielle
de l'oxyde de carbone.

228. Propriétés phy-
siologiques. — Consé-
quences pratiques.

L'oxyde de carbone est
un poison violent; $\dfrac{1}{400}$
dans l'air suffit pour tuer
un oiseau. Son action dé-
létère est due à ce qu'il
se combine à l'hémoglobine du sang en formant un
composé très stable que l'oxygène ne peut pas décomposer; les globules sanguins qui renferment ce composé ne
peuvent donc plus transporter l'oxygène au contact des
cellules; les combustions diminuent ou s'arrêtent, de
sorte qu'il y a là un véritable empoisonnement. Ce gaz est
d'autant plus dangereux qu'il ne trahit sa présence par
aucune odeur; il occasionne des maux de tête, des vertiges, des vomissements, puis la mort si son action se
prolonge. Dès que les premiers symptômes se manifestent,

il faut ventiler largement en ouvrant portes et fenêtres. Lorsque l'oxyde de carbone est en quantité insuffisante pour produire l'asphyxie rapide, son action prolongée amène de la faiblesse et de l'anémie : c'est ce qui a lieu souvent chez les repasseuses, chez les personnes vivant dans des chambres mal aérées où est allumé un poêle de fonte, etc.

Il faut donc éviter avec soin toutes les causes de production de ce gaz dans les appartements. C'est ainsi qu'on doit éviter d'allumer du charbon dans des fourneaux qui ne communiquent pas avec une cheminée dont le tirage est très bon; il ne faut pas fermer la clef des poêles, ce qui ralentit la combustion et le tirage et donne lieu à la production d'oxyde de carbone. Les poêles de fonte à simple enveloppe qu'on emploie souvent dans les familles pauvres sont dangereux, car, dès que leurs parois sont portées au rouge, elles laissent diffuser de l'oxyde de carbone; il est préférable d'employer des poêles à double enveloppe ou des poêles de faïence. Les *poêles à combustion lente* sont très recherchés parce qu'ils dépensent peu de combustible; mais, par le fait même que la combustion y est lente, ils produisent de grandes quantités d'oxyde de carbone, et ce gaz se répand dans l'appartement dès que les poêles sont mal fermés ou lorsqu'ils communiquent avec une cheminée tirant mal. Il ne faut donc *jamais employer de poêles à combustion lente dans une chambre à coucher ni même dans son voisinage immédiat.*

Expériences. — *Oxyde de carbone.* — Préparer de l'oxyde de carbone par l'acide oxalique et l'acide sulfurique. Montrer qu'il brûle avec une flamme bleue, qu'il n'a aucune action sur le tournesol ni sur l'eau de chaux.

Exercices d'observation. — La craie (expériences de dissolution, de décomposition par la chaleur ; formation, avec la chaux et le gaz carbonique, etc.). Observation de combustions diverses dans les poêles, les cheminées ou les fourneaux : bois, houille, coke, charbon de bois.

CHAPITRE XXI

(PEUT ÊTRE TRAITÉ EN DEUX LEÇONS)

SILICE, SILICATES, POTERIES, VERRES

PLAN

I. — Silice

I **Divers états**	Silice cristallisée : quartz. Silice amorphe : silex, grès, sables, pierres meulières.	
II **Propriétés**	Très dure. Insoluble dans l'eau pure. Est attaquée par l'acide fluorhydrique : gravure sur verre.	
III **Applications**	des diverses variétés de silice na- turelle	*Sable :* verres, poteries, mortiers. *Grès :* pavés, meules. *Meulières :* meules de moulin. *Tripoli :* nettoyage des cuivres.

II. — Silicates

Principaux silicates naturels : *feldspaths, micas, argiles.*
Silicates artificiels : *verres.*

III. — Argiles et Poteries

I **Propriétés** **des argiles**	Forment avec l'eau une pâte plastique. La pâte chauffée au rouge devient très dure; presque infusible. En se desséchant, la pâte se fendille.

Conséquence : *Les argiles servent à la fabrication des poteries;
mais on y ajoute toujours* un dégraissant *qui empêche la pâte de se fendiller.*

II **Poteries** **(Div. sortes)**	Poteries demi-vitrifiées: porcelaines; grès cérames. Poteries poreuses vernissées: faïences; poteries communes. Poteries poreuses non vernissées: terres cuites.

IV. — Verres

I **Propriétés**	Se ramollissent par la chaleur et deviennent plastiques.	
II **Principaux** **groupes** **de verres**	*Verres d base de calcium*	*Verres d vitres.* Verre de Bohême.
	Verres d base de plomb	*Cristal.* Email.

III Fabrication du verre	*Matières premières employées*	Sable ou quartz. Carbonate de potassium ou de sodium. Craie ou minium.
	Préparation de la pâte.	
	Travail du verre	Soufflage. Moulage. ou Coulage.
	Recuit.	

I. — SILICE

SiO^2

220. Le *silicium* est un corps simple qui n'a aucun intérêt par lui-même, mais il est très important par ses composés naturels : silice et silicates. Ces corps sont très répandus dans le sol ; ils entrent dans la constitution de la plupart des roches de l'écorce terrestre.

230. État naturel.

La silice se présente dans la nature sous différents aspects :

1° **Cristallisée et pure**, elle constitue le *quartz* ou *cristal de roche* (*fig.* 75), qui entre dans la constitution du granit et de beaucoup d'autres roches ;

2° Les *silex* ou *pierres à fusil* sont de la silice amorphe, c'est-à-dire non cristallisée. Ce sont des cailloux très durs qui, choqués l'un contre l'autre ou contre une pièce d'acier, produisent des étincelles ; des particules sont détachées par le choc, grâce à

Fig. 75. — Cristal de roche.

la dureté de l'acier, et sont portées à l'incandescence par la chaleur que développe le frottement. Les vieux fumeurs se servent encore de ce moyen pour allumer de l'amadou avec lequel ils enflamment ensuite leur tabac ; on dit qu'ils *battent le briquet.*

La dureté du silex a été connue des premiers hommes, qui se sont servis de cette pierre pour fabriquer des armes (âge de la pierre éclatée ; âge de la pierre polie);

3° Les *pierres meulières* sont de la silice impure, creusée de cavernes plus ou moins grandes. Leur dureté permet de les employer pour faire des meules de moulin ;

4° Les *sables* sont de la silice plus ou moins pure; ils sont blancs quand ils sont purs, colorés quand ils contiennent des impuretés. Ils servent à la fabrication des verres et des poteries, à celle des mortiers pour les constructions. Leur dureté les fait employer pour polir et nettoyer les métaux. On utilise aussi, pour nettoyer les cuivres, du *tripoli,* qui est de la silice à grain très fin formé par l'accumulation des carapaces de petites algues marines ;

5° Les *grès* sont des sables agglutinés.

231. Propriétés.

Les diverses variétés de corps que nous venons d'étudier diffèrent par beaucoup de leurs propriétés physiques ; mais toutes sont très *dures* et *insolubles* dans l'eau pure.

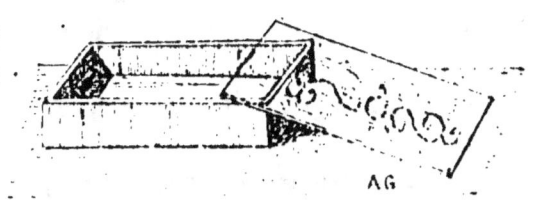

Fig. 76. — Gravure sur verre.

Toutes sont constituées par de la silice, substance qui n'est attaquée par aucun acide, sauf l'acide fluorhydrique. C'est ce qui fait employer cet acide pour la gravure sur verre, puisque le verre contient du sable (§ 230) (*fig.* 76):

on étend sur le verre une couche de cire ou de vernis sur laquelle on trace le dessin à graver, au moyen d'une fine pointe métallique, en l'enfonçant assez pour que le verre soit mis à nu. Puis on soumet l'objet ainsi préparé à des vapeurs d'acide fluorhydrique, qui attaquent le verre partout où il n'est pas protégé par du vernis, et gravent le dessin qu'on voulait reproduire. Il suffit ensuite d'enlever le vernis en le chauffant.

II. — SILICATES

232. Principaux silicates.

A la silice correspondent de nombreux sels ou silicates. Il existe beaucoup de silicates naturels dont quelques-uns sont très abondants. Ce sont :

1° Le feldspath, silicate qui existe dans beaucoup de roches, entre autres dans le granit, et qu'on emploie dans la fabrication de la porcelaine (§ 237);

2° Les micas, silicates de composition variable, entrant aussi dans la composition du granit ; ils se divisent facilement en lames feuilletées qu'on emploie pour faire des verres de lampe, des portes de poêle transparentes, etc. ;

3° Les argiles sont des silicates d'aluminium, très employés dans la fabrication des poteries;

4° Les verres sont des silicates artificiels. A l'étude des silicates se rattachent donc deux industries très importantes : celle des poteries et celle des verres.

III. — ARGILES ET POTERIES

ARGILES

233. Propriétés.

Les argiles sont des *silicates d'aluminium hydratés* qui peuvent être purs (kaolin), mais sont le plus souvent mêlés à des matières étrangères. Blanches quand elles sont pures, elles sont jaunes ou roses quand elles renferment du fer.

On les reconnaît facilement à ce qu'elles sont douces au toucher et très tendres, car elles se laissent rayer par l'ongle. Elles happent à la langue, parce qu'elles absorbent la salive ; et elles répandent une odeur particulière quand · on souffle dessus.

Leur propriété essentielle est de former avec l'eau une pâte plus ou moins liante, d'autant plus plastique et plus aisée à façonner que les argiles sont plus pures. Cette pâte, chauffée au rouge, se dessèche, devient *très dure, presque infusible, sans action sur l'eau.* Ce sont ces propriétés qui permettent d'employer les argiles pour la fabrication des poteries. Mais la pâte en se desséchant, soit à l'air, soit dans un four, subit un retrait et se fendille. Aussi est-on obligé d'y incorporer des substances dites dégraissantes, qui diminuent le retrait de la matière et l'empêchent de se fendiller.

On trouvera donc toujours comme matières premières dans la fabrication des poteries : de l'argile *et un* dégraissant.

POTERIES

234. Dans toutes les poteries entrent de l'argile et un dégraissant. Mais la pâte obtenue avec ce mélange est poreuse, ce qui est un inconvénient pour les poteries qui doivent servir comme ustensiles de cuisine. Si l'on veut la rendre *imperméable aux liquides,* on emploie deux moyens :

1° On ajoute à la pâte une substance appelée *fondant,* qui, en lui faisant subir un commencement de fusion, la rend imperméable dans toute son épaisseur. On obtient ainsi les *poteries demi-vitrifiées :* porcelaine et grès céramies ;

2° On conserve la pâte poreuse, mais on la recouvre d'un

vernis ou *couvert* imperméable. Ce sont les *poteries po-reuses vernissées :* faïences, poteries communes.

Un troisième groupe de poteries est constitué par celles qui sont *poreuses et non vernissées :* briques, tuiles, carreaux de terre, etc.

A. — POTERIES DEMI-VITRIFIÉES

235. On emploie pour toutes ces poteries : de l'argile, un dégraissant, un fondant. De plus pour donner du poli à la surface qui est rugueuse, on la recouvre d'un vernis.

236. Porcelaine.

Caractères. — La porcelaine se reconnaît à ce qu'elle est blanche, translucide, à cassure vitreuse, imperméable dans toute son épaisseur. L'émail dont elle est recouverte est doux au toucher.

237. Fabrication.

La porcelaine est fabriquée avec du kaolin, du sable jouant le rôle de dégraissant, et du feldspath jouant le rôle de fondant ; c'est le feldspath qui rend la masse translucide.

On forme avec ces substances une pâte à laquelle on donne la

Fig. 77. -- Travail de la porcelaine au tour.

forme des objets à fabriquer (*fig.* 77 et 78), on cuit ces objets une première fois, on obtient ainsi la porcelaine dégourdie, on les recouvre d'un vernis et on les cuit une seconde fois, à une température plus élevée que la première; la porcelaine prend alors l'aspect qu'on lui connaît.

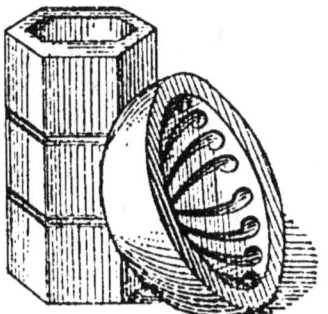

Fig. 78. — Moules de plâtre.

238. Grès cérames.

Les grès sont durs et imperméables comme la porcelaine; mais ils ne sont pas translucides, et la pâte est généralement colorée par les impuretés contenues dans l'argile employée.

Les grès se façonnent comme la porcelaine ; on les cuit à une très haute température, et pendant la cuisson on les vernit en projetant dans le four une certaine quantité de sel marin humide; le sel se vaporise, est décomposé par l'argile du grès au contact de l'eau, et donne un silicate qui fond à la surface du grès et forme vernis.

Les grès servent à faire des terrines, des pots, des bonbonnes, etc. Les grès plus fins servent à faire des vases pour l'ornementation et de nombreux objets d'art.

B. — POTERIES A PATE POREUSE VERNISSÉE

239. Faïences.

Les faïences se distinguent des porcelaines en ce qu'elles ne sont pas translucides, et en ce que leur pâte est poreuse : dès qu'il y a une fêlure dans une assiette de faïence, les liquides n'étant plus arrêtés par le vernis pénètrent dans la fêlure et sont absorbés par la pâte, à laquelle ils donnent une couleur grise désagréable. La cassure d'un morceau de faïence montre que la pâte est souvent moins blanche que celle de la porcelaine.

Le travail de la pâte se fait comme celui de la porcelaine ; mais c'est la première cuisson qui a lieu à la plus haute température. La seconde ne sert qu'à faire fondre le vernis ajouté après la première.

240. Poteries communes.

Les poteries communes, marmites, casseroles de terre, etc., employées généralement comme ustensiles de cuisine, sont faites avec des argiles très impures. Leur vernis est un silicate double d'aluminium et de plomb : aussi est-il dangereux de laisser séjourner dans ces poteries du vinaigre ou des corps gras qui dissolvent le plomb en donnant des sels vénéneux.

C. — POTERIES A PATE POREUSE NON VERNISSÉE

241. Les terres cuites (briques ordinaires, tuiles, pots à fleurs, tuyaux de drainage, etc.) sont faites avec des argiles impures et ne sont pas vernissées. Elles sont façonnées soit au moule, soit au tour ; les briques, par exemple, sont moulées à la main ou à la machine. Elles ne subissent qu'une seule cuisson, à une température assez peu élevée.

IV. — VERRES

242. Propriétés.

Les verres sont des corps transparents, durs et cassants, non cristallisés, ayant une cassure spéciale dite *cassure vitreuse*. Leur propriété essentielle est de se ramollir *progressivement par la* chaleur, *en passant par tous les degrés de l'état pâteux*. On peut, à cet état, les façonner comme de la pâte, les étirer en fils ou en tubes, les mouler, les couler, en un mot leur donner toutes les formes désirées. C'est grâce à cette propriété que les verres peuvent être employés à la fabrication de tant d'objets divers.

Les verres sont *mauvais conducteurs de la chaleur ;*

chauffés en un seul point, ils se fendent. Cela explique que les vases de verre se cassent souvent quand on y verse brusquement un liquide chaud, ou quand on les chauffe sur la flamme d'un bec de gaz sans toile métallique (ballons et cornues).

L'air et l'eau n'attaquent que très lentement le verre, et c'est encore ce qui contribue à donner à ce corps une grande importance pratique. On peut se rendre compte de l'altération du verre par l'air humide, en examinant les vitres des vieux bâtiments; elles s'écaillent en minces lamelles irisées, et ont perdu leur transparence : on dit alors que le verre est *dévitrifié*.

243. Composition.

Les verres sont toujours des silicates doubles, c'est-à-dire renfermant deux métaux : calcium ou plomb d'une part; potassium ou sodium d'autre part. Les verres ordinaires (verre à vitres, verre de Bohême) sont à base de calcium; le cristal est à base de plomb.

244. Fabrication du verre.

1° *Matières premières employées.* — Les matières premières employées sont : le *sable* constituant la *silice* qui donnera le silicate ; les carbonates de *potassium* ou de *sodium*, la craie (carbonate de *calcium*) ou le minium (oxyde de *plomb*), suivant qu'il s'agit de verres ordinaires ou de verres à base de plomb.

Les verres fins (verres de Bohême, cristal, etc.) sont obtenus avec des matières de premier choix; le verre à vitres est fait avec du sable ordinaire; le verre à bouteilles, avec des matières impures, auxquelles on ajoute des débris de verre *de toute sorte*.

2° *Préparation de la pâte.* — Les matières premières sont fortement chauffées. Au bout de dix heures environ, le mélange est devenu très fluide; on laisse baisser le feu dans les fours pour amener le verre à l'état pâteux, puis on le travaille.

3° *Travail du verre.* — Le verre se façonne par divers procédés : le soufflage, le moulage et le coulage.

a) Soufflage. — L'ouvrier cueille une certaine quantité de verre dans le creuset, au moyen d'une canne de fer creuse de 1ᵐ,50 de long environ, entourée à sa partie supérieure d'un manchon de bois qui permet de la tenir sans se brûler.

En soufflant dans la canne en même temps qu'on lui imprime des mouvements conve- nables, on arrive à donner à la masse de verre creuse qui se trouve à son extrémité des formes très va- riées, par exemple celles que représente

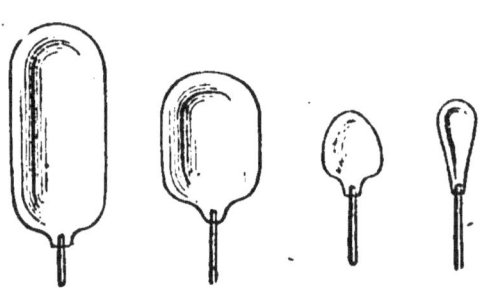

Fi0. 79. — Différentes formes que peut prendre le verre par le soufflage.

la figure 79. Lorsqu'on est arrivé à la forme voulue, on détache l'objet en mettant une goutte d'eau à l'endroit où on veut le séparer et en imprimant une secousse à la canne. C'est de cette façon que se préparent beaucoup d'objets, et en particulier les vitres : on fabrique par le soufflage un gros cylindre creux fermé, qu'on coupe à ses deux extré- mités, qu'on fend longitudinalement et qu'on étend sur une plaque de fonte chauffée.

b) Moulage. — Pour un grand nombre d'objets, on opère par moulage, ou mieux par *soufflage et moulage réunis.* On donne à l'objet, par le soufflage, sa forme grossière, puis on l'introduit dans un moule de l'objet à reproduire, et, en soufflant dans la canne, on force le verre à prendre exac- tement la forme du moule. C'est ainsi qu'on opère pour les bouteilles, les carafes, les flacons, pour beaucoup de verres à boire, etc.

c) **Coulage** — Les glaces se font en coulant du verre liquide sur une table de bronze chauffée. Au moyen d'un rouleau de fonte, on étend ensuite le verre en une couche d'une épaisseur régulière.

4° *Recuit.* — Tous les objets de verre, après avoir été façonnés, sont recuits, c'est-à-dire chauffés à une température un peu inférieure à celle de leur ramollissement, puis refroidis très lentement. Le recuit rend les verres moins fragiles.

245. Expériences. — *Silice et silicates.* — Montrer diverses variétés de silice; rayer du verre avec un de ces échantillons.

Verres et argiles. — Montrer que le verre ramolli est plastique : ramollir, par exemple, un tube de verre.

Faire une pâte avec de l'argile et montrer qu'on peut la façonner comme on le veut. Montrer divers échantillons d'argiles; apprendre aux élèves à les reconnaître par les caractères suivants : elles sont rayées par l'ongle, elles happent à la langue, elles ont une odeur spéciale quand on souffle dessus.

S'il y a une verrerie et une porcelainerie dans la ville ou le département, une visite à ces usines s'impose.

DEUXIÈME ANNÉE

CHAPITRE XXII (1)

LOIS FONDAMENTALES
NOMENCLATURE

246. Retour sur les caractères d'une combinaison.

Nous avons défini une combinaison chimique (§ 8) l'union de plusieurs corps avec formation d'un corps nouveau, ayant des propriétés nouvelles. Nous avons dit aussi que les corps s'unissent suivant des proportions invariables.

Nous allons préciser ici les caractères des combinaisons en énonçant les lois auxquelles elles sont soumises.

Ces lois découlent toutes de l'expérience, et non du raisonnement, et du moment où l'une d'entre elles ne serait plus d'accord avec un des faits de la chimie, *fût-ce un seul*, elle serait abandonnée. Ce sont donc absolument des lois expérimentales.

LOIS DES COMBINAISONS CHIMIQUES

247. Loi de Lavoisier ou loi de la conservation de la matière.

8 grammes d'oxygène se combinant à 1 gramme d'hydrogène donnent 9 grammes d'eau.

32 grammes de soufre se combinant à 32 grammes d'oxygène donnent 64 grammes de gaz sulfureux.

---

(1) L'étude de ce chapitre devra être précédée d'une révision minutieuse du chapitre VI et du § 143 du cours de première année.

32 grammes d'oxygène et 12 grammes de carbone donnent 44 grammes de gaz carbonique.

CONCLUSION : *Le poids d'un composé est égal à la somme des poids des composants.* Autrement dit, la matière ne se détruit pas, elle ne fait que se transformer sans se perdre. Aussi énonce-t-on quelquefois ainsi cette loi : *Rien ne se perd, rien ne se crée dans le monde de la matière.*

248. Loi de Proust ou des proportions définies.

Pour former de l'eau H^2O, 1 gramme d'hydrogène se combine toujours à 8 grammes d'oxygène.

Pour former du gaz carbonique, CO^2, 32 grammes d'oxygène se combinent toujours à 12 grammes de carbone. 16 grammes d'oxygène s'unissent à 12 grammes de carbone pour former de l'oxyde de carbone, CO, etc.

Loi : *Deux corps qui s'unissent pour former un même composé sè combinent toujours dans des proportions* invariables.

249. Loi de Dalton ou des proportions multiples.

Le carbone avec l'oxygène donne deux composés, l'oxyde de carbone et le gaz carbonique; or, on constate qu'à un même poids de carbone, 12 grammes par exemple, se combinent :

Dans le 1er cas, 16 grammes d'oxygène ;

Dans le 2e cas, 32 grammes ou 2 fois plus d'oxygène.

De même l'hydrogène et l'oxygène donnent, en se combinant, soit de l'eau, soit de l'eau oxygénée. Or, à un même poids d'hydrogène, 1 gramme, se combinent 8 grammes d'oxygène pour faire de l'eau et 16 grammes ou 2 fois plus pour l'eau oxygénée. Les poids d'oxygène qui s'unissent à un même poids d'hydrogène sont donc *dans le rapport simple de 1 à 2.*

La loi de Dalton résume ainsi toutes les observations analogues :

Loi : *Lorsque deux corps se combinent pour donner plusieurs composés, les poids de l'un qui s'unissent à un même poids de l'autre sont entre eux dans des rapports* simples.

Les lois précédentes se rapportent aux poids des corps qui se combinent. Il existe aussi deux lois relatives aux volumes, ou lois de Gay-Lussac. Nous les avons étudiées au § 45.

VALENCE DES CORPS

250. Nous avons dit déjà (§ 143) que certains corps sont *univalents*, d'autres *divalents*. Nous allons préciser ici la notion de *valence*.

1° Le potassium, le sodium, dont 1 atome remplace 1 atome d'hydrogène dans un acide par exemple, sont *univalents* :

$$HCl \text{ donne } KCl \text{ ou } NaCl.$$

De même, le chlore, dont 1 atome se combine à 1 atome d'hydrogène pour donner de l'acide chlorhydrique, est univalent :

$$H + Cl = HCl.$$

2° Le fer, le zinc, le cuivre, dont 1 atome remplace 2 atomes d'hydrogène dans un acide, sont *divalents* :

$$SO^4H^2 \text{ donne } SO^4Fe, SO^4Zn, SO^4Cu.$$

De même, le soufre, l'oxygène dont 1 atome se combine à 2 atomes d'hydrogène, sont divalents :

$$2H + S = H^2S.$$
$$2H + O = H^2O.$$

3° L'or est *trivalent*, car son chlorure a pour formule :

$$AuCl^3.$$

De même, l'azote, le phosphore, dont 1 atome se combine à 3 atomes d'hydrogène, sont trivalents ; la formule de l'ammoniaque est en effet AzH^3 ; celle de l'hydrogène phosphoré PH^3 ;

4° Le platine et l'étain sont *quadrivalents;* on connaît en effet les chlorures $PtCl^4$ et $SnCl^4$.

De même, le carbone est quadrivalent : la formule du méthane est CH^4.

NOMENCLATURE

251. Règles de la nomenclature parlée.

Nous avons vu que les corps simples sont assez peu nombreux, aussi ont-ils des noms choisis, en général, arbitrairement. Le nom rappelle tantôt une propriété chimique (azote veut dire qui n'entretient pas la vie), tantôt une propriété physique (chlore veut dire : « jaune verdâtre » ; brome veut dire : « qui sent mauvais », etc.).

Mais on ne peut pas agir de même pour les corps composés, qui sont en nombre considérable. Si on leur donnait des noms arbitraires, il serait impossible de les retenir tous et, de plus, ces noms ne renseignant pas sur la composition et les propriétés des corps, ils ne correspondraient souvent dans l'esprit à aucune idée précise: ainsi on peut connaître le mot *phénol* dont le nom est arbitraire, sans rien savoir du corps qu'il désigne; tandis que, si l'on entend parler d'*acide phosphorique*, avant même d'avoir étudié ce corps, on sait qu'il renferme du phosphore et qu'il a la propriété d'être acide.

On a donc établi, pour désigner les composés, un ensemble de règles dont le principe général est d'indiquer par le *nom* des corps leur *composition* et parfois leur *propriété essentielle*.

Nous allons voir les règles principales.

1° *Acides.* — Nous distinguerons deux cas :

a) L'acide renferme seulement de l'hydrogène et un métalloïde. Exemples : acide chlor*hydrique*, HCl; acide sulf-*hydrique*, H^2S.

RÈGLE. — *On fait suivre le nom du metalloïde de la terminaison* hydrique.

b) L'acide renferme de l'hydrogène, un métalloïde et de l'oxygène. Exemples . acide sulfur*ique*, acide carbon*ique*, acide sulfur*eux*.

RÈGLE. — *On ajoute au nom du métalloïde la terminaison* ique. Si le même métalloïde donne deux acides, le moins oxygéné se termine en *eux*, et le plus oxygéné par *ique*. Exemples : l'*acide sulfureux* est moins oxygéné que l'*acide sulfurique*, l'acide phosphoreux l'est moins que l'acide phosphorique, etc.

2° *Anhydrides*. — Ils se nomment comme les acides, en mettant simplement « anhydride » au lieu de « acide » : anhydride sulfureux, anhydride sulfurique, etc.

3° *Bases*. — On les nomme en général *hydrates*, et on fait suivre ce mot du nom du métal qui les forme. Ex. : hydrates de cuivre, de fer, de zinc, etc.

EXCEPTIONS. — On dit presque toujours *potasse, soude, chaux*, au lieu de hydrates de potassium, de sodium, de calcium.

4° *Oxydes basiques et neutres*. — On les nomme en général en faisant suivre le mot *oxyde* du nom du métal ou du métalloïde : oxydes de zinc, de fer, de carbone. Si le même corps en donne plusieurs, on dit par exemple oxyde ferre*ux*, oxyde ferr*ique*, le premier étant le moins oxygéné, et le dernier le plus oxygéné.

5° *Sels des hydracides*. — On change la terminaison *hydrique* de l'acide en *ure*, et on ajoute le nom du métal. Ainsi, l'acide chlor*hydrique* HCl et la potasse donnent le *chlorure de potassium* KCl; l'acide sulfhydrique et le fer donnent le *sulfure de fer*.

6° *Sels des acides oxygénés*. — On change la terminaison *ique* de l'acide en *ate* et la terminaison *eux* en *ite*. Exemple:

acide sulfurique et potasse donnent *sulfate de potassium ;*
acide sulfureux et soude donnent *sulfite de sodium.*

252. Sels acides, sels neutres. — Nous avons vu (§ 138)
que l'acide sulfurique SO^4H^2 donne avec la potasse deux
sels : l'un de formule SO^4KH, appelé *sulfate acide* ou *bisulfate de potassium ;* l'autre, de formule SO^4K^2, appelé *sulfate
neutre de potassium.* Le premier est appelé sulfate acide
parce qu'il renferme encore de l'hydrogène remplaçable
par un métal et peut ainsi jouer le rôle d'acide. Ainsi, avec
une nouvelle molécule de potasse, il donnerait le sulfate
neutre.

Avec un métal divalent, l'acide sulfurique ne donne pas
de sulfate acide, mais seulement un sulfate neutre : 1 atome
du métal remplace les 2 atomes d'hydrogène. Exemple :
le sulfate de calcium a pour formule SO^4Ca.

253. Exercices. — On pourra compléter la leçon par plusieurs exercices dans le genre de ceux-ci : *Quand on dit :
hydrate de plomb, oxyde cuivreux, oxyde cuivrique, bromure de
potassium, iodure d'argent, sulfite de sodium, etc., qu'indiquent
ces noms relativement aux corps qu'ils désignent ?*

CHAPITRE XXIII

PROPRIÉTÉS PRATIQUES DES MÉTAUX ET DES ALLIAGES

MÉTAUX USUELS — MÉTAUX PRÉCIEUX

PLAN

1° Propriétés pratiques des métaux

I **Propriétés** **physiques**	*Densité* très variable. *Fusibles, malléables, tenaces, ductiles, durs* à des degrés variables. *Bons conducteurs* de la chaleur et de l'électricité. *S'écrouissent* quand on les travaille (sauf plomb et étain).

Action de l'air :

II **Propriétés** **chimiques**	*a) A la température ordinaire*	Métaux qui *s'altèrent très rapidement* (potassium, sodium). Ne sont donc pas pratiques.	
		Métaux qui *s'altèrent lentement :* fer, zinc, cuivre, etc. Moyens de préserver les métaux de l'altération.	Couche de peinture. Émail. Couche d'un métal moins altérable (fer, zinc, nickel).
		Métaux qui ne *s'altèrent pas :* or, argent, platine.	
	b) Quand on chauffe	Tous les métaux s'oxydent, sauf l'or, l'argent, le platine.	

2° Métaux usuels, métaux précieux

Métaux usuels, *s'altèrent lentement à l'air :* fer, cuivre, zinc, aluminium, plomb, etc.
Métaux précieux, ne *s'altèrent pas à l'air* (sauf le mercure). Ce sont : l'argent, l'or, le platine

3° Alliages

I **Utilité** **des alliages**	Ont des propriétés différentes de celles des métaux qui les constituent, peuvent ainsi servir à de nombreux usages.
II **Préparation**	On fond ensemble les métaux à allier.
III **Propriétés**	Plus fusibles, plus durs, moins ductiles et moins malléables que les métaux alliés.
IV **Principaux** **alliages**	Ceux de cuivre sont les plus nombreux

254. Caractères des métaux.

Les métaux sont des corps simples, doués, quand ils sont polis, d'un éclat particulier appelé éclat métallique. Ils conduisent bien la chaleur et l'électricité. Nous avons vu (§ 74) que ce qui les distingue surtout des métalloïdes, c'est qu'avec l'oxygène ils donnent *au moins un oxyde* basique.

La démarcation entre métalloïdes et métaux n'est d'ailleurs pas très nette : tel corps, comme l'arsenic, a l'aspect métallique, mais ressemble aux métalloïdes par ses autres propriétés, étc.

Au point de vue des *applications*, il y a une différence sensible entre les métalloïdes et les métaux : tandis que les premiers servent rarement à l'état de corps simples, mais sont presque toujours employés à l'état de composés, les seconds, au contraire, *sont surtout importants par eux-mêmes;* on les emploie journellement à des milliers d'usages divers. Il suffit de jeter un coup d'œil autour de soi pour se rendre compte qu'il n'est presque aucun objet où n'entre un métal pour une part plus ou moins grande : fer, cuivre, zinc, plomb, étain, etc. Il résulte de ce fait que ce qui intéresse le plus dans les propriétés des métaux, ce sont avant tout leurs **propriétés pratiques**, c'est-à-dire celles qui permettent d'employer ces corps dans la vie courante. Comment se comporte un métal donné sous le choc répété du marteau? Peut-on le travailler, le réduire en lames ou en fils? S'altère-t-il à l'air? etc. Voilà ce qu'il faut avant tout connaître d'un métal, puisque c'est de ces propriétés diverses que dépend son importance pratique.

Les métaux existent rarement à l'état libre dans le sol; on ne trouve guère à cet état que l'or, le cuivre, le mercure. Le plus souvent ils existent à l'état de composés (oxydes, carbonates, sulfures), mélangés à des matières terreuses et constituant les *minerais.* C'est de ces minerais qu'on extrait les métaux.

PROPRIÉTÉS PRATIQUES DES MÉTAUX

255. État.

Tous les métaux sont solides, sauf le mercure, qui est liquide à la température ordinaire. Il en résulte que le mercure n'est pas un métal usuel, mais ne peut être employé qu'à des usages restreints (construction des baromètres, des thermomètres, des manomètres, etc., expériences de laboratoire).

256. Couleur.

La couleur n'est pas, à proprement parler, une propriété pratique, mais elle nous permet de *reconnaître* les divers métaux. Ils sont en général opaques, au moins sous une épaisseur suffisante. La plupart sont blancs ou gris : le plomb est gris bleuâtre; l'étain est blanc d'argent; le zinc est d'un blanc bleuté, etc. Quelques-uns ont une couleur prononcée : le cuivre est rouge, l'or est jaune.

257. Densité.

La densité des métaux est très variable ; le potassium et le sodium sont plus légers que l'eau. La densité de l'aluminium est 2,56; celle du cuivre, 8,79; celle de l'or, 19,25; celle du platine, 21,5 (c'est le plus dense de tous les métaux), etc. La connaissance de la densité permet de reconnaître si un métal est pur ou ne l'est pas, et de distinguer l'un de l'autre deux métaux : l'or du cuivre par exemple.

258. Fusion et volatilisation.

Tous les métaux fondent et se volatilisent à des températures plus ou moins élevées. L'étain est le plus fusible de tous les métaux usuels, il fond à 233°; le platine, un des moins fusibles des métaux, ne fond qu'à 1.775°. La volatilité très grande de quelques métaux permet de les purifier par distillation.

259. Conductibilité.

De tous les métaux, c'est l'argent et le cuivre qui conduisent le mieux la chaleur et l'électricité. C'est pourquoi les alambics, les chaudières d'évaporation des sucreries, certains ustensiles de cuisine sont en cuivre (on n'emploie pas l'argent, trop coûteux). De même les fils conducteurs des courants électriques sont souvent faits avec du cuivre.

260. Dureté.

Un métal est d'autant plus dur qu'il se laisse moins facilement rayer. Le potassium et le sodium sont mous comme de la cire; aussi ne peuvent-ils pas être employés pratiquement. Le plomb, qui se laisse rayer par l'ongle, est plus mou que l'argent et l'or; ceux-ci sont moins durs que le zinc et le fer.

261. Ténacité.

Un métal est d'autant plus tenace qu'il offre une plus grande résistance à la rupture. On peut comparer la ténacité des métaux en cherchant le nombre de kilogrammes qu'il faut suspendre à des fils de 1 millimètre carré de section pour en déterminer la rupture. On trouve que pour le fer il faut 65 kilogrammes, tandis que pour le plomb il suffit de $2^{k},8$; le plomb est le moins tenace, et le fer est l'un des plus tenaces des métaux.

262. Malléabilité.

On dit qu'un métal est malléable quand il peut, sans se déchirer, être transformé en lames minces sous l'action du marteau ou du laminoir. Un métal non malléable est dit *cassant*.

Un *laminoir* se compose de deux rouleaux d'acier, qui tournent en sens inverse et qu'on peut rapprocher plus ou moins l'un de l'autre (*fig.* 80). On commence par leur donner un écartement un peu moindre que l'épaisseur de la barre qu'on veut laminer; puis, après avoir aminci celle-ci à l'une de ses extrémités, on l'engage entre les deux cylindres qui l'entraînent dans leur mouvement et l'aplatissent. On peut y faire passer de nouveau la barre après avoir rapproché un peu plus les cylindres. En répétant

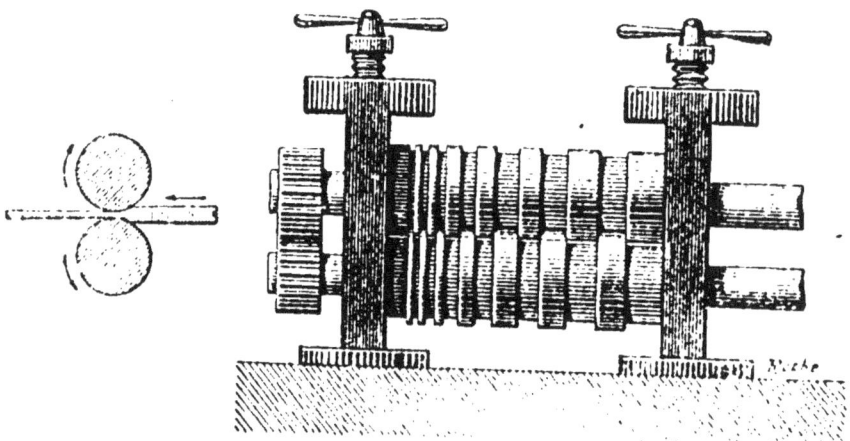

Fig. 80. — Laminoir. A gauche, coupe des deux rouleaux et de la barre à laminer.

cette opération et en employant, s'il y a lieu, plusieurs laminoirs, on obtient des lames de moins en moins épaisses, qu'on appelle des feuilles quand elles sont très minces. C'est ainsi qu'avec l'or on peut obtenir des feuilles si peu épaisses qu'il en faut 25.000 pour avoir une épaisseur de 1 millimètre. L'argent, l'aluminium, l'étain, le cuivre, sont aussi très malléables.

263. Ductilité.

On dit qu'un métal est ductile quand on peut facilement l'étirer en fils. Pour fabriquer ces fils, on emploie la *filière*. C'est une plaque d'acier percée de trous coniques, de diamètres différents (*fig.* 81). En forçant la barre métallique à passer à travers des trous de plus en plus fins, elle s'amincit de plus en plus, et ainsi l'on peut obtenir des fils de la grosseur voulue. C'est de cette façon que se fabriquent les fils de fer, de laiton, les cordes métalliques pour pianos, les fils d'or et d'argent pour galons, etc.

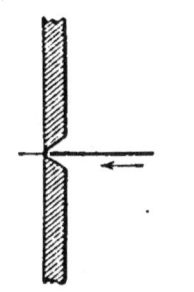
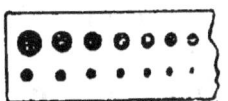

Fig. 81. — Filière. En haut, coupe faite dans un trou; en bas, plaque vue de dessus.

La ductilité d'un métal dépend beaucoup de sa *ténacité* (les métaux, en passant dans la filière, subissent en effet une traction assez forte).

Ainsi le plomb et l'étain sont peu ductiles parce qu'ils sont peu tenaces. On peut cependant obtenir des fils de plomb par le procédé suivant : on comprime le métal à l'aide d'une presse hydraulique dans un cylindre d'acier chauffé par des foyers latéraux *f, f'*, qui maintiennent le plomb à l'état de fusion (*fig.* 82). A la partie supérieure du cylindre se trouve une ouverture circulaire du diamètre du fil qu'on veut obtenir; le plomb fondu, fortement comprimé, sort par cette ouverture et se solidifie dès qu'il est à l'air. Un procédé analogue est employé pour faire les tuyaux de plomb.

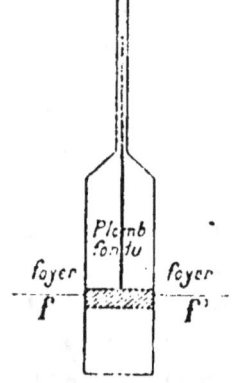

Fig. 82. — Appareil servant à fabriquer des fils de plomb.

204. Écrouissage.

Il arrive souvent qu'un métal, après avoir été passé plusieurs fois au laminoir ou à la filière, devient cassant, et on ne peut plus continuer à le travailler; même chose se produit quand on lui a fait subir des chocs répétés, comme par exemple des coups de marteau. On dit que le métal s'écrouit. Pour lui rendre ses propriétés primitives, il faut le recuire, c'est-à-dire le chauffer au rouge, puis le laisser refroidir *lentement*. Tous les métaux s'écrouissent, sauf le plomb et l'étain.

265. Propriétés chimiques ayant une importance pratique.

Action de l'air. — L'action de l'air est très importante à considérer, car les métaux sont sans cesse au contact de l'air. — Nous envisagerons deux cas, suivant que le métal reste à la température ordinaire, ou qu'il est chauffé.

1° **A la température ordinaire.** — Le potassium, le sodium, s'altèrent rapidement dans l'air, parce qu'ils décomposent la *vapeur d'eau* (§ 48) et se transforment en une base : potasse ou soude. Aussi ces métaux ne sont-ils pas du tout pratiques ; nous avons vu d'ailleurs qu'ils sont beaucoup trop mous pour pouvoir être utilisés pratiquement.

Presque tous les autres métaux s'altèrent lentement à l'air ; seuls, l'argent, l'or et le platine sont inaltérables. Le fer, par exemple, se recouvre à l'air d'une couche de rouille qui est de l'hydrate ferrique ; le zinc, le cuivre, le plomb, se ternissent parce qu'à leur surface ils se transforment en hydrocarbonate (**vert-de-gris** du cuivre), etc.

Souvent l'altération n'est que superficielle ; c'est ce qui arrive pour le zinc, le cuivre, le plomb, l'aluminium, parce que le corps produit forme à la surface du métal une couche *imperméable*. Mais il n'en est pas de même avec le fer. La rouille étant poreuse ne protège pas suffisamment le métal, qui, par l'action prolongée de l'air, se transforme lentement mais **complètement** en rouille.

Moyens de préserver les métaux de l'oxydation. — Les nombreux usages des métaux et surtout du fer ont fait chercher de tous temps les moyens d'empêcher leur altération à l'air.

Les grilles servant de clôtures, les serrures, les espagno-
lettes des fenêtres et un grand nombre d'objets en fer sont
recouverts d'une couche de peinture qui les empêche de se
rouiller. C'est dans ce but aussi qu'on recouvre d'émail
certains ustensiles de ménage en fer battu ou en fonte.

Dans beaucoup de cas, on recouvre le fer d'un métal
moins altérable, comme l'*étain* (fer-blanc), le *zinc* (fer galvanisé), le *nickel* (fer nickelé). On fait souvent la même chose
pour le cuivre.

Pour fabriquer le *fer-blanc*, on emploie des lames de tôle
qu'on décape soigneusement en les plongeant dans un bain
d'eau acidulée; cette eau dissout l'oxyde formé à la surface
du métal. Puis, après avoir bien poli la lame en la frottant
avec du sable, on la plonge dans un bain de suif pour la
sécher, puis dans un bain d'étain fondu recouvert lui-même
de suif qui empêche l'oxydation. Au bout d'une heure et
demie environ, la feuille de tôle est étamée.

Le fer-blanc a un inconvénient : dès que l'étain est enlevé
en un endroit et que le fer est mis à nu, ce métal s'oxyde
beaucoup plus vite que s'il n'était pas étamé. Il faut donc
faire étamer les ustensiles de fer-blanc dès que l'étamage
disparaît en un endroit.

2° **Action de l'air lorsqu'on chauffe le métal.** — Tous les métaux,
sauf l'or et le platine, s'oxydent lorsqu'on les chauffe à l'air.
Le magnésium s'enflamme; aussi ne pourrait-on pas l'employer pour fabriquer des objets qui doivent aller au feu.
Le cuivre se recouvre d'une couche d'oxyde d'abord rouge,
puis noire; c'est ce qui explique que le feu ternisse les
ustensiles de cuisine ou les chaudières de cuivre.

MÉTAUX USUELS, MÉTAUX PRÉCIEUX

200. L'étude que nous venons de faire des propriétés des
métaux suffit à nous faire comprendre que tous n'ont pas
la même importance pratique :

1° Le potassium, le sodium (*métaux alcalins*), le calcium sont trop mous et trop altérables pour avoir une utilité pratique;

2° Parmi les autres, il en est, tels que le fer, le cuivre, le zinc, le plomb, l'étain, qui s'altèrent lentement à l'air, mais qui ont tant d'autres qualités pratiques qu'on les emploie, malgré cette altération, à des foules d'usages. Ils constituent les métaux usuels;

3° D'autres, l'or, l'argent, le platine, ne *s'altèrent pas à l'air, quelle que soit la température;* ils sont inoxydables. On les appelle pour cette raison métaux nobles ou métaux précieux; leur valeur est due à leur inaltérabilité en même temps qu'à leur rareté. Le mercure, rare aussi, est classé dans les métaux précieux, bien qu'il s'altère superficiellement à l'air.

MÉTAUX USUELS

FER

267. Propriétés pratiques.

De tous les métaux, c'est le fer qui est le plus employé, car il réunit un grand nombre de qualités pratiques :

Il est très tenace, ductile et malléable. Avant de fondre, il se ramollit et devient pâteux; à cet état, il peut prendre toutes les formes par le martelage; on peut le façonner comme on veut et le souder à lui-même sans l'intermédiaire d'un autre métal; c'est ce qui permet de l'employer pour la fabrication d'objets de formes si variées. Il s'écrouit sous l'action du marteau, du laminoir ou de la filière; mais il suffit de le recuire pour pouvoir le travailler de nouveau. Il s'oxyde à l'air; mais nous avons vu (§ 264) un grand nombre de moyens de le préserver de cette oxydation.

Son seul réel inconvénient consiste en ce qu'il ne fond qu'à une haute température : 1.500°. De plus, il n'est pas élastique et par suite ne peut servir à fabriquer certains objets, tels que lames de couteaux, essieux de voitures, etc. ; mais il a un composé, l'acier, qui a l'avantage d'être beaucoup plus fusible et d'être élastique.

268. Usages.

Les usages du fer sont très nombreux. Il remplace souvent le bois et la pierre dans la construction des maisons, des ponts, des charpentes; il sert à faire la coque des navires. Réduit en lames, il constitue la *tôle*, employée pour fabriquer les fourneaux, les tuyaux de poêle, les plaques qu'on place devant les cheminées ou les poêles, etc. Le fer *battu* et le *fer-blanc* servent à fabriquer des ustensiles de cuisine; le fer *galvanisé* est employé pour faire un grand nombre d'objets : fils télégraphiques, grillages, lessiveuses, etc. La ductilité du fer permet de l'employer pour la fabrication des fils, des clous, des tubes; mais ce n'est que lorsqu'il est bien pur qu'il peut s'étirer en fils très fins (*fils d'archal*).

Tout le fer ainsi que les fontes et les aciers s'extrait des minerais de fer, très abondants dans le sol. Ces minerais sont transformés en fontes ; puis les fontes sont transformées en fer et en aciers.

FONTES

269. Propriétés.

La fonte est une combinaison de fer et de carbone contenant 2 à 5 0/0 de carbone et de petites quantités de phosphore, de soufre, de silicium, etc. Il existe diverses variétés de fontes qui peuvent se ramener à deux types : la fonte grise et la fonte blanche.

La fonte grise, dont la couleur varie du gris foncé au gris clair, fond vers 1.200° et devient très fluide et parfaitement propre au *moulage*. Elle est grenue et se laisse facilement limer, tourner, travailler au burin. La fonte blanche fond vers 1.100°; mais elle ne devient jamais très fluide, ce qui la rend impropre au moulage. Elle est dure, cassante, difficile à limer et à travailler.

270. Usages.

Toute la fonte blanche qui ne peut être façonnée est transformée en fer et surtout en acier; il en est de même d'une petite partie de la fonte grise. Le reste (1/4 environ de la production totale des fontes) est employé pour la fabrication par moulage d'un grand nombre d'objets utilisés dans l'industrie ou dans l'économie ménagère : pièces de machines, cornues pour la fabrication de l'acide azotique, barreaux de grilles, piliers, colonnes, fourneaux, poêles, ustensiles de cuisine, statues, etc.

ACIERS

271. Propriétés.

Les aciers sont des combinaisons de fer et de carbone renfermant seulement 0,6 à 2 0/0 de carbone. Il en existe un très grand nombre de variétés.

L'acier réunit la plupart des qualités du fer et de la fonte. Il est malléable et ductile; ramolli par la chaleur, il peut, comme le fer, être façonné et soudé, et comme la fonte, être moulé. Il a sur le fer l'avantage d'être plus fusible (il fond vers 1.350°).

Mais, de plus, il possède des qualités nouvelles. Sa propriété caractéristique est de devenir, par *la* trempe, *très élastique, très dur, et aussi très cassant;* la trempe s'opère en chauffant fortement l'acier, puis en le refroidissant brusquement par immersion dans un liquide froid (eau, huile, mercure). L'élasticité et la dureté de l'acier trempé permettent de l'employer à la fabrication d'un grand nombre d'objets pour lesquels le fer ne peut servir. Mais il a l'in-

convénient d'être très cassant ; pour diminuer sa fragilité,
on est obligé de le recuire, c'est-à-dire de le chauffer,
puis de le refroidir lentement. Comme le recuit diminue
en même temps la dureté de l'acier, on l'opère à des températures plus ou moins élevées suivant le degré de dureté
qu'on veut obtenir ; dans cette opération, la surface de
l'acier s'oxyde et prend une teinte variable avec les températures, ce qui permet d'arrêter le recuit au moment
voulu.

272. Usages.

Les usages des aciers deviennent de jour en jour plus
importants. Les uns servent à faire les sabres, les épées,
les scies, les ressorts de voitures, les instruments ara-
toires, etc.

D'autres aciers plus fins sont employés dans la fabrication de la quincaillerie, de la coutellerie fine, des burins,
des laminoirs, des instruments de chirurgie, des coins des
monnaies, de la bijouterie d'aciers, des ressorts de
montres, etc.

Les aciers appelés aciers Bessemer et Martin servent pour
faire les plaques de blindage des navires, les rails, les pièces
d'artillerie, les essieux et les bandages des roues de locomotives, les projectiles, les tôles des chaudières, et, d'une
manière générale, toutes les pièces d'acier assez volumi-
neuses.

CUIVRE

273. Le cuivre est malléable et tenace, mais il se prête
mal au moulage. Presque tous les usages du cuivre pur
découlent de sa grande conductibilité (§ 259).

Le *cuivre* n'est pas vénéneux ; mais ses composés le sont.
Or, à l'air humide, ce métal se recouvre d'une couche de
vert-de-gris (hydrocarbonate de cuivre), et, au contact des

corps gras ou des acides, il forme aussi des sels vénéneux. Il y a donc du danger à laisser séjourner des aliments acides ou gras dans des vases de cuivre, et d'ailleurs on devrait toujours faire étamer à l'intérieur les ustensiles de cuisine en cuivre.

En cas d'empoisonnement par un composé de cuivre, il faut immédiatement faire absorber de l'albumine (blanc d'œuf) ou de l'eau fortement sucrée.

PLOMB

274. Le plomb est le plus mou des métaux usuels; on le raye avec l'ongle, on le coupe au couteau. Il est aussi très flexible : on le plie sous la main. Cette propriété le fait employer pour faire des tuyaux de conduite d'eau et de gaz, qu'on peut courber comme on le veut ; — et des fils pour fixer les branches des arbres ou les tiges des plantes à leur support (§ 263). Sa grande malléabilité le fait employer pour couvrir les toits.

Le plomb est **extrêmement vénéneux**, ainsi que tous ses composés ; aussi ne doit-on jamais faire cuire ou conserver des aliments dans des poteries grossières vernissées, car de l'oxyde de plomb entre dans la composition de ce vernis et les acides ou les corps gras l'attaquent en formant des sels de plomb solubles. — De même il ne faut jamais recueillir l'eau de pluie dans des citernes de plomb, car le plomb se transforme au contact de cette eau en hydrocarbonate qui est très peu soluble dans l'eau, mais l'est assez cependant pour la rendre toxique.

C'est pour la même raison que les eaux de pluie qui ont passé sur les toitures de plomb doivent être rejetées de l'alimentation.

REMARQUE. — On emploie sans inconvénient des tuyaux de plomb pour conduire les eaux de source ou de rivière, car elles renferment des sels — sulfates et chlorures —

qui recouvrent immédiatement le plomb d'une couche protectrice de sels insolubles; l'eau circule dans cette gaine sans se charger de sels de plomb.

ZINC

275. Le zinc est malléable entre 100 et 130°; comme il est d'autre part assez peu dense ($d = 6,86$), on en fait des lames minces pour couvrir les toits; la toiture ainsi obtenue est beaucoup plus légère que celles qu'on fait avec des lames de plomb, des ardoises ou des tuiles. Le zinc se moule facilement, ce qui le fait employer pour fabriquer des baignoires, des seaux, des gouttières, etc.

Le *zinc* n'est jamais employé pour faire des ustensiles de cuisine, ni pour les recouvrir, parce qu'il forme avec le sel marin et les acides (vinaigre) des *sels vénéneux*.

ALLIAGES

276. Utilité des alliages.

En passant en revue tous les métaux usuels ou précieux, comme nous venons de le faire pour quelques-uns, nous verrions que leurs qualités diverses permettent de les employer à une foule d'usages. Cependant ils ne répondent pas toujours à toutes les conditions qu'exige un usage donné : ainsi, l'or et l'argent, bien qu'ils soient ductiles, malléables et inaltérables, ne pourraient pas servir à l'état pur pour la fabrication des monnaies, parce qu'ils sont trop mous. Pour faire les caractères d'imprimerie, aucun métal isolé ne convient, parce qu'il faut un corps à la fois facilement fusible, assez dur sans être cassant, capable de prendre nettement l'empreinte des moules; or aucun métal pur ne réunit toutes ces conditions.

Mais on peut unir entre eux plusieurs métaux et obtenir ainsi des alliages, dont les propriétés pratiques sont différentes de celles des métaux qui les constituent. Ainsi, en modifiant soit la **nature** de métaux qui entrent dans un alliage, soit les **proportions** de ces métaux, on peut obtenir des corps ayant les propriétés désirées. Exemples : l'antimoine est trop cassant, le plomb trop mou pour faire des caractères d'imprimerie ; mais l'alliage de **4** parties de plomb et **1** partie d'antimoine, à la fois assez fusible et assez dur sans être cassant, donne de bons résultats. L'or et l'argent sont trop mous pour la fabrication des monnaies et des bijoux ; unis à une petite quantité de cuivre, ils acquièrent assez de dureté pour cet usage, etc.

Les alliages ne sont donc pas autre chose, industriellement parlant, que de nouveaux métaux dont le nombre est pour ainsi dire illimité, et dont les propriétés sont extrêmement variées. On conçoit, d'après cela, que les alliages comptent parmi les corps les plus utiles.

277. Préparation.

Pour obtenir un alliage, on fond ensemble les métaux qu'on veut allier, en ayant soin de les recouvrir de poussière de charbon, pour empêcher leur oxydation. Si l'un des métaux est volatil, on ne l'ajoute qu'au moment où les autres sont déjà fondus.

278. Propriétés.

Les alliages ont l'aspect métallique ; ils sont, en général, plus fusibles que le moins fusible des métaux qui les constituent, plus durs, moins ductiles, moins malléables, moins tenaces que ces métaux. Souvent aussi ils sont moins oxydables que les métaux qu'ils renferment.

279. Principaux alliages usuels.

Le **cuivre** est l'un des métaux les plus employés à l'état d'alliages. Pur, il fond difficilement et se prête mal au moulage ; — ses alliages, surtout les **bronzes** et le **laiton**, sont plus fusibles, plus durs que lui et se moulent plus facilement. C'est grâce à ses alliages que le cuivre occupe une place si importante parmi les métaux; il vient en second lieu, immédiatement après le fer.

Les bronzes ont des compositions variables suivant l'usage auquel on les destine; ils renferment presque toujours de l'étain et servent à faire des cloches, des statues, des monnaies, des médailles, etc.; le bronze d'aluminium, jaune d'or, est aussi tenace et aussi facile à travailler que le fer : on l'emploie beaucoup en orfèvrerie. Le laiton ou *cuivre jaune*, formé de cuivre et de zinc, sert à faire des épingles, des ustensiles de ménage, des appareils de physique, des robinets, des instruments de musique et bien d'autres objets. Le cuivre entre encore dans la composition des alliages d'or et d'argent et dans celle du *maillechort*, employé pour faire des couverts, des théières, des garnitures de sellerie, des éperons, etc.

Le tableau suivant indique la composition des alliages les plus employés :

Monnaies d'or........................	Or................	900
	Cuivre.............	100
Bijouterie d'or.......................	Or................	750
	Cuivre.............	250
Monnaies d'argent (pièces de 5 francs)....	Argent............	900
	Cuivre............	100
Monnaies d'argent (pièces de 2 francs, 1 franc, 50 centimes, 20 centimes)......	Argent............	835
	Cuivre............	165
Vaisselle et médailles d'argent..........	Argent............	950
	Cuivre............	50
Bijouterie d'argent....................	Argent............	800
	Cuivre............	200
Bronze des monnaies et des médailles.....	Cuivre............	95
	Étain.............	4
	Zinc.............	1
Bronze d'aluminium...................	Aluminium........	10
	Cuivre............	90
Bronze des cloches...................	Cuivre............	78
	Étain.............	22
Laiton ou cuivre jaune................	Cuivre............	67
	Zinc.............	33
Maillechort.........................	Cuivre............	50
	Zinc.............	25
	Nickel............	25

Métal anglais	Étain	88,5
	Antimoine	7
	Bismuth	1
	Cuivre	3,5
Caractères d'imprimerie	Plomb	80
	Antimoine	20
Mesures d'étain (litre, décilitre, etc.)	Plomb	10
	Étain	90
Soudure des plombiers	Étain	67
	Plomb	33

280. Expériences. — Montrer aux élèves des échantillons des divers métaux; leur apprendre à reconnaître les uns des autres les métaux usuels (fer, zinc, plomb, étain, argent) par la *couleur*, la densité, la dureté et aussi par la fusibilité : chauffer séparément, dans des coupelles ou dans des couvercles de boîtes en fer (boîtes à cirage, par exemple), de l'étain, du plomb, du zinc, du cuivre. On constate que l'étain et le plomb fondent très facilement, le zinc plus difficilement; le cuivre ne fond pas. Faire constater que le plomb et l'étain sont mous et flexibles, que l'étain exhale une légère odeur par le frottement (moyen de le reconnaître), que l'aluminium est sonore, ainsi que l'argent et l'or, etc. Montrer des *feuilles* d'or, d'argent, d'aluminium; des *fils* de fer, de cuivre, de nickel, de plomb, etc.

Montrer des échantillons des alliages les plus importants.

Faire distinguer le fer de l'acier; l'acier est élastique, car, lorsqu'on le plie, il revient à sa position première. Mais si l'on dépasse la limite d'élasticité, il se casse. Au contraire, le fer, lorsqu'on le courbe, se tord sans se casser. Reconnaître les aiguilles à coudre bien trempées de celles qui le sont mal : les premières sont résistantes, et, quand elles ont subi un trop grand choc, elles *ne se tordent jamais*, elles e cassent; les secondes sont beaucoup moins résistantes, et se tordent facilement sans se casser. Montrer que l'acier fortement trempé raye le verre (emploi d'une lime pour rayer les tubes de verre qu'on veut couper; emploi d'une pointe d'acier pour graver sur verre) ; le fer, au contraire, ne raye jamais le verre.

Exercice d'observation et manipulations. — Comme complément de cette leçon, les élèves pourront avoir à observer autour d'elles les métaux usuels, avec leurs propriétés caractéristiques, leurs usages divers; elles chercheront, à mesure qu'elles découvriront un de ces usages, les raisons pour lesquelles tel métal a été employé plutôt que tel autre.

CHAPITRE XXIV

(PEUT ÊTRE TRAITÉ EN DEUX OU TROIS LEÇONS)

PRINCIPAUX
COMPOSÉS MÉTALLIQUES

—

PLAN

A. — Carbonate de sodium (soude du commerce, cristaux)

I Préparation	*Procédé Leblanc*	On transforme le *chlorure de sodium* en *sulfate*, puis le sulfate en carbonate par la craie et le charbon.
	Procédé Solvay	On transforme directement le *chlorure de sodium* en carbonate au moyen du bicarbonate d'ammonium.

II Propriétés et usages	Verres, savons durs. Blanchissage et blanchiment.

B. — Carbonate de potassium (potasse du commerce)

I Divers procédés de préparation	*Procédé Leblanc.* *Incinération des plantes terrestres.* *Suint des laines.* *Vinasses de betteraves.*

II Propriétés et usages	Verres, savons mous. Nettoyage des parquets, des murs, des tissus.

C. — Chaux ou *oxyde de calcium*

I Préparation	Décomposition du carbonate de Ca par la chaleur. Deux sortes de fours à chaux.	Fours intermittents. Fours continus, plus perfectionnés.

II Propriétés	a) Action de l'eau	*Chaux éteinte*, soluble dans l'eau. Lait de chaux. Eau de chaux.
	b) La dissolution est basique.	

III Usages	Principal usage	Fabrication des mortiers. Emploi des ciments dans les constructions.

MORTIERS ET CIMENTS

1° Diverses variétés de chaux

1° Chaux aériennes (font prise avec l'eau d l'air)

Chaux grasse — Propriété : Foisonne au contact de l'eau ; pâte liante. Provient de calcaires purs.

Chaux maigre — Propriété : Foisonne peu avec l'eau ; pâte peu liante. Provient de calcaires impurs.

2° Chaux hydrauliques (font prise avec l'eau, sous l'eau) : Proviennent de calcaires renfermant 10 à 30 0/0 d'argile.

3° Ciments (font prise avec l'eau, à l'air et sous l'eau) : Proviennent de calcaires renfermant 30 à 60 0/0 d'argile.

2° Mortiers

I Composition — Chaux, sable et eau.

II Diverses sortes — Mortiers ordinaires faits avec des chaux aériennes : durcissent à l'air grâce à la chaux. Mortiers hydrauliques faits avec des chaux hydrauliques : durcissent sous l'eau, grâce à l'argile.

3° Ciments

Employés pour revêtir les murs des maisons à l'extérieur, pour faire dallages, etc.)

D. — Sulfate de calcium

I État naturel — Gypse ou pierre à plâtre (sulfate hydraté).

II Propriétés — Chauffé, se transforme en sulfate anhydre : plâtre.

Le sulfate de calcium n'est important que par le *plâtre*.

PLATRE

I Propriétés — Fait prise avec l'eau en augmentant de volume.

II Usages — Emploi dans les *constructions*. Emploi pour le *moulage*. Sert quelquefois d'amendement, en agriculture.

III Préparation — Déshydrater pierre à plâtre par la chaleur.

E. — Sulfate de cuivre

Usages — Antiseptique (médecine et agriculture). Emploi en teinture, en galvanoplastie, dans les piles Daniell.

F. — Alun ordinaire

Usages — Mordant (teinture). Astringent et caustique (médecine). Emploi pour coller la pâte à papier, pour clarifier les suifs, etc.

G. — Céruse ou carbonate de plomb

Usages — Employée en peinture, mais elle noircit au contact de l'hydrogène sulfuré, et elle est très toxique.

SOUDE DU COMMERCE OU CARBONATE DE SODIUM
$$CO^3Na^2 + 10H^2O.$$

281. Propriétés et usages.

Le carbonate de sodium ou carbonate de soude, plus connu sous le nom de soude du commerce ou de cristaux [1], se présente le plus souvent sous forme de gros *cristaux* incolores et transparents. A l'air, ils perdent de l'eau, et ils se transforment peu à peu en une *poudre* blanche, de formule $CO^3Na^2 + H^2O$.

Les cristaux de soude sont beaucoup plus solubles à chaud qu'à froid. — Les usages de ce corps sont très nombreux. Il sert dans la fabrication du *verre :* verre à bouteilles s'il est à l'état brut, verrerie fine et glaces s'il est raffiné. Il est employé à la fabrication des *savons durs*, de la *soude caustique*, du borax, du bicarbonate de soude, des sulfites et des hyposulfites. — On l'emploie beaucoup à l'état de cristaux, dans le *blanchissage* du linge, dans le blanchiment du coton; en économie domestique pour divers nettoyages. Il agit alors par la soude qu'il contient, et qui se combine aux matières grasses en donnant un corps soluble.

Le carbonate de sodium est donc un corps très employé; la France, à elle seule, décompose annuellement 100 millions de kilogrammes de sel marin pour la fabrication de ce corps.

282. Préparation.

Pendant longtemps, le carbonate de sodium a été extrait de plantes croissant sur le bord de la mer dans les contrées méridionales; il constituait les *soudes naturelles.* Actuelle-

---

[1] Il ne faut pas confondre la *soude du commerce*, qui est du carbonate de sodium, avec la *soude caustique*, NaOH, qui est la base de ce sel (§ 173).

ment, toute la soude du commerce est obtenue *à partir du chlorure de sodium*, par deux méthodes distinctes :

1° *Procédé Leblanc.* — Ce procédé a été imaginé par un chimiste français, Leblanc, en 1791 ; il a beaucoup servi au moment où la France, en guerre avec l'Europe coalisée, ne pouvait plus se procurer les soudes naturelles d'Espagne. Il consiste à transformer le chlorure de sodium en sulfate, puis le sulfate en carbonate, au moyen de la craie et du charbon. Il y a donc deux opérations successives :

a) **Chauffage du chlorure de sodium avec de l'acide sulfurique concentré** (§ 149). — On obtient de l'acide chlorhydrique qui se dégage et du *sulfate de sodium* soluble dans l'eau, qu'on peut faire cristalliser.

b) **Chauffage du sulfate de sodium avec de la craie et du charbon.** — Le mélange de ces corps est chauffé dans des fours

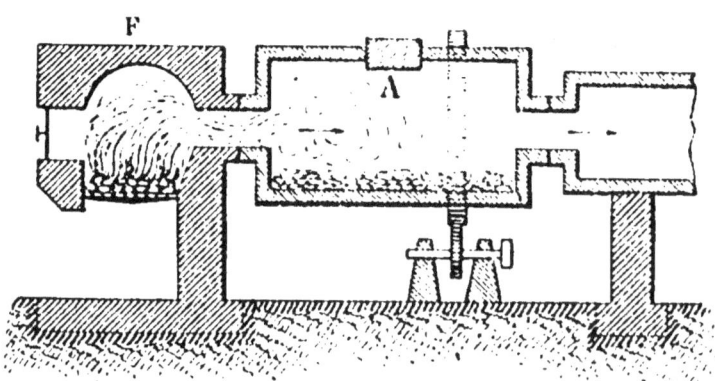

FIG. 83. — **Fabrication du carbonate de sodium par le procédé Leblanc.**
On verse dans le cylindre A le mélange de sulfate de sodium, de craie et de charbon; F, four dont la flamme chauffe le mélange.

tournants où il est brassé mécaniquement (*fig.* 83); il se forme du carbonate de sodium.

On obtient ainsi la *soude brute*, qui peut être directement utilisée dans la fabrication du verre à bouteilles et des savons, mais qui est le plus souvent purifiée par des lessivages à l'eau, et transformée ainsi en un corps blanc, désigné dans le commerce sous le nom de *sel de soude*. Pour avoir les *cristaux* de soude, on dissout le sel de soude dans de l'eau chaude et on le fait cristalliser par refroidissement.

2° *Procédé Solvay.* — Actuellement, pour la préparation du carbonate de sodium, on emploie de plus en plus le procédé Solvay, dans lequel on transforme directement le chlorure de sodium en carbonate, sans passer par le sulfate. Il suffit de mélanger à une solution saturée à froid de *chlorure de sodium* une dissolution de *bicarbonate d'ammonium* pour qu'une double décomposition se produise, avec formation de *bicarbonate de sodium* presque insoluble (*sel de Vichy*).

Le bicarbonate de sodium formé, étant à peu près insoluble dans l'eau, se précipite; on le sépare de la liqueur par filtration ; on le lave et on le sèche. Puis une légère calcination chasse une partie de son gaz carbonique et le transforme en *carbonate neutre :*

$$2CO^3NaH \;=\; CO^2 \;+\; H^2O \;+\; CO^3Na^2.$$

Bicarbonate de sodium   Gaz carbonique   Eau   Carbonate neutre de sodium

283. Avantages de ce procédé. — On utilise dans ce procédé tous les produits résiduels. Le procédé Solvay a donc de nombreux avantages ; aussi est-il appliqué dans un grand nombre d'usines et tend-il de plus en plus à remplacer le procédé Leblanc. Pour se maintenir, les usines Leblanc ont essayé de se servir aussi des résidus de leur industrie. Mais, malgré tous ces efforts, elles ne peuvent que difficilement lutter contre les usines Solvay.

CARBONATE DE POTASSIUM
CO_3K_2

284. Préparation.

Le carbonate de potassium est le plus souvent désigné sous le nom de *carbonate de potasse*, *potasse du commerce*, ou simplement *potasse* ([1]). On le prépare dans l'industrie par plusieurs procédés :

1° *Procédé Leblanc.* — On peut obtenir du carbonate de potassium par un procédé identique au procédé Leblanc de préparation de la soude, c'est-à-dire en calcinant du sulfate de potassium avec de la craie et du charbon. Mais il est impossible d'employer le procédé Solvay, car, lorsqu'on mélange du chlorure de potassium et du bicarbonate d'ammonium, la double décomposition n'a pas lieu. Aussi, parallèlement au procédé Leblanc, applique-t-on souvent un grand nombre d'autres procédés pour préparer la potasse du commerce ; tous reviennent à l'extraire de ses sources naturelles.

2° *Incinération des plantes terrestres.* — Les plantes qui croissent loin de la mer renferment de la potasse combinée à divers acides, tels que les acides acétique, oxalique, tartrique qui renferment tous du carbone.

Lorsqu'on fait brûler ces végétaux à l'air (*incinération*), on obtient un résidu grisâtre appelé *cendres*, contenant une grande proportion de carbonate de potassium. C'est que les acides se sont décomposés, ont produit du gaz carbonique, et que ce gaz carbonique, avec la potasse, a donné du carbonate de potassium.

Les cendres ont une composition complexe, variable

([1]) Il ne faut pas confondre la potasse du commerce ou carbonate de potassium, avec la potasse caustique, **KOH**, analogue à la soude caustique, et qui est une base.

d'ailleurs avec la nature du terrain où a poussé la plante.
Elles renferment entre autres substances divers sels insolubles. Pour les isoler du carbonate de potassium, on
délaye les cendres dans l'eau qui entraîne les sels solubles.
Si l'on concentre et si l'on calcine la dissolution, on obtient
une masse solide appelée *salin*, qu'il faut purifier pour en
extraire le carbonate. Pour cela on dissout le salin dans
une petite quantité d'eau froide; le carbonate de potassium
se dissout presque seul; on décante la liqueur, on la fait
évaporer, et on obtient ainsi la potasse du commerce.

Remarque. — On emploie quelquefois, pour le lessivage
du linge, des *cendres*, au lieu de cristaux ou de carbonate
de potassium : c'est que les cendres renferment du carbonate de potasse; elles n'agissent que par cette potasse
qu'elles renferment.

3° *Potasse de suint.* — La laine des moutons est imprégnée
de *suint*, qui renferme une grande proportion de carbonate de potasse ; il suffit de lessiver la laine avec une petite
quantité d'eau et de concentrer la dissolution jusqu'à siccité, pour obtenir de la potasse presque pure, n'ayant pas
besoin de subir de raffinage.

4° *Extraction des vinasses de betteraves.* — Les mélasses
de betteraves soumises à la fermentation, et distillées pour
en extraire l'alcool, laissent un résidu contenant des sels de
potassium et qu'on appelle *vinasses;* on en extrait le carbonate de potassium par distillation.

285. Propriétés et usages.

Le carbonate de potassium est un sel blanc, anhydre ([1]),
qui absorbe très facilement l'eau, ce qui le distingue du
carbonate de sodium, qui perd facilement la sienne (§ 281).

On emploie de grandes quantités de potasse du commerce dans la fabrication des *verres* fins : verre de Bohême,

([1]) Anhydre veut dire sans eau.

cristal, verres d'optique; — dans celle des *savons mous*, dans la préparation de la potasse caustique, de l'eau de Javel, et parfois du chlorate de potassium. Enfin, le carbonate de potasse est souvent employé directement dans le dégraissage des étoffes de laine, dans le blanchiment des toiles, et dans le nettoyage des parquets et des murs (*eau seconde*); pour ces applications, on y ajoute généralement de la chaux qui met en liberté la potasse caustique, et c'est ce corps qui se combine aux taches de graisse en donnant un composé soluble.

CHAUX
CaO

286. Préparation.

On prépare la chaux dans l'industrie, en *décomposant le carbonate de calcium ou pierre à chaux par la* chaleur : le gaz carbonique se dégage et la chaux reste (§ 129). L'opération se fait dans des fours dits *fours à chaux*, qui ont une marche *intermittente* ou *continue*, suivant les cas.

1° *Fours intermittents.* — Les fours intermittents (*fig.* 84) sont construits en maçonnerie et revêtus intérieurement de briques réfractaires; ils ont quelques mètres de hauteur. Pour les charger, on forme, — au-dessus de la grille sur laquelle on allumera du feu, — une sorte de voûte avec de gros morceaux de calcaire; puis on achève de remplir le four avec des fragments de moins en moins gros laissant toujours entre eux des interstices par où se dégageront les gaz. Le four étant ainsi rempli, on allume sous la voûte un feu de bois ou de tourbe (une ouverture latérale pratiquée dans la paroi du four permet d'allumer ce feu). Au bout d'une semaine environ, la cuisson est terminée; on décharge le four par une ouverture inférieure, et l'on introduit immédiatement la chaux dans des tonneaux, à l'abri de l'air.

2° *Fours continus.* — Les fours intèrmittents ont un inconvénient : c'est qu'après chaque cuisson on est obligé d'arrêter le feu, de les laisser refroidir pour les décharger, puis de les recharger seulement après cette opération. Aussi

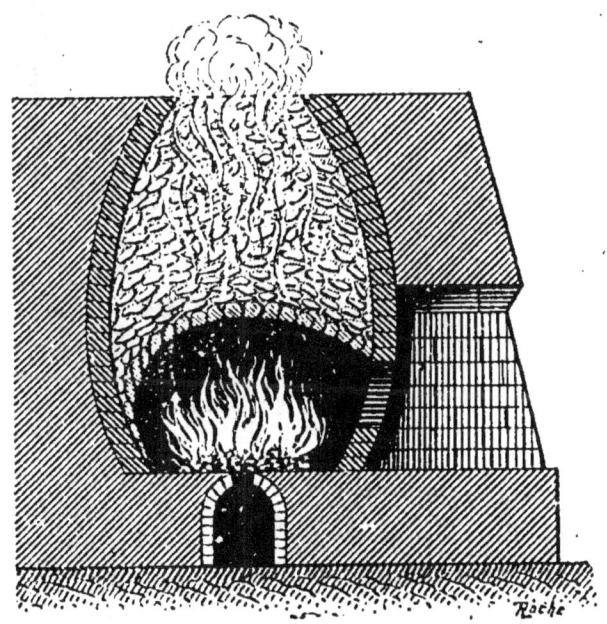

FIG. 84. — Fabrication de la chaux (four intermittent).

les remplace-t-on presque toujours maintenant par les fours continus dits *fours coulants* (*fig.* 85). Ils sont généralement formés de deux troncs de cône réunis par leur base ; on chauffe au moyen d'un foyer latéral A.

La flamme et les produits de la combustion provenant de ce foyer pénètrent dans le four par trois ouvertures (*e*) pratiquées dans la paroi et situées dans un même plan horizontal. Ils traversent toute la colonne de pierres calcaires que contient le four, l'échauffent et la transforment peu à peu en chaux ; c'est au niveau des ouvertures (*e*) que la cuisson s'effectue le mieux. Toutes les douze heures, on retire par l'ouverture D la chaux formée qui se trouve au bas du four, et l'on recharge par le haut. On voit donc que la cuisson est continue, puisqu'on n'a pas besoin d'arrêter le feu toutes les fois qu'on décharge. De plus, la chaux obtenue a subi une cuisson plus régulière que dans les fours intermittents.

287. Propriétés.

La chaux vive, CaO, est une substance solide, amorphe, blanche, grisâtre parfois, quand elle provient de calcaires impurs. Elle est indécomposable par la chaleur et ne fond que dans le four électrique.

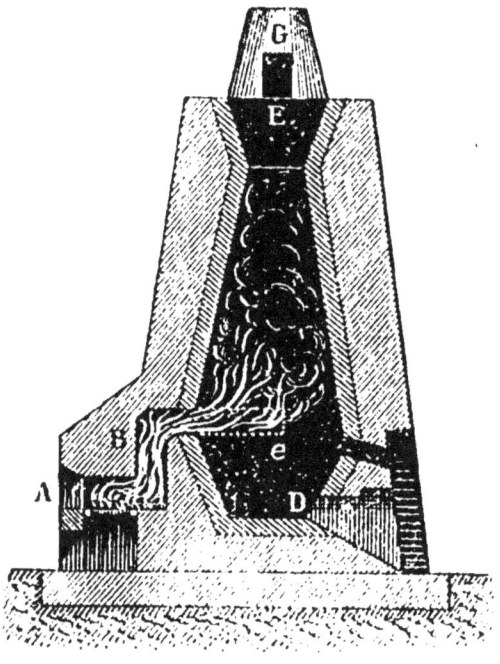

Fig. 85. — Fabrication de la chaux (four continu).

Sa propriété essentielle est de se combiner très facilement à l'eau; lorsqu'on verse un peu d'eau sur des fragments de chaux vive, l'eau est d'abord absorbée sans autre phénomène apparent. Mais bientôt la chaux s'échauffe fortement; une partie de l'eau absorbée est réduite en vapeur, en même temps que la masse se gonfle, se fendille et tombe en poussière; on obtient ainsi ce qu'on appelle la chaux éteinte, qui n'est pas autre chose que de la chaux vive hydratée, de l'hydrate de calcium Ca (OH)^2.

Délayée dans de l'eau, la chaux éteinte forme une bouillie blanche plus ou moins épaisse qu'on appelle **lait de chaux.**

Le lait de chaux, filtré, donne un liquide incolore, limpide, qu'on appelle eau de chaux, et qui est une *dissolution* de chaux éteinte; 1 litre d'eau dissout à peu près 1 gramme de chaux. Ce corps est donc très peu soluble.

La dissolution de chaux est basique : 1° elle ramène au bleu le tournesol rougi par un acide; 2° elle se combine aux acides en donnant des sels de calcium ; c'est ainsi qu'à l'air elle se trouble par la formation de carbonate de calcium insoluble (il y a combinaison de la chaux avec l'anhydride carbonique de l'air); de même, la chaux vive, exposée à l'air, s'hydrate, puis se transforme en poussière de carbonate de calcium; on dit qu'elle se *délite;* c'est pour cette raison qu'elle doit être conservée à l'abri de l'air ; 3° la chaux déplace certaines bases de leurs sels : par exemple, l'ammoniaque des sels d'ammonium (§ 116).

288. Usages.

La chaux sert à préparer l'ammoniaque, le chlorure de chaux (§ 170); elle est employée aussi comme amendement, mélangée avec de la terre et des débris végétaux ou animaux de toutes sortes. Mais son application la plus importante consiste dans la fabrication des mortiers employés dans les constructions. Pour comprendre cette application, il faut connaître d'abord les diverses variétés de chaux.

MORTIERS ET CIMENTS

289. Diverses variétés de chaux.

Les calcaires employés pour la fabrication de la chaux renferment presque toujours de l'argile, de l'oxyde de fer, en proportions variables. Il en résulte que la chaux renferme aussi ces matières étrangères, et ses propriétés pratiques varient suivant la proportion d'impuretés qu'elle contient. On peut ainsi diviser les chaux en trois groupes *chaux ordinaires* ou *aériennes, chaux hydrauliques* et *ciments.* Ces trois variétés de chaux sont employées dans les constructions, mais à des usages différents.

1° *Chaux ordinaires ou aériennes.* — Les chaux aériennes sont celles qu'on emploie dans les constructions ordinaires ; on les oppose aux chaux hydrauliques, qui servent dans les constructions faites sous l'eau. Elles comprennent les *chaux grasses* et les *chaux maigres.*

La *chaux grasse* augmente beaucoup de volume (2 fois à 2 fois et demie) et dégage beaucoup de chaleur en *s'éteignant ;* on dit qu'au contact de l'eau elle *foisonne.* Elle est très blanche, douce et onctueuse au toucher et forme avec l'eau une pâte liante. Elle provient de calcaires presque purs.

La *chaux maigre* foisonne peu ; elle forme avec de l'eau une pâte peu liante, et elle est grise ou jaune. Elle provient de calcaires renfermant un peu d'oxyde de fer et d'argile.

2° *Chaux hydrauliques.* — Les chaux hydrauliques forment avec de l'eau une pâte sèche et courte, comme les chaux maigres. Mais elles ont la propriété, que n'ont pas les chaux aériennes, de *faire prise* sous l'eau, c'est-à-dire de se solidifier : c'est ce qui permet leur emploi dans les constructions hydrauliques.

Les chaux hydrauliques proviennent de la calcination d'un calcaire renfermant de 10 à 30 0/0 d'argile ; ce calcaire est donc plus argileux que celui qui donne les chaux aériennes. Entre ces limites, 10 et 30 0/0 la chaux est d'autant plus hydraulique, c'est-à-dire durcit d'autant plus vite sous l'eau, qu'elle est plus argileuse : ainsi, la chaux ne renfermant que 10 à 15 0/0 d'argile fait prise sous l'eau au bout de huit jours environ, et, au bout de plusieurs mois, elle n'a encore acquis qu'une consistance moyenne ; au contraire, la chaux renfermant près de 30 0/0 d'argile durcit au bout de quatre jours et arrive à acquérir une très grande dureté après quelques mois.

3° *Ciments.* — Le ciment est une variété de chaux qui, gâchée avec de l'eau, se solidifie *en quelques instants soit à l'air, soit sous l'eau.* Elle provient de calcaires très argileux, renfermant de 30 à 60 0/0 d'argile.

290. Mortiers.

Les chaux aériennes et les chaux hydrauliques servent à la fabrication des mortiers; les ciments sont employés directement.

Les mortiers sont des substances destinées à unir les matériaux de construction ; ils sont formés.de chaux et de sable mélangés entre eux et avec de l'eau; ce mélange ayant la propriété de durcir au bout d'un certain temps, il soude pour ainsi dire entre elles les pierres avec lesquelles il est en contact.

Les mortiers ordinaires sont faits avec des chaux aériennes. Ils acquièrent peu à peu une très grande dureté à l'air, parce que la chaux qu'ils contiennent s'unit au gaz carbonique et se transforme en carbonate ayant la consistance du calcaire ordinaire. Si la chaux était seule, elle subirait en se solidifiant un retrait considérable qui laisserait des vides entre les pierres de construction. Le sable qu'on ajoute supprime cet inconvénient; de plus, il détermine une adhérence parfaite entre le calcaire du mortier et les matériaux de construction. Dans l'eau, les mortiers ordinaires se désagrègent, tout comme le font les chaux aériennes; on ne peut donc les employer pour les constructions hydrauliques.

Dans le cas de constructions sous l'eau, ce sont les mortiers faits avec des chaux hydrauliques que l'on emploie. Leur durcissement est dû à l'argile qu'ils renferment. Pendant la calcination du calcaire dans les fours à chaux, l'argile, silicate d'aluminium hydraté, a perdu son eau, de sorte que la chaux hydraulique est un mélange de chaux

vive et de silicate *anhydre* ([1]) d'aluminium. Or, dès que ce
mélange est au contact de l'eau, le silicate tend à la fois à
s'hydrater et à se combiner à la chaux en donnant un silicate double d'aluminium et de calcium, composé *insoluble
et très dur.* La solidification des mortiers hydrauliques a
donc une cause toute différente de celle des mortiers ordinaires, et l'on peut facilement faire des chaux hydrauliques
artificielles, en mélangeant des chaux ordinaires avec des
argiles cuites, ou en calcinant un mélange en proportions
convenables d'argile et de calcaire.

Le *béton* est formé par un mélange de chaux hydraulique avec de petites pierres et du sable. On l'applique par
couches successives sur un terrain humide, pour former un
sol imperméable et dur sur lequel on peut ensuite cons-
truire. Les piles de ponts reposent toujours sur un sol de
béton.

201. Ciments.

Les ciments sont employés pour revêtir les murs des
maisons à l'extérieur, pour faire des marches d'escaliers,
des dallages, etc. On utilise dans tous ces cas la propriété
qu'ils ont de pouvoir être gâchés avec l'eau en formant
une pâte qui se solidifie au bout de quelques instants.

Les ciments naturels sont fabriqués avec des calcaires
renfermant de 30 à 60 0/0 d'argile ; on trouve beaucoup de
ces calcaires en Angleterre (ciment de Portland), et, en
France, à Vassy (Yonne), à Boulogne-sur-Mer, etc. Mais on
fabrique aussi beaucoup de ciments en calcinant un mélange fait *artificiellement* de calcaire et d'argile ; suivant
la température à laquelle on a porté le mélange, le
ciment obtenu se solidifie avec l'eau plus ou moins rapidement.

([1]) *Anhydre* veut dire *sans eau.*

SULFATE DE CALCIUM
SO⁴Ca

292. État naturel.

Le sulfate de calcium existe en grande quantité dans le sol, soit à l'état anhydre, ce qui est rare, soit le plus souvent.à l'état hydraté, sous le nom de gypse ou pierre à plâtre, correspondant à la formule $SO^4Ca + 2H^2O$. A cet état, il forme des masses considérables dans le terrain tertiaire des environs de Paris (Montmartre, Belleville) et dans d'autres régions (Vosges), au voisinage du sel gemme.

293. Propriétés.

Le gypse se présente sous des formes variées : il est parfois cristallisé très nettement, et les cristaux sont groupés

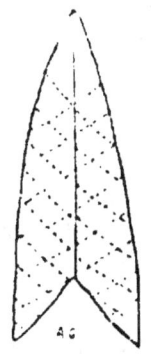

sous la forme de lentilles aplaties ou de *fers de lance* (*fig.* 86), dont on peut détacher facilement des lamelles minces, incolores et transparentes. Le plus souvent il est en masses compactes, d'un blanc jaunâtre, à texture grenue rappelant celle du sucre (texture *saccharoïde*). Il se laisse facilement rayer par l'*ongle*.

Le sulfate de calcium est très peu soluble dans l'eau : 1 litre d'eau en dissout à peu près 2 grammes à la température ordinaire.

Fig. 86. — Gypse en fer de lance.

Chauffé vers 130°, *le gypse perd ses 2 molécules d'eau, devient friable et constitue le* plâtre. Cette substance, réduite en poudre et gâchée avec de l'eau, forme une bouillie liquide qui se prend bientôt en une masse solide, en augmentant de volume. Si la température a été portée au-dessus de 130°, le plâtre formé ne reprend que lentement son eau ou même ne la reprend pas du tout.

Le plâtre doit être conservé à l'abri de l'humidité, car, à l'air humide il absorbe peu à peu de la vapeur d'eau, et dès lors il ne peut plus *faire prise* avec l'eau; on dit qu'il est *éventé.*

294. Plâtre.

C'est à l'état de plâtre que le sulfate de calcium est employé. Presque tous les usages du plâtre dérivent de son action sur l'eau. C'est parce qu'il se prend avec l'eau en une masse très dure qu'on l'emploie pour revêtir les murailles, les plafonds, et en général les parties intérieures d'une maison, pour combler les interstices laissés entre les matériaux de construction, pour sceller le fer dans la pierre, etc. Si on le délaye dans une dissolution chaude de colle forte, on obtient le *stuc*, qui se solidifie moins vite que le plâtre, mais qui acquiert une très grande dureté et peut facilement être poli; en ajoutant à la pâte des oxydes colorés variables, on obtient des stucs imitant les marbres et employés dans l'ornementation intérieure des maisons (colonnes, lambris, etc.).

Versée dans un moule ou sur un objet, une médaille par exemple, la bouillie faite de plâtre et d'eau se solidifie peu à peu et remplit exactement tous les creux de l'objet, grâce à son augmentation de volume. Le morceau de plâtre, retiré ensuite du moule, en reproduit avec finesse tous les détails. Cette propriété fait employer le plâtre pour la reproduction des médailles, des statues, et pour la confection de moules divers; c'est ainsi que dans les fabriques de porcelaine, presque tous les objets se font en moulant ou en coulant de la pâte à porcelaine dans un moule de plâtre qui absorbe l'eau de la pâte et la dessèche.

En agriculture, on emploie le plâtre comme *amendement*, surtout pour la culture des légumineuses et en particulier des prairies artificielles.

295. Préparation du plâtre.

On obtient le plâtre en déshydratant par la chaleur les pierres à plâtre. Pour cela, avec de gros morceaux de pierre à plâtre (*fig.* 87), on construit de petites voûtes sur lesquelles on empile des morceaux de plus en plus petits; puis on allume sous les voûtes des feux de fagots qui

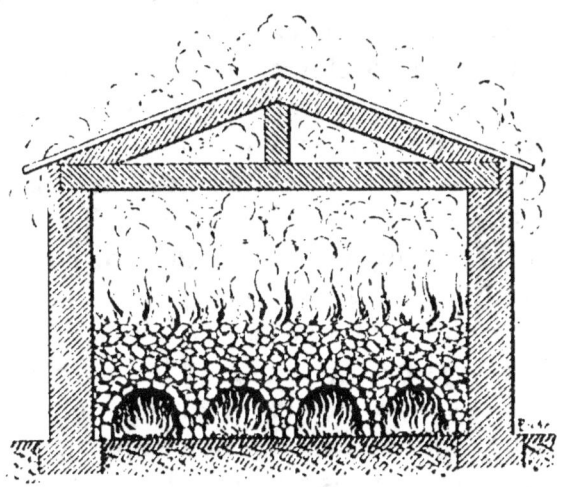

Fig. 87. — Four à plâtre.

échauffent peu à peu les pierres et les déshydratent. Il faut que la calcination soit menée très doucement pour que la température ne dépasse pas 130°; la cuisson est terminée au bout de dix à douze heures. Malgré toutes les précautions prises, il y a toujours une partie du plâtre qui est trop cuite : c'est celle qui s'est formée le plus près du foyer; l'autre, la plus éloignée du feu, ne l'est pas assez. Ces variétés de plâtre ne sont bonnes ni l'une ni l'autre, car elles ne font pas prise avec l'eau ; mais, pulvérisées avec le reste du plâtre obtenu, elles donnent un mélange qui s'hydrate facilement, sans une trop grande élévation de température ; c'est ce mélange que l'on emploie toujours.

Il existe, pour le plâtre comme pour la *chaux*, des fours à marche continue.

SULFATE DE CUIVRE
SO⁴Cu

296. Le sulfate de cuivre ou *vitriol bleu* ou *couperose bleue* est un sel qu'on trouve dans le commerce en gros cristaux bleus solubles dans l'eau.

On prépare le sulfate de cuivre en attaquant des rognures de cuivre par de l'acide sulfurique concentré, ou mieux en grillant à l'air le sulfure de cuivre naturel. Le sulfate de cuivre sert en galvanoplastie et dans les piles Daniell; en teinture, pour la préparation des couleurs noires, violettes et bleues. Mais il est employé principalement comme antiseptique, en médecine, et surtout en agriculture. Ainsi, les grains de blé, avant d'être semés, sont arrosés d'une solution de sulfate de cuivre, qui éloigne les insectes et empêche le développement d'un petit champignon existant souvent sur ces grains. Cette opération s'appelle *sulfatage*. On emploie aussi de grandes quantités de sulfate de cuivre, sous la forme de *bouillie bordelaise* ou *bouillie bourguignonne*, pour combattre le mildiou et le black-rot de la vigne; il tue en effet les champignons qui produisent ces maladies.

ALUN ORDINAIRE

297. L'alun ordinaire ou *alun de potassium* est un sulfate double d'aluminium et de potassium. C'est un corps cristallisé, en cristaux incolores, d'une saveur astringente, peu solubles à froid et beaucoup plus solubles à chaud; 100 grammes d'eau en dissolvent 9 grammes environ à 10° et 357 grammes à 100°.

L'alun est employé en teinture comme mordant, parce

qu'il fixe les couleurs. On l'emploie aussi pour conserver les cuirs, pour coller la pâte à papier, pour clarifier les suifs. En médecine, il est utilisé comme astringent et comme caustique, dans les angines et contre les aphtes.

CÉRUSE OU CARBONATE DE PLOMB

298. Le carbonate de plomb du commerce, *céruse* ou *blanc de plomb*, est, en réalité, un hydrocarbonate de plomb, c'est-à-dire un mélange de carbonate neutre et d'hydrate de plomb. C'est un solide blanc, que l'on prépare industriellement par deux procédés que nous n'avons pas à étudier ici.

299. Propriétés et usages de la céruse.

Délayée dans de l'huile, la céruse donne une belle couleur blanche, employée en peinture parce qu'elle est très opaque et *couvre bien* les surfaces que l'on peint; souvent aussi on la mélange à d'autres couleurs pour les épaissir.

Elle a l'inconvénient de noircir par les émanations d'hydrogène sulfuré, parce qu'il se forme du sulfure de plomb qui est noir ; aussi est-elle peu employée pour peindre l'intérieur des habitations. — Mais surtout elle est très vénéneuse, comme tous les composés du plomb, et très dangereuse à manier; les ouvriers qui la fabriquent ou qui l'emploient sont exposés à des douleurs aiguës (coliques de plomb), à de la paralysie et à diverses affections chroniques graves. C'est en vue de diminuer ces cas d'empoisonnement qu'on s'occupe depuis quelques années de réglementer en France l'emploi de la céruse. Au moins dans l'intérieur des habitations, la céruse peut être avantageusement remplacée par le blanc de zinc (oxyde de zinc), qui n'est pas vénéneux et qui ne noircit pas à l'air, car le sulfure de zinc formé avec l'hydrogène sulfuré est blanc. Pour l'extérieur des bâtiments, il est inférieur à la céruse, parce qu'il ne résiste pas aussi bien aux intempéries.

300. Expériences. — Verser goutte à goutte de l'eau sur de la chaux vive ; chaque goutte est immédiatement absorbée, puis, après quelques minutes, l'eau se vaporise, la masse se fendille et gonfle. — Montrer comment se préparent le lait de chaux, l'eau de chaux. — Verser du tournesol rougi par un acide dans de l'eau de chaux : il devient bleu. — Laisser un peu d'eau de chaux à l'air : elle se trouble peu à peu. — Triturer un sel ammoniacal avec de la chaux pour faire constater que l'ammoniaque se dégage (la chaux déplace donc les bases volatiles).

Plâtre. — Dans une petite quantité d'eau, verser peu à peu du plâtre, en agitant avec une baguette, et former ainsi une bouillie assez épaisse. En laisser une partie à l'air, pour faire constater la solidification ; employer l'autre partie à mouler un objet (médaille, pomme, par exemple).

Exercice d'observation. — Les élèves pourront avoir à rédiger toutes les observations faites au cours de leurs promenades sur l'emploi de la chaux, du ciment et des mortiers dans la construction d'une maison ; sur la façon dont s'y prend l'ouvrier pour faire du mortier, pour gâcher du plâtre, etc.

CHAPITRE XXV
(PEUT ÊTRE TRAITÉ EN DEUX LEÇONS)

GAZ D'ÉCLAIRAGE. — ACÉTYLÈNE CARBURES D'HYDROGÈNE

—

PLAN

I. Gaz d'éclairage

I Fabrication

- **1° Distillation de la houille** — *Cornues chauffées au rouge vif.*
- **2° Épuration physique**
  - a) *But :* arrêter les produits condensables : sels ammoniacaux. goudrons.
  - b) *Description de l'appareil :* barillet. jeu d'orgue ou condenseur. colonne de coke ou appareil à chocs.
- **3° Épuration chimique**
  - *But :* arrêter hydrogène sulfuré, acide cyanhydrique, gaz carbonique, etc. chaux.
  - *Matières employées :* oxyde ferrique. sciure de bois.
  - *Résidu de l'épuration:* bleu de Prusse.

II Usages — Éclairage. Chauffage. | *Dangers que présente ce gaz.* Explosion. Empoisonnement.

RÉSIDUS DE LA DISTILLATION DE LA HOUILLE

1° *Coke* et charbon des cornues.

2° *Eaux ammoniacales :* servent à fabriquer ammoniaque, *sulfate* et chlorure d'ammonium.

3° *Goudrons*
- Huiles légères : *benzine.*
- Huiles moyennes : *phénol.*
- Huiles lourdes : *naphtaline.*
- Brais : asphalte artificiel. agglomérés.

II. Acétylène

I Propriétés physiques — Gaz incolore, odeur alliacée désagréable. Peu soluble dans l'eau.

II
**Propriétés
chimiques** ⎰ Il brûle avec une flamme éclairante.

III
Usages ⎰ *Éclairage :* Précautions à prendre dans son emploi, éviter les fuites de
⎱ gaz : En cas de fuite, ventiler fortement.

IV. Préparation : On décompose à froid le *carbure de calcium* par l'eau.

III. Carbures d'hydrogène

Propriétés ⎰ Sont formés de carbone et d'hydrogène.
⎨ Brûlent en donnant du gaz carbonique et de la vapeur d'eau, ou du
⎱ charbon et de la vapeur d'eau.

GAZ D'ÉCLAIRAGE

301. Expérience.

Chauffons dans un tube à essai de petits fragments de
bois (tel que du bois d'allumettes)
(*fig.* 88). Il se dégage des vapeurs,
d'abord constituées en grande partie par de la vapeur d'eau, comme
on peut s'en assurer en les recevant
sur une soucoupe froide. Au bout
de deux à trois minutes, les produits
qui se dégagent sont des **gaz combustibles,** car, en approchant une
flamme, ils brûlent avec une flamme
très éclairante. Enfin, sur les parois
froides du tube, en *ab*, se déposent
des gouttelettes brunes de goudrons. Il reste dans le tube, après
l'expérience, un charbon noir, qui
est du charbon de bois.

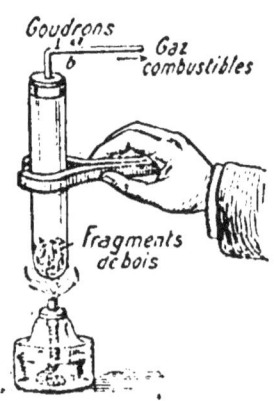

FIG. 88. — Appareil de
laboratoire pour la fa-
brication du gaz d'éclai-
rage.

Cette distillation du bois est semblable à celle que nous
avons indiquée (§ 207) à propos de la fabrication du charbon de bois. Là aussi nous avions obtenu des gaz combustibles qui ont servi à chauffer les cornues.

Ce n'est pas seulement le bois qui, par distillation, peut donner des gaz propres au chauffage et à l'éclairage.

Un grand nombre de matières organiques peuvent en fournir aussi (liège, sucre, houille, etc.).

De toutes ces matières, c'est la houille que l'on choisit dans la pratique : c'est elle qui est la plus avantageuse, car elle fournit non seulement du gaz d'éclairage, mais encore du coke, des sels ammoniacaux, des goudrons que l'industrie utilise (§ 306).

C'est un Français, Philippe Lebon, qui eut le premier l'idée d'appliquer le gaz de la houille à l'éclairage, en 1785. Mais la flamme obtenue fumait beaucoup, éclairait mal et avait une odeur très désagréable. Aussi ce mode d'éclairage n'entra-t-il vraiment dans la pratique que beaucoup plus tard, lorsqu'on eut trouvé des moyens d'épurer le gaz ; en France, il fut appliqué pour la première fois en 1816, à Paris.

302. Fabrication du gaz d'éclairage.

Cette fabrication comprend deux séries d'opérations :

1° Distillation de la houille ;

2° Épuration du gaz obtenu.

Distillation de la houille. — On chauffe la houille dans de vastes cornues de fonte ou de terre réfractaire, en forme de demi-cylindres de 2m,50 de long environ (*fig.* 89); elles peuvent être fermées hermétiquement par une plaque de fonte que fixe une vis de pression.

Fig. 89. — Cornue pour la préparation du gaz d'éclairage.

sion. Ces cornues sont rangées par 7 ou 9 dans un même fourneau, chauffé au coke ou mieux à l'oxyde de carbone et

à l'hydrogène provenant de gazogènes (§ 220). Lorsqu'on
charge les cornues, elles sont chauffées au rouge vif, de
sorte qu'une petite quantité de houille distille et emplit de
gaz la cornue en chassant l'air; on peut alors fermer les
cornues sans crainte d'emprisonner de l'air, qui produirait
avec le gaz un mélange détonant.

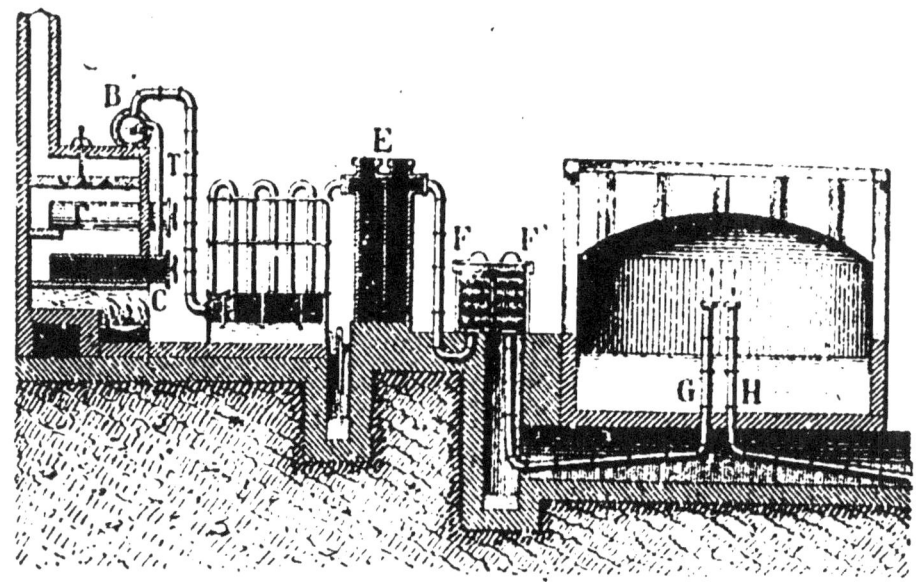

Fig. 90. — Fabrication du gaz d'éclairage.

Le gaz se dégage par des tubes verticaux **T** (*fig.* 90), et
il se rend dans un gros tube horizontal, le barillet **B**, placé
le long des fours à la partie supérieure, et à moitié rempli
d'eau. Chaque tube **T** débouche dans l'eau du barillet, de
sorte que les cornues sont séparées par cette eau de tout le
reste de l'appareil, et lorsqu'on ouvre les cornues, le gaz
qui est au delà du barillet est isolé de l'air extérieur. Des
goudrons se condensent dans l'eau du barillet; mais le
gaz qui s'en dégage ne peut pas encore être livré à la consommation, car il renferme :

1° Des produits facilement condensables (goudrons et

sels ammoniacaux), qui pourraient obstruer les tuyaux de
conduite du gaz et rendraient la flamme fuligineuse ;

2° Des produits volatils (acide sulfhydrique, acide cyanhydrique, encore appelé acide prussique, etc.), qui diminuent le pouvoir éclairant du gaz s'ils ne sont pas combustibles, et qui vicient l'atmosphère des habitations s'ils sont
délétères.

L'épuration du gaz d'éclairage comprend donc deux
parties ;

1° L'*épuration physique*, qui a pour but d'enlever les produits facilement condensables.

2° L'*épuration chimique*, qui enlève une partie des produits volatils dont on doit débarrasser le gaz.

303. Épuration physique.

Cette épuration, commencée dans le barillet, se continue
dans un appareil réfrigérant composé d'une série de tubes
en U renversés (*fig.* 88), débouchant dans une caisse à compartiments ; les cloisons qui limitent ces compartiments
sont disposées de telle sorte que le gaz est obligé de tra-
verser toute la série des tubes pour passer d'une extrémité
à l'autre de la caisse. Dans ce long parcours, destiné à le
refroidir, il abandonne la vapeur d'eau et les goudrons qui
ont échappé au barillet, ainsi qu'une grande partie des sels
ammoniacaux. Ces produits tombent dans l'eau que contient
la caisse et s'écou lent dans une fosse destinée à les recueillir. L'appareil constitue le jeu d'orgue ou condenseur.
L'épuration physique s'achève dans des appareils de forme
variable ; c'est par exemple une grande colonne E remplie
de coke et séparée en deux compartiments ; le gaz traverse
le premier compartiment de haut en bas et le second de bas
en haut. Un mince filet d'eau qui filtre sans cesse à travers
les interstices du coke, du haut en bas de la colonne, entraîne les sels ammoniacaux que contenait encore le gaz ;
quant aux goudrons, ils se déposent sur le coke.

REMARQUE. — Dans les grandes usines, on emploie le plus souvent, au lieu de la tour à coke, qui est tout à fait insuffisante, l'épurateur à chocs de Pelouze et Audouin. C'est un cylindre dont l'intérieur renferme des plaques de tôle concentriques, percées de trous disposés en chicane (*fig.* 91). Le jet de gaz entre par une série de trous, est projeté sur la plaque de tôle qui est en regard, s'y étale et y abandonne, par le choc, les gouttelettes de goudron qu'il tenait en suspension. Ces gouttelettes liquides s'écoulent peu à peu à la partie inférieure du cylindre.

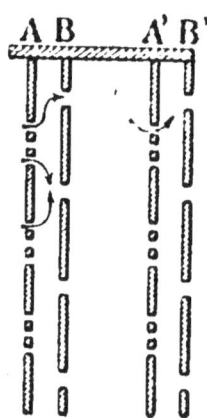

Fig. 91. — Coupe schématique de l'épurateur à chocs de Pelouze et Audouin.

Dans la tour à coke, comme dans l'épurateur à chocs, le goudron est séparé du gaz par une action mécanique (frottement ou choc).

304. Épuration chimique.

Reste à enlever au gaz l'acide carbonique, l'acide sulfhydrique, l'acide cyanhydrique qu'il renferme. C'est le rôle de l'*épuration chimique*. On enlève ces produits en les combinant à d'autres substances.

Au sortir des appareils d'épuration physique, le gaz passe dans de grandes caisses F, contenant un mélange fait en général d'*oxyde ferrique*, de *chaux* et de *sciure de bois* pour rendre la masse plus poreuse.

L'oxyde ferrique intervient dans l'épuration chimique en se combinant à l'acide sulfhydrique et à l'acide cyanhydrique; la chaux sert à retenir le gaz carbonique.

Lorsque le mélange cesse d'agir, on l'expose à l'air, et il redevient capable d'épurer le gaz. Quand il a servi un grand nombre de fois, il est cependant épuisé, et on s'en aperçoit à ce qu'il a pris une coloration bleuâtre intense. Cette co-

loration est due à ce qu'une grande partie de l'oxyde de fer
a donné du **bleu de Prusse** avec l'*acide cyanhydrique*. Ce
mélange sert parfois comme engrais ; mais le plus souvent
on s'en sert pour extraire le bleu de Prusse, employé en
teinture et dans la fabrication du cyanure de potassium (le
cyanure de potassium est lui-même utilisé dans la dorure
et l'argenture, et dans la métallurgie de l'or).

Le gaz, à sa sortie des caisses d'épuration, passe dans le
gazomètre G, grande cloche de tôle retournée sur l'eau et
maintenue par des contrepoids. A mesure qu'il arrive, il
s'accumule au-dessus de l'eau, et passe dans les tuyaux H
de distribution, puis dans les diverses canalisations qui
l'amènent aux endroits où il est consommé.

305. Propriétés du gaz d'éclairage. — Usages.

Ce gaz, d'une odeur caractéristique, brûle en dégageant
une grande quantité de chaleur et en produisant une
flamme éclairante.

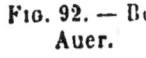

Ces deux propriétés permettent d'employer
le gaz pour le *chauffage* domestique et industriel et pour l'*éclairage*. Pour le chauffage, il
a l'avantage d'être très commode à employer
et de chauffer très vite ; il sert non seulement
dans les fourneaux de cuisine et dans l'industrie, mais aussi dans les cheminées ou les
poêles à gaz, pour chauffer les appartements.
Pour l'éclairage, on utilise divers appareils,
becs papillon, becs circulaires à double courant d'air, etc. Mais la flamme du gaz a l'incon-

Fig. 92. — Bec
Auer.

vénient de beaucoup échauffer l'atmosphère
et de développer de nombreux produits qui vicient l'air;
aussi faut-il ventiler très souvent une salle où plusieurs becs
de gaz sont allumés. Les becs de gaz à incandescence (*becs
Auer*) (*fig.* 92) donnent une lumière très intense et consom-

ment beaucoup moins de gaz que les autres. Ce sont les plus employés actuellement.

Le plus grand inconvénient du gaz d'éclairage, c'est qu'il est *toxique*, surtout à cause de l'oxyde de carbone qu'il contient. Aussi les fuites de gaz sont-elles extrêmement dangereuses. Elles le sont doublement : par les empoisonnements qu'elles peuvent produire, et par les explosions auxquelles elles peuvent donner lieu, le gaz d'éclairage formant avec l'air un mélange détonant. Toutes les fois qu'on soupçonne une fuite de gaz dans une salle, il faut se garder d'y pénétrer avec une lumière, afin qu'il ne se produise pas d'explosion. On doit immédiatement arrêter l'arrivée du gaz en fermant le compteur, puis ouvrir largement les portes et les fenêtres pour chasser le gaz de l'appartement.

La force expansive du mélange de gaz d'éclairage et d'air reçoit une application dans les moteurs à gaz, où elle sert de force motrice.

306. Résidus de la distillation de la houille.

1° *Coke et charbon des cornues.* — Tous les produits qui ont été fournis par la distillation de la houille sont utilisés. Nous savons qu'il reste dans les cornues du **coke** et sur les parois du **charbon des cornues** (§ 205). Une partie du coke sert à chauffer les cornues, soit directement, soit après avoir été transformé en oxyde de carbone dans les gazogènes ; l'autre partie est vendue comme combustible. Le charbon des cornues sert à faire des charbons de piles, des creusets, etc.

L'épuration a fourni, en dehors du bleu de Prusse, des **eaux ammoniacales** et des **goudrons**, qui se séparent d'eux-mêmes, grâce à leur différence de densité, les eaux ammoniacales restant à la partie supérieure.

2° *Eaux ammoniacales.* — Ces eaux ammoniacales sont constituées par des sels d'ammonium en dissolution dans l'eau : carbonate, sulfure, etc. (§ 112). Chauffées avec de la

chaux, elles dégagent du gaz ammoniac avec lequel on
fabrique soit la dissolution ammoniacale, soit le plus souvent du *sulfate* ou du *chlorure* d'ammonium; pour cela, on
fait arriver le gaz dans un bain d'acide sulfurique ou d'acide
chlorhydrique. Ces opérations se font à l'usine à gaz elle-
même.

3° *Goudrons.* — Les goudrons sont des produits de
composition extrêmement complexe. Ce sont des liquides
visqueux, noirs, d'une odeur forte, insolubles dans l'eau.
Par distillation fractionnée, on en retire un grand nombre
de produits très importants par leurs usages.

307. Distillation.

On chauffe les goudrons dans une chaudière qui communique avec un serpentin refroidi, où se condensent les produits volatils (*fig.* 93). On recueille ces derniers en trois

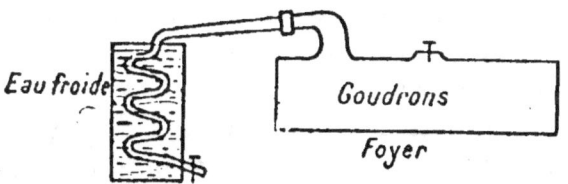

Fig. 93. — Distillation des goudrons de houille.

portions fractionnées : la première, formée des produits
qui passent depuis le commencement de la distillation jusqu'à 150°, constitue les huiles légères. De 150 à 200°, passent
les huiles moyennes. De 200 à 400°, passent les huiles
lourdes. On arrête alors la distillation; il reste dans la chaudière un liquide épais, qui se solidifie par refroidissement;
il constitue le brai.

Les huiles légères, les huiles moyennes et les huiles
lourdes, recueillies séparément, subissent à leur tour une
distillation fractionnée.

1° *Huiles légères.* — Les huiles légères renferment un

grand nombre de produits parmi lesquels se trouve la benzine que l'on recueille.

2° *Huiles moyennes.* — Des huiles moyennes on extrait
surtout du phénol.

3° *Huiles lourdes.* — Les huiles lourdes forment environ
le quart de la quantité totale des goudrons. On en retire
surtout la naphtaline.

4° *Brais.* — Le brai est le résidu de la distillation des
goudrons (60 à 65 0/0 du poids total).

Sa consistance varie suivant qu'on a poussé plus ou
moins loin l'opération. Lorsqu'on arrête la distillation vers
300°, il reste du *brai gras*, solide à la température ordinaire,
qui se ramollit lorsqu'on le chauffe. Si la distillation a été
poussée plus loin, on obtient du *brai sec*, plus dur que le
précédent. Les brais sont employés dans la préparation de
l'asphalte artificiel et dans celle des *agglomérés*. On donne
le nom d'*agglomérés* à un mélange de brai et de poussier
de charbon qui, sous forme de briquettes, est utilisé pour
le chauffage des locomotives.

Autres usages des goudrons. — Les goudrons ne sont pas
toujours soumis à la distillation. Ils peuvent servir directement pour préserver le fer, la fonte et le bois de l'humidité, pour fabriquer l'asphalte artificiel, les agglomérés,
le charbon de Paris, pour imperméabiliser les cartons que
l'on emploie pour les toitures.

ACÉTYLÈNE

Formule : C^2H^2. — Poids moléculaire : $(12 \times 2) + 2 = 26$.

Un gaz autre que le gaz de la houille et souvent employé
pour l'éclairage est l'acétylène.

308. Propriétés.

L'acétylène est un gaz incolore, d'une odeur alliacée désagréable ; il est peu soluble dans l'eau.

L'acétylène brûle *avec une flamme blanche très éclairante*, un peu fuligineuse si la quantité d'air est insuffisante. Il se forme dans le premier cas du gaz carbonique et de la vapeur d'eau (1), et dans le second du charbon et de la vapeur d'eau (2) :

$$C^2H^2 + 5O = 2CO^2 + H^2O, \qquad (1)$$
$$C^2H^2 + O = 2C + H^2O. \qquad (2)$$

Le mélange de 2 volumes d'acétylène et 5 volumes d'oxygène (1) détone violemment au contact d'une flamme.

309. Usages.

Le grand pouvoir éclairant de l'acétylène, la facilité et le bon marché de sa préparation font employer ce gaz dans l'éclairage; il sert surtout pour les lanternes de bicyclettes et d'automobiles, pour l'éclairage des boutiques de forains, pour les projections lumineuses. On l'emploie aussi dans les chantiers, dans les mines, dans quelques magasins. Le consommateur peut le préparer lui-même à mesure qu'il en a besoin, ce qui est un avantage. Seulement ce gaz présente de grands dangers d'explosions (analogues à ceux du gaz d'éclairage), dangers qui étaient augmentés jusqu'à ces dernières années par l'imperfection des appareils producteurs d'acétylène. Actuellement de grands progrès ont été réalisés et on utilise des lampes d'un fonctionnement commode et sans danger.

Dès qu'on a reconnu une accumulation de ce gaz dans une chambre — ce que l'odeur décèle — il faut ouvrir largement les portes et les fenêtres, et se garder de pénétrer dans la salle avec un corps enflammé.

310. Préparation.

Dans l'industrie, on prépare l'acétylène en décomposant à froid le *carbure de calcium par l'eau* :

$$CaC^2 + 2H^2O = C^2H^2 + Ca(OH)^2.$$

carbure de calcium　eau　　acétylène　　chaux

Le carbure de calcium est une matière solide, d'un gris jaunâtre, qu'on obtient en chauffant au four électrique un mélange de chaux vive et de charbon (§ 215) ; une partie du carbone forme de l'oxyde de carbone avec l'oxygène de la chaux ; l'autre partie se combine au calcium.

Dans les laboratoires, on peut aussi décomposer le carbure de calcium par l'eau. On met de l'eau dans un flacon fermé par un bouchon percé de deux trous (*fig.* 94); dans

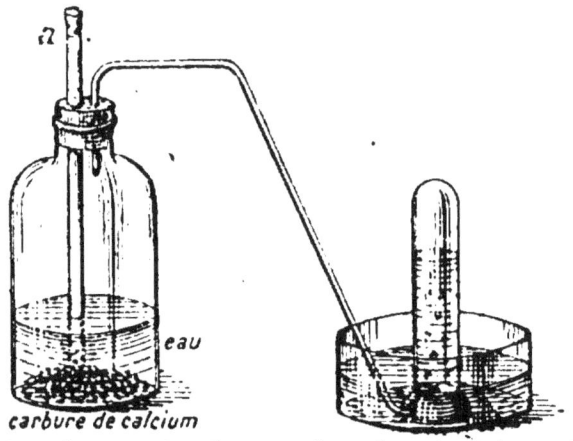

Fio. 94. — Préparation de l'acétylène dans les laboratoires.

l'un d'eux passe le tube abducteur, dans l'autre passe un large tube droit (morceau de tube à essai), qu'un bouchon ferme en *a* et qui plonge dans l'eau. On introduit par ce tube de petits fragments de carbure de calcium, puis on le referme. L'acétylène se dégage aussitôt et est recueilli sur l'eau. Comme avec l'hydrogène, il faut attendre pour recueillir le gaz que tout l'air de l'appareil ait été chassé, car avec l'air l'acétylène forme un mélange très explosif.

CARBURES D'HYDROGÈNE

311. L'acétylène fait partie d'un groupe de corps qu'on appelle **carbures d'hydrogène**, parce qu'ils sont formés seulement de carbone et d'hydrogène.

Ces carbures d'hydrogène sont très différents par leurs propriétés physiques. Les uns sont gazeux, comme le *formène* ou *gaz des marais*, l'*éthylène*, l'*acétylène*. D'autres sont des liquides très volatils, comme la *benzine*, l'*essence de térébenthine*. D'autres enfin sont solides, comme la *paraffine*, la *naphtaline*, le *caoutchouc*, la *gutta-percha*.

Mais tous ont une propriété commune : ils brûlent avec une flamme plus ou moins éclairante. Si la proportion de carbone qu'ils renferment est faible (formène), la flamme est pâle et les corps formés dans la combustion sont du gaz carbonique et de la vapeur d'eau. Si la proportion de carbone est plus considérable, la flamme est plus éclairante, et tout le carbone n'est pas brûlé (éthylène, acétylène). Enfin, les carbures très riches en carbone (paraffine) brûlent avec une flamme fuligineuse. Les carbures sont en nombre considérable ; nous étudierons seulement les plus importants des carbures d'hydrogène.

CHÁPITRE XXVI

CARBURES D'HYDROGÈNE

MÉTHANE. — PÉTROLES

PLAN

I Méthane	1. État naturel	Marais, mines de houille. Existe dans le gaz d'eclairage.	
	2. Propriétés	*Il brûle* avec formation de gaz carbonique et de vapeur d'eau. Mélange détonant avec l'air, *conséquence :* explosion de grisou dans les mines.	
	3. Usages	*Combustible* (cuisson des poteries, combustion du gaz d'éclairage).	
II Pétroles	1. État naturel	*Pétroles d'Amérique.* *Pétroles du Caucase.*	
	2. Extraction	Puits creusés dans le sol. Pompes amenant le liquide à la surface.	
	3. Distillation Produits recueillis	1° *Carbures gazeux*	employés pour le chauffage de l'appareil.
		2° *Éthers de pétrole*	Usages { Anesthésique. Moteurs à pétrole.
		3° *Essence de pétrole*	Très inflammable. Emploi dans l'éclairage, dans les moteurs à pétrole.
		4° *Huile de pétrole*	S'enflamme au-dessus de 35°. Emploi dans l'éclairage.
		5° *Huiles lourdes*	Huile lourde proprement dite, graissage des machines. Paraffine. Vaseline.
		6° *Goudrons* et coke.	

MÉTHANE OU FORMÈNE

Formule : CH^4. — Poids moléculaire : 16

312. État naturel.

Le *méthane, formène* ou *gaz des marais*, se produit dans la décomposition lente des végétaux sous l'eau ; cela explique qu'il s'en dégage des eaux stagnantes et de la vase

des marais au fond desquels ont lieu ces décompositions.
C'est pourquoi il s'en dégage également de la houille. Le
méthane forme dans les mines, avec l'air, un mélange
détonant connu sous le nom de *grisou*. Il entre pour une
notable proportion dans la composition du gaz d'éclairage,
obtenu par distillation de la houille.

Enfin, le méthane se dégage des sources de pétrole, et,
dans certaines régions (Dauphiné, Toscane, Perse), il sort
du sol d'une façon continue.

313. Propriétés.

Le méthane est un gaz **combustible**: si l'on approche un
corps enflammé de l'ouverture d'une éprouvette pleine de
ce gaz, il brûle avec une flamme jaunâtre peu éclairante,
en donnant du gaz carbonique et de la vapeur d'eau, et en
dégageant une grande quantité de chaleur :

$$CH^4 + 4O = CO^2 + 2H^2O. \qquad (1)$$

Avec l'oxygène, il constitue un mélange **détonant**: c'est
ainsi que le mélange de ces deux gaz fait dans les proportions indiquées par la formule (1), c'est-à-dire en prenant
2 volumes de méthane pour 4 d'oxygène, détone avec une
grande violence quand on en approche un corps enflammé ;
il y a encore combustion, avec formation de gaz carbonique
et de vapeur d'eau.

C'est un phénomène analogue qui se passe dans les mines
lorsque se produit une explosion de grisou ; le méthane qui
s'est dégagé des parois de la mine forme avec l'air un mélange explosif, qui détone à l'approche d'une flamme ; les
mineurs peuvent être projetés contre les parois de la mine,
ensevelis sous les décombres ou empoisonnés par l'oxyde
de carbone qui résulte de la combustion du méthane lorsqu'elle est incomplète.

Les lampes de sûreté, imaginées par Davy, permettent
d'éviter la plupart de ces explosions.

Il suffit d'entourer une flamme d'un cylindre en toile métallique, pour avoir la lampe Davy (*fig.* 95). Si un mé-

FIG. 95.
Lampe Davy.

lange détonant pénètre dans la lampe à travers les mailles de la toile, il s'y enflamme ; mais la propriété qu'ont les toiles métalliques de couper les flammes empêche l'explosion de se propager au dehors. La lampe précédente n'est guère pratique, car elle donne très peu de lumière, toute la flamme étant enveloppée d'une toile métallique. Divers perfectionnements y ont été apportés. Le plus souvent la flamme est entourée d'un cylindre de verre très résistant

FIG. 96.
Lampe Davy
perfectionnée.

(*fig.* 96), surmonté d'un cylindre de toile métallique ; des ouvertures inférieures, munies également de toiles métalliques, permettent l'entrée de l'air, et le tirage se produit, grâce à ces ouvertures et à la cheminée D.

PÉTROLES

314. Les pétroles, appelés aussi *huiles de pierre*, *huiles minérales* ou *huiles de naphte*, sont des liquides inflammables existant en abondance dans le sol de certaines régions : la Pensylvanie, la Perse, Java, les bords de la mer Caspienne, sont les principaux centres de production.

Ce sont des mélanges de carbures d'hydrogène.

315. Extraction du pétrole.

Le pétrole se trouve généralement dans de vastes poches

closes, où l'on trouve superposés : de l'eau salée, des huiles minérales, des carbures gazeux comprimés au-dessus du liquide. Parfois la pression de ces gaz suffit à faire jaillir le liquide à la surface du sol. Mais le plus souvent on creuse des puits permettant d'arriver jusqu'à la nappe de pétrole, et on amène le liquide à la surface au moyen de pompes.

On recueille ainsi le *pétrole brut*, liquide huileux, brun foncé, à reflets fluorescents; il est trop inflammable pour être employé en cet état et même pour être transporté sans danger. En outre il donne en brûlant une fumée épaisse. Aussi le distille-t-on sur les lieux mêmes de l'extraction.

316. Distillation du pétrole brut.

La distillation s'opère dans de grandes chaudières de tôle pouvant contenir jusqu'à 4.000 hectolitres de liquide.

Dès que l'on chauffe, il se dégage des **carbures gazeux**, tels que le méthane, qui sont recueillis et servent en partie au chauffage de la chaudière.

Puis il passe à la distillation des produits qui se condensent par refroidissement. En chauffant graduellement à des températures de plus en plus élevées, on fait distiller des carbures de moins en moins volatils, que l'on condense à part. C'est ainsi qu'on obtient successivement les produits suivants:

1° Entre 45 et 70°, des produits très inflammables, très dangereux à manier, constituant les éthers de pétrole. Ils sont incolores, odorants, très légers ($d = 0,65$). On les emploie dans les moteurs à pétrole, mélangés à de l'essence. Ils servent parfois comme anesthésiques, à cause du froid considérable produit par leur évaporation.

2° Entre 75 et 120°, on recueille l'essence de pétrole, ou essence minérale : c'est un liquide émettant des vapeurs à la température ordinaire, *très inflammable aussi*, et ne devant par suite être employé qu'avec grande précaution. Lorsqu'on s'en sert pour l'éclairage, il doit être brûlé dans des lampes spéciales dans lesquelles l'essence, au lieu d'être libre, imprègne une matière spongieuse. Il n'y a ainsi aucun danger d'incendie. — Lorsqu'on manie l'essence, il faut toujours se placer très loin d'une flamme, car les vapeurs qui se dégagent pourraient s'enflammer et mettre le feu aux objets environnants.

Une grande quantité d'essence est employée dans les moteurs, grâce à la propriété qu'ont ses vapeurs de former avec l'air un mélange détonant. L'essence est un dissolvant des corps gras, ce qui permet de l'utiliser pour dégraisser les tissus.

3° Entre 120 et 280°, les produits qui distillent constituent l'huile lampante ou huile de pétrole, qui, raffinée, est vendue dans le commerce sous les noms de *pétrole, luciline, oriflamme*, etc. Bien rectifiée, elle n'émet pas de vapeurs à la température ordinaire et n'est pas dangereuse à manier. On reconnaît qu'il en est ainsi lorsqu'une allumette, promenée à sa surface, ne l'enflamme pas; le pétrole rectifié ne prend feu, en effet, que s'il a été chauffé au préalable au-dessus de 35°.

Ce corps est le plus important des produits obtenus pour la distillation des pétroles. Il est surtout très employé pour l'*éclairage*, parce qu'il donne une lumière assez intense, et qu'il est économique. Les lampes dans lesquelles il brûle sont constituées simplement par un réservoir contenant le liquide, et par une mèche de coton qui plonge dans ce liquide : le pétrole monte par capillarité jusqu'à l'extrémité de la mèche où on l'enflamme. Le bec est construit de telle sorte qu'un courant d'air passe de façon continue à travers la flamme, avant de s'échapper par le verre de la lampe ; et cette disposition permet au pétrole de brûler sans fumée, si la lampe est bien réglée. Le pétrole étant souvent mal rectifié, *il ne faut jamais remplir une lampe à proximité d'une flamme*. Il est dangereux aussi de remplir une lampe *aussitôt qu'elle vient d'être éteinte, et à plus forte raison*

pendant qu'elle est allumée, car le réservoir peut être assez
chaud pour faire enflammer le pétrole, même bien rectifié.

Le pétrole sert beaucoup aussi dans le *chauffage* domestique et industriel.

4° En élevant la température jusqu'à 400°, on obtient les
huiles lourdes, qui, refroidies au-dessous de 0°, se séparent
en deux parties : une partie liquide, l'huile lourde proprement dite, qui sert au graissage des machines, et est parfois employée pour le chauffage des machines à vapeur, et
une partie solide, la paraffine.

La paraffine rectifiée est une substance blanche, cireuse,
facilement fusible : c'est un mélange de carbures d'hydrogène solide. Comme elle brûle avec une flamme éclairante,
on l'emploie pour faire des bougies. Mauvaise conductrice
de l'électricité, elle est souvent employée comme isolant.

5° Après la distillation des huiles lourdes, il reste dans
les chaudières des goudrons, qui, fortement chauffés, se décomposent en carbures, qu'on ajoute aux produits précédents, et en coke, employé pour le chauffage.

La vaseline s'obtient en arrêtant la distillation du pétrole
avant d'avoir obtenu toutes les huiles lourdes. C'est un
mélange de carbures renfermant de la paraffine. Elle est
onctueuse, molle, inodore, d'un blanc plus ou moins pur.
On l'emploie souvent en pharmacie pour remplacer les
corps gras, sur lesquels elle présente l'avantage de ne pas
rancir.

317. Bitume et asphalte.

Il existe dans le sol de certaines régions des roches,
appelées *schistes bitumineux*, qui, distillées, donnent des
produits analogues à ceux que fournit le pétrole ; en Angleterre, ces roches sont exploitées et fournissent par distillation le *gaz portatif*, qui a un pouvoir éclairant beaucoup
plus grand que le gaz de la houille, et qui est employé dans
l'éclairage.

En France, il existe des bitumes dans l'Ain, dans le Puy-de-Dôme, etc.

L'asphalte est un bitume mou, noir, qui se ramollit quand on le chauffe. Fondu et mélangé à du gravier, il est employé pour faire des trottoirs, des chaussées, etc

318. Expériences. — Au cours d'une promenade, on pourra recueillir du formène de la vase d'un marais ou d'une eau croupie; il suffit de remuer la vase avec un bâton et de recueillir les bulles de gaz qui se dégagent dans un flacon rempli d'eau et retourné sur l'eau; un entonnoir adapté à ce flacon permet de l'emplir plus vite (*fig.* 97). — Montrer que ce gaz brûle à l'approche d'un corps enflammé.

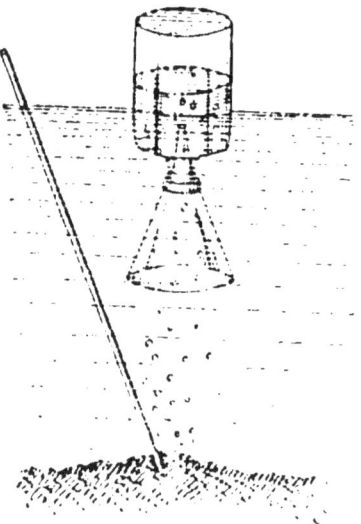

Mettre *quelques gouttes* d'essence dans une soucoupe et l'enflammer, l'inflammation se produit même à distance. Montrer comment on emplit une lampe à essence : il faut avoir soin, après avoir imbibé d'essence la matière spongieuse, de vider tout le liquide en excès.

Fig. 97. — Moyen de recueillir le méthane de la vase d'un marais.

— Enlever une tache de graisse avec de l'essence. Insister sur le danger qu'il peut y avoir à nettoyer des gants à l'essence en les plaçant sur la main.

— Montrer que le pétrole ne s'enflamme pas au contact d'une allumette.

— Montrer aux élèves de la paraffine, de l'huile lourde, de la vaseline.

Exercices d'observation. — On pourra donner à observer une lampe à essence et une lampe à pétrole.

CHAPITRE XXVII

(PEUT ÊTRE TRAITÉ EN DEUX LEÇONS)

CARBURES D'HYDROGÈNE
(*Suite*)

BENZINE. — NAPHTALINE
ESSENCES. — CAOUTCHOUC. — GUTTA-PERCHA

PLAN

I. — Benzine

I Propriétés physiques	Liquide d'une odeur agréable. Bout à 80°. Dissout cire, corps gras, etc.
II Propriétés chimiques	1° *Brûle :* flamme fuligineuse. 2° Avec *acide azotique, elle donne la nitrobenzine.*
III Usages	Fabrication de la nitrobenzine et par suite de l'aniline (matière colorante). Dégraissant. — Vernis.

II. — Naphtaline

I Propriétés	Lamelles transparentes, grasses au toucher. *Odeur forte.* Se sublime.
II Usages	Industrie des matières colorantes (indigo). Eloignement des insectes (vêtements, herbiers, etc.)

III. — Essence de térébenthine

I Extraction	Incisions dans les troncs de conifères: pin, sapin, mélèze. Séparation de l'essence de térébenthine et de la colophane par distillation.
II Propriétés	Liquide mobile. Saveur âcre et brûlante. Odeur forte. *Dissout graisses, résines.* *Brûle* avec flamme fuligineuse. *S'épaissit à l'air* par oxydation.
III Usages	*Vernis, encaustique.* Taches de peinture. En médecine, sert contre névralgies et rhumatismes (frictions).

IV. — Autres essences végétales

I
Propriétés
communes
{ *Odeur pénétrante.* Saveur brûlante.
Solubles dans l'alcool et l'éther.
Volatiles.

II
Extraction
{ 1° *Compression* (orange, citron).
2° *Absorption* des essences par des *huiles* (jasmin, rose, etc.).
3° *Distillation* des parties du végétal avec de l'eau (rose, oranger).
4° *Macération* dans l'alcool (fleurs diverses).

III. **Usages :** parfumerie.

V. — Caoutchouc, gutta-percha

I
Caoutchouc
{ Extraction d'arbres du Brésil, des Indes, etc.
Corps élastique (vulcanisation du caoutchouc); *plastique* à 100°.
Imperméable à l'eau.
Usages nombreux { tubes, objets divers, tissus imperméables, bandages des roues, etc.

II
Gutta-percha
{ Extraction d'arbres de Chine.
Se ramollit par la chaleur. Mauvaise conductrice de l'électricité.
Usages { fabrication d'objets divers. Moules pour galvanoplastie. Isolant pour fils électriques.

BENZINE

Formule : C^6H^6. — Poids moléculaire : 78.

319. Nous avons vu que la benzine s'extrait des goudrons de houille provenant des usines à gaz (§ 306). On obtient ainsi la *benzine du commerce* ou *benzol*, qui est de la benzine mélangée à un autre carbure d'hydrogène : le *toluène*. On peut en retirer la benzine pure, qu'on appelle en chimie *benzène*.

320. Propriétés physiques.

La benzine est un liquide incolore, qui a une odeur agréable quand elle est pure. Elle bout à 80° et se solidifie à 0°. Elle est insoluble dans l'eau, soluble dans l'alcool et dans l'éther. Elle dissout le soufre, le phosphore, le caoutchouc, la cire, les corps gras; cette dernière propriété l'a fait employer comme dégraissant. La colle pour pneumatiques est faite d'une dissolution de caoutchouc dans la benzine.

321. Propriétés chimiques.

La benzine est inflammable et brûle avec une flamme brillante, mais fuligineuse, en dégageant du gaz carbonique et de la vapeur d'eau (elle existe dans le gaz d'éclairage et contribue à son pouvoir éclairant).

Action de l'acide azotique. — Versons goutte à goutte de la benzine dans de l'acide azotique fumant et refroidi. Si l'on étend d'eau le mélange, on voit se déposer un liquide huileux jaune, plus dense que l'eau et insoluble. Il suffit de décanter pour le séparer du reste du liquide ; ce corps est la **nitrobenzine** :

$$\underset{\text{benzine}}{C^6H^6} + \underset{\text{acide azotique}}{AzO^3H} = \underset{\text{nitrobenzine}}{C^6H^5.AzO^2} + \underset{\text{eau}}{H^2O.}$$

La *nitrobenzine* a une odeur d'amandes amères qui la fait employer en parfumerie, sous le nom d'*essence de mirbane*, en particulier pour parfumer les savonnettes.

Mais la nitrobenzine sert surtout à fabriquer l'aniline dont on tire un très grand nombre de matières colorantes : il suffit pour avoir l'aniline de réduire la nitrobenzine par un mélange hydrogénant tel que de l'acide chlorhydrique et du fer (§ 55).

322. Usages.

La benzine est employée comme dissolvant pour dégraisser les étoffes et préparer certains vernis, pour dissoudre le caoutchouc et la gutta-percha et obtenir par évaporation des feuilles très minces de ces corps. Mais son principal usage consiste dans la préparation de la nitrobenzine, et par suite de l'aniline.

NAPHTALINE
Formule : $C^{10}H^8$

323. La naphtaline se retire des huiles lourdes provenant des goudrons de houille. Purifiée, elle se présente sous forme de lamelles transparentes et incolores, grasses au toucher, d'une odeur goudronneuse. Elle est insoluble dans l'eau, soluble dans l'éther et dans l'alcool. Elle émet des vapeurs à partir de 15°

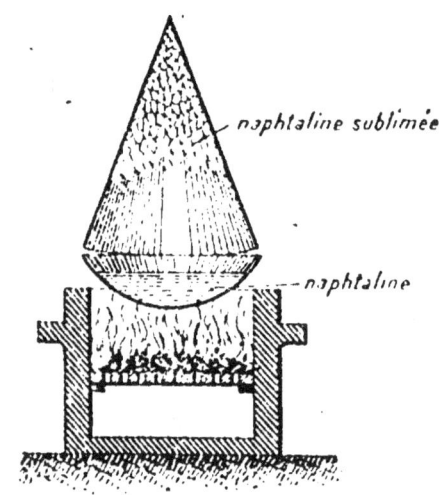

naphtaline sublimée

naphtaline

environ sans passer par l'état liquide : on dit qu'elle se sublime. On montre cette sublimation en chauffant légèrement de la naphtaline dans une casserole, et en plaçant au-dessus un cornet de papier; les vapeurs qui se dégagent cristallisent au contact du papier froid (*fig.* 98).

La naphtaline est employée, à cause de son

FIG. 98. — Sublimation de la naphtaline

odeur forte et persistante, pour éloigner les insectes des lainages, des fourrures, des herbiers. Mais elle sert surtout dans l'industrie des matières colorantes pour fabriquer de l'indigo artificiel.

ESSENCE DE TÉRÉBENTHINE

324. Extraction.

Lorsqu'on fait des incisions au tronc de certains arbres (pin, sapin, mélèze, etc.), il s'en écoule une matière gluante qui durcit rapidement à l'air; on l'appelle *térébenthine* ou *gemme*, et c'est un mélange d'un liquide, *l'essence de térébenthine*, et d'une résine, la *colophane*. Si on distille la térébenthine avec de l'eau, la vapeur d'eau entraîne l'essence, et la colophane reste dans la chaudière.

325. Propriétés.

L'essence de térébenthine est un liquide incolore, très mobile, moins dense que l'eau, d'une saveur âcre et brûlante, d'une odeur caractéristique. Elle est insoluble dans l'eau, très soluble dans l'alcool et dans l'éther. Elle dissout les graisses, les résines, le caoutchouc. Elle s'enflamme au contact d'un corps enflammé et brûle avec une flamme très fuligineuse. Abandonnée à l'air, elle jaunit, s'épaissit par oxydation, et se transforme à la longue en une résine solide; c'est là sa propriété essentielle, qui permet de l'employer dans la préparation des vernis.

326. Usages.

L'essence de térébenthine est surtout employée à la préparation des vernis, obtenus en dissolvant dans ce corps diverses résines. L'encaustique pour parquets se prépare en dissolvant de la cire dans l'essence de térébenthine. On emploie aussi l'essence dans la peinture en bâtiments (peinture au blanc de zinc ou à la céruse) et dans la peinture sur porcelaine. Elle sert à enlever les taches de peinture sur les vêtements, et aussi les taches de graisse lorsqu'elle est mélangée à l'essence de citron en parties égales. Enfin on l'emploie en frictions contre les névralgies et les douleurs rhumatismales, et elle est le contrepoison du phosphore.

AUTRES ESSENCES VÉGÉTALES

327. Propriétés.

On extrait d'un grand nombre de plantes des principes volatils désignés sous le nom d'*essences* ou *huiles essentielles,* qui se rapprochent de l'essence de térébenthine par quelques propriétés : elles ont en général une odeur pénétrante, une saveur brûlante et sont peu solubles dans l'eau, plus ou moins solubles dans l'alcool et dans l'éther. Elles laissent sur le papier une tache huileuse qui disparaît par la chaleur en se volatilisant (il n'en est pas de même d'une tache d'huile véritable). Elles sont inflammables et brûlent avec une flamme fuligineuse. Elles sont presque toutes des carbures d'hydrogène.

328. Extraction.

Les essences végétales existent dans toutes les parties de la plante, mais surtout dans les fleurs et les feuilles. Les procédés d'extraction sont nombreux.

1° *Compression.* — Quelquefois on opère par simple compression (essences d'orange et de citron).

2° *Absorption.* — Le plus souvent, on applique la propriété qu'ont les essences d'être absorbées par les graisses : c'est ainsi qu'on extrait les essences du jasmin, de la rose, de la violette, des fleurs d'oranger. On dispose des couches successives de fleurs fraîches et d'ouate imbibée d'une huile pure et inodore. L'huile absorbe l'essence et en est ensuite séparée par distillation.

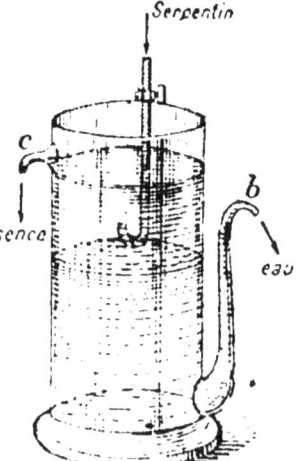

Fig. 99. — Récipient florentin.

3° *Distillation.* — On peut aussi opérer par distillation; on chauffe avec de l'eau les parties du végétal qui renferment l'essence; les vapeurs, formées d'essence et d'eau, sont condensées dans un serpentin refroidi, puis le mélange liquide passe dans un récipient florentin (*fig.* 99); l'eau s'écoule par l'orifice *b*, et l'essence plus légère monte à la surface et s'écoule par la partie supérieure *c*. Exemples : fleurs du rosier, de l'oranger, etc.

4° *Macération.* — On fait parfois macérer dans de l'alcool

des pétales de fleurs; on obtient ainsi une dissolution d'essence qu'on emploie directement en parfumerie.

329. Usages.

Les essences végétales servent dans la parfumerie; dissoutes dans l'alcool, elles constituent les eaux de toilette telles que l'eau de Cologne.

CAOUTCHOUC. — GUTTA-PERCHA

330. Caoutchouc. — Extraction.

Le caoutchouc existe en suspension dans le suc laiteux d'un certain nombre de végétaux du Brésil, des Indes, de la Guyane, de Java, etc. (Exemple : *Ficus elastica* des Indes).

Lorsqu'on fait des incisions dans ces arbres, le suc s'écoule et on le recueille dans des baquets. Puis on y trempe soit des poires en argile, soit des pelles de bois; le suc y adhère, on le fait sécher à la flamme d'un feu de bois vert, puis on recommence l'opération jusqu'à ce qu'on ait une couche assez épaisse de caoutchouc. On la sépare alors de la lame de bois, ou on la plonge dans l'eau pour la débarrasser de l'argile et on a le caoutchouc brut. À son arrivée en Europe, le caoutchouc brut, par un pétrissage mécanique sous un filet d'eau chaude, est débarrassé des impuretés auxquelles il était mélangé.

331. Propriétés.

Le caoutchouc est un corps solide, blanc quand il est pur, et qui se colore en brun par l'action prolongée de la lumière.

Il est élastique entre 10° et 35°; à de plus basses températures, il durcit, et, au-dessus de 35°, il devient visqueux. Pour lui conserver son élasticité entre des limites de température plus éloignées, on le combine à une petite proportion de soufre (1 à 2 0/0). On obtient ainsi le *caoutchouc vulcanisé*, qui n'est ni trop mou ni trop cassant; l'opération elle-même porte le nom de vulcanisation.

Chauffé à une température voisine de 100°, le caoutchouc devient très mou, plastique, et peut se souder à lui-même et se travailler, ce qui permet de l'employer à la confection d'objets de formes variées.

332. Usages.

Les usages du caoutchouc sont nombreux ; on applique surtout ses propriétés d'élasticité, de plasticité et d'imperméabilité. On en fait des tubes, des fils, des courroies, des bouchons, des tissus imperméables, des appareils de chirurgie, des jouets d'enfants et un grand nombre d'autres objets. Il a surtout acquis une grande importance depuis les progrès de l'automobilisme (bandages des roues).

Quand on augmente dans la vulcanisation la proportion de soufre, on obtient un corps solide, noir, dur comme de l'ivoire, susceptible d'être travaillé et poli : c'est le *caoutchouc durci* ou *ébonite*, employé en électricité; il sert surtout à la fabrication d'objets tels que manches de couteaux, porte-plumes, peignes, cannes, instruments de musique, etc.

333. Gutta-percha.

La gutta-percha est le suc laiteux épaissi qui s'écoule de grands arbres de la Chine. C'est une matière analogue au caoutchouc, mais elle n'est pas élastique.

Dure à la température ordinaire, elle se ramollit par la chaleur, dans l'eau chaude par exemple, et peut alors se pétrir, se façonner, se mouler et aussi se souder à elle-même.

On emploie la gutta-percha pour fabriquer des objets de formes variées : cuvettes, entonnoirs, flacons, courroies, etc. Sa malléabilité et son pouvoir d'être mauvaise conductrice de l'électricité la font employer pour prendre les empreintes d'objets qu'on veut reproduire par la galvanoplastie ; les moules qu'elle donne sont d'une grande finesse. Elle sert aussi pour isoler les fils électriques (câbles souterrains et sous-marins).

331. Expériences. — *Benzine.* — Montrer que la benzine dissout les corps gras : s'en servir pour enlever une tache de graisse.

Faire brûler de la benzine.

Naphtaline. — Réaliser l'expérience de sublimation. Faire observer que les boules de naphtaline laissées dans un tiroir, dans un bocal, etc., diminuent progressivement de volume : c'est parce que la naphtaline se sublime ; on voit en effet des cristaux sur les parois supérieures des bocaux qui la renferment.

Essence de térébenthine. — Dissoudre de la résine ou de la cire dans l'essence de térébenthine (préparer de l'encaustique pour parquets au moyen de cire fondue dans laquelle on verse l'essence, *loin de toute flamme.* Il faut éviter de faire chauffer l'essence avec la cire, comme le font beaucoup de ménagères, car l'essence est inflammable).

Enlever une tache de peinture fraîche sur une étoffe au moyen d'essence de térébenthine. Il faut ensuite frotter avec de la benzine pour dissoudre l'essence de térébenthine qui produit elle-même une tache.

CHAPITRE XXVIII

MATIÈRE AMYLACÉE : AMIDON FÉCULE

—

PLAN

Matière amylacée

I État naturel	Graines, tubercules, racines, tiges, feuilles, fruits d'un grand nombre de végétaux. L'*amidon* provient des graines de céréales. La *fécule* provient des tubercules de pomme de terre.	
II Propriétés	*Action de l'eau*	Insoluble dans l'eau froide. Se gonfle dans l'eau à 60° : *empois* d'amidon.
	Transformation en dextrine et en sucre	1° par la *chaleur*. 2° par les *acides* étendus et chauds. 3° par la *diastase* de l'orge germée, de la salive, etc.
	Applications de cette transformation : fabrication de la dextrine, du glucose, de l'alcool de grains et de pommes de terre, de la bière.	
III Extraction	1° de l'*amidon* du blé	a) Procédé mécanique pour séparer le gluten de l'amidon (lavage). b) Procédé par fermentation.
	2° de la *fécule* de pomme de terre	Procédé mécanique pour séparer la fécule des débris de cellules de la pomme de terre (lavages).
IV Usages	Apprêt du linge, des tissus. Encollage des papiers. Fabrication des dextrines et du glucose, etc.	

335. Les tissus animaux et végétaux sont formés d'un mélange de corps ayant des propriétés bien définies et qu'on peut isoler assez facilement. Ces corps sont appelés matières organiques ou principes immédiats de la substance considérée.

Ainsi, de la betterave, on peut retirer le sucre comme principe immédiat ; — du citron, on peut retirer l'acide citrique.

Quelques expériences vont nous permettre d'extraire des substances qui les contiennent quelques uns des principes immédiats les plus importants : amidon, fécule, cellulose, sucre.

330. Expériences.

Principes immédiats de la farine. — Avec de la farine, faisons une boulette de pâte ferme, et lavons-la sous un mince filet d'eau (*fig.* 100), en recueillant l'eau du lavage. Il reste dans la main une matière grise, élastique, qui est un

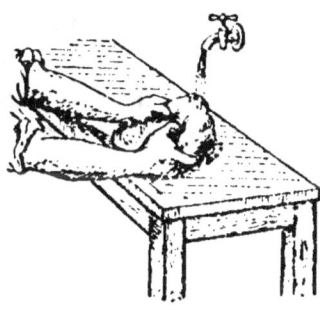

principe immédiat, le **gluten**. En laissant reposer l'eau du lavage, il se dépose dans le fond du vase un autre principe immédiat : l'amidon.

Principes immédiats de la pomme de terre. — Après avoir râpé la pomme de terre dans un linge, on la malaxe sous un filet

Fig. 100. — Analyse immédiate de la farine.

d'eau. Cette eau passe d'abord trouble, puis de plus en plus claire; recueillie et abandonnée dans un vase, elle laisse déposer de la *fécule* qu'on peut séparer par décantation ou filtration. Le liquide qui reste est chauffé à l'ébullition, et l'*albumine* qu'il contient se coagule ; enfin il est resté dans le linge les débris des parois des cellules, qui sont formés surtout de *cellulose*. La pomme de terre contient donc: de la fécule, de l'albumine, de la cellulose.

MATIÈRE AMYLACÉE
$$C^6H^{10}O^5$$

337. La farine contient de l'*amidon*; la pomme de terre contient de la *fécule*. Ces deux substances, de même composition, sont souvent désignées sous le nom de matière amylacée. La matière amylacée existe dans les graines des céréales (blé, avoine, riz, maïs...) et dans celles des légumineuses (haricots, fèves, pois, lentilles); dans les tubercules de la pomme de terre; dans les bulbes de tulipe, les racines de carotte, de rhubarbe, de guimauve ; dans les fruits du chêne et du châtaignier, dans les feuilles de tous les végétaux, etc.

On désigne plus spécialement sous le nom d'*amidon* la matière amylacée extraite des graines de céréales; et sous le nom de *fécule*, celle qui est extraite de la pomme de terre et de divers tubercules.

L'amidon et la fécule renferment du charbon, car, chauffés dans un tube à essai, ils se décomposent en laissant un résidu de charbon. Il se dégage de la vapeur d'eau ; donc ces corps contiennent aussi de l'hydrogène et de l'oxygène.

338. Propriétés.

La matière amylacée est une poudre blanche, formée de

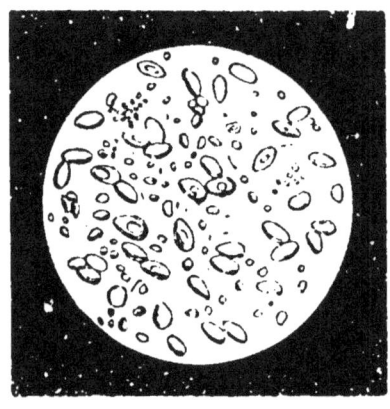
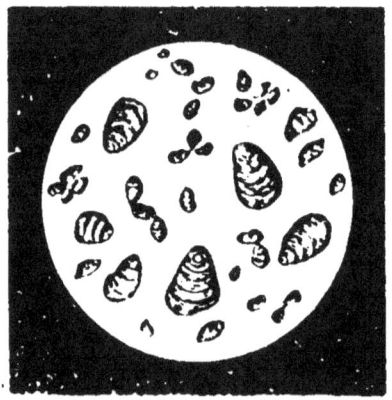

Fig. 101. — Grains d'amidon.   Fig. 102. — Grains de fécule.

(Très grossis, vus au microscope.)

grains de dimensions variables; les grains d'amidon (*fig.* 101) sont plus petits que ceux de la fécule (*fig.* 102). Tous sont formés d'une série de couches emboîtées les unes dans les autres, et qu'on peut mettre en évidence en mouillant les grains avec de l'eau chaude. La matière amylacée est insoluble dans l'eau froide. Dans l'eau à 60°, elle l'est également ; mais les grains se gonflent jusqu'à devenir 30 fois plus volumineux ; leurs enveloppes se déchirent, et l'amidon se prend en une masse gélatineuse et translucide qu'on appelle empois.

On peut reconnaître l'amidon avec de l'*iode ;* ce corps donne à l'empois une coloration bleue intense qui disparaît à chaud et reparaît par le refroidissement.

On utilise cette propriété pour reconnaître si du lait a été falsifié par addition d'amidon.

Transformation en dextrine et en glucose. — La propriété essentielle de la matière amylacée est de pouvoir se transformer, dans certaines conditions, en *dextrine* et en *glucose.*

1° Sous l'action de la chaleur, la matière amylacée se transforme en un corps nouveau, soluble dans l'eau, d'apparence gommeuse et caractérisé parce qu'il ne bleuit pas au contact de l'iode : c'est la **dextrine** ;

2° Les acides minéraux étendus et chauds (acide sulfurique, acide chlorhydrique) transforment de même l'amidon en dextrine, et si leur action se prolonge, ils donnent une sorte de sucre, le glucose, par hydratation :

$$\underset{\text{amidon}}{C^6H^{10}O^5} + \underset{\text{eau}}{H^2O} = \underset{\text{glucose}}{C^6H^{12}O^6}.$$

3° Enfin, sous l'influence d'une substance appelée **diastase** qui se développe dans les grains d'orge pendant la germination, l'amidon se transforme en dextrine et en glucose. Le même phénomène se produit naturellement dans les graines qui germent, et il se forme des substances solubles assimilables qui peuvent servir au développement de la plante, tandis que l'amidon, insoluble, ne pourrait être assimilé directement. La diastase de la salive (*ptyaline*) et une diastase contenue dans le suc pancréatique transforment de même l'amidon en dextrine et en glucose et permettent ainsi l'assimilation des aliments féculents dans notre organisme.

La transformation de l'amidon en glucose a une grande importance pratique, car elle est appliquée dans plusieurs industries : 1° on fabrique la glucose au moyen de la fécule et de l'acide sulfurique étendu (§ 354); 2° la bière, les alcools de grains et de pommes de terre sont obtenus par la fermentation alcoolique des glucoses, qui proviennent de l'amidon des céréales ou de la fécule de pomme de terre (§ 383 et 386).

339. Extraction de l'amidon.

On retire surtout l'amidon des grains de blé. La farine provenant de ces grains renferme, outre la matière amylacée, une substance azotée capable de se putréfier: le *gluten*. Il faut donc séparer l'amidon du gluten, ce qu'on peut faire par deux procédés différents :

1° *Procédé mécanique.* — La pâte est pétrie et lavée mécaniquement; l'amidon est entraîné par l'eau, tandis que le gluten reste sur le tamis.

Ce procédé est assez rapide, et il a l'avantage de conserver intact le gluten, qui a une grande importance industrielle, puisqu'il entre pour une notable proportion dans les pâtes alimentaires : pâtes d'Italie, vermicelle, macaroni, etc. Mais ce procédé ne pourrait être employé pour les farines avariées, parce que le gluten de ces farines a perdu ses propriétés élastiques qui lui permettaient de s'agglutiner, et il serait entraîné comme l'amidon en grains isolés.

Pour les farines de mauvaise qualité, on emploie un autre procédé, dit *de fermentation.*

2° *Procédé par fermentation.* — On utilise ce fait que

l'amidon est imputrescible, tandis que les autres matières
organiques de la farine peuvent fermenter. On délaye les
farines dans de l'eau, et on y ajoute des eaux provenant
d'opérations antérieures ou *eaux sures*. Le gluten fermente,
dégage de l'ammoniaque, de l'acide sulfhydrique et d'autres
produits infects; les matières sucrées des farines se décomposent aussi, mais l'amidon reste inaltéré. Quand la fermentation est terminée, ce qui n'a lieu qu'après quinze ou
vingt jours, on recueille l'amidon qui s'est déposé au fond
des cuves, et on le lave, puis on le sèche comme précédemment.

Ce procédé a l'inconvénient de produire des gaz fétides
et insalubres. Aussi n'est-il appliqué que pour les farines
ne pouvant être traitées par le premier procédé.

Quel que soit le procédé employé, l'amidon obtenu est
égoutté, puis desséché dans une étuve. Le retrait qu'il
éprouve en se desséchant le fait se diviser en morceaux
irréguliers, et c'est sous cette forme qu'il est livré au commerce.

340. Extraction de la fécule.

On emploie un procédé identique à celui que nous avons
indiqué (§ 336).

Les tubercules de pommes de terre, bien lavés, sont ré-
duits en pulpe au moyen d'une râpe qui déchire les cellules.
Puis la pulpe est lavée sous un filet d'eau dans un tamis
qui laisse passer l'eau chargée de fécule, et retient les débris des cellules (*fig.* 103). La fécule est reçue sur des tables
légèrement inclinées où elle se sépare de l'eau. On l'égoutte
et on la sèche d'abord à l'air, ensuite dans une étuve à air
chaud. Les résidus qui sont restés sur le tamis servent à la
nourriture des bestiaux.

341. Usages.

L'amidon sert surtout à empeser le linge; on l'utilise

aussi en médecine. La fécule sert en grande quantité dans la fabrication des dextrines employées pour apprêter les tissus ; dans celle du glucose, dans l'encollage des papiers ;

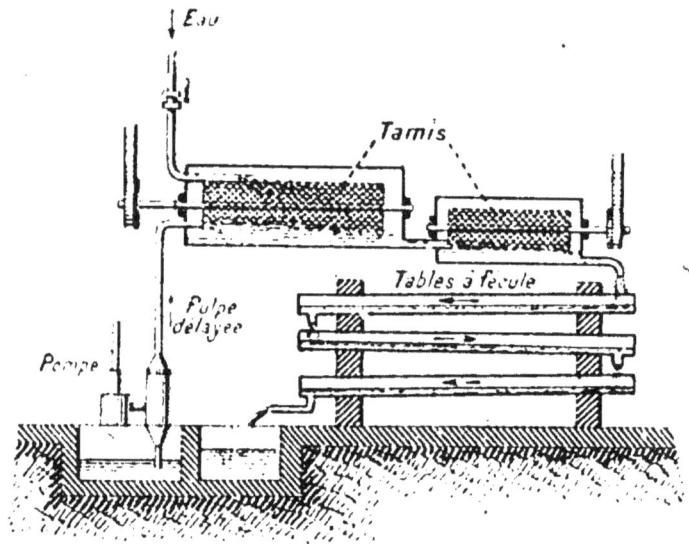

FIG. 103. – Préparation de la fécule.

on s'en sert pour épaissir les couleurs destinées à la teinture des étoffes, et pour apprêter certains tissus. On l'emploie aussi en économie domestique pour la confection de sauces et de certains gâteaux.

Le tapioca est la fécule extraite de la racine d'une plante exotique, le manioc.

312. Expériences. — Montrer comment se fait l'empois d'amidon. Y ajouter, lorsqu'il est refroidi, une goutte de teinture d'iode, et agiter le liquide ; il devient bleu.

Montrer que la dextrine donne avec l'eau une sorte de colle.

Faire l'analyse immédiate de la farine et de la pomme de terre, ainsi qu'il est dit au paragraphe 336. Chauffer ces substances dans un tube à essai pour montrer le dégagement de vapeur d'eau et le résidu de charbon.

CHAPITRE XXIX

CELLULOSE. — PAPIER

—

PLAN

Cellulose

I
État naturel { Elle entre dans la constitution des membranes de toutes les cellules végétales.
Cellulose à peu près pure dans le papier, le coton, le vieux linge.

II
Propriétés {
Action de l'acide sulfurique { Action durant quelques secondes : *papier parchemin.*
Action prolongée : transformation en dextrine, puis en glucose (*sucre de chiffons*).
Action de l'acide azotique { Formation de *nitro-celluloses.*

III
Usages {
1° Fabrication du *coton-poudre* { employé comme explosif; fabrication de la poudre sans fumée.
2° Fabrication du *collodion :* on dissout *nitro-cellulose* dans alcool et éther.
Usages du collodion { a) en photographie et en médecine.
b) dans la fabrication de la *soie artificielle.*
3° Fabrication du *celluloïd.*

Papier

I. Matières premières : vieux chiffons, bois, pailles, alfa, aloès, etc.

II
Préparation de la pâte {
1° *Pâte de chiffons* { Triage des chiffons.
Lessivage.
Effilochage.
Blanchiment.
2° *Pâte de bois* { Procédé *mécanique :* on râpe le bois en poudre.
Procédé *chimique :* on isole la cellulose des résines que contient le bois.
3° *Pâtes d'alfa et de paille :* Traitement chimique.
Raffinage de la pâte obtenue dans ces divers procédés.

III
Transformation de la pâte en feuille {
1° Papier à la forme. Procédé peu employé.
2° Papier mécanique.
Collage du papier, superficiellement, ou dans la pâte pendant le raffinage.

IV. Usages. Très nombreux et variés : impression, écriture, emballage, etc.

CELLULOSE

343. En retirant les principes immédiats de la pomme de terre (§ 336), il est resté dans le linge employé une substance blanche, fibreuse, que nous avons appelée cellulose.

Chauffons cette substance dans un tube à essai : elle dégage de la vapeur d'eau et il reste du charbon. La cellulose est, comme l'amidon, formée de carbone, d'hydrogène et d'oxygène.

La *cellulose* est la substance la plus répandue dans les tissus végétaux. C'est elle qui constitue les parois des jeunes cellules végétales. Dans les cellules âgées comme les fibres et les vaisseaux, elle existe aussi, mais elle est incrustée de substances étrangères qui lui donnent de la rigidité ; on l'appelle alors *ligneux* ou *bois*.

Nous n'aurons pas à préparer de cellulose, car nous pourrons prendre de la moelle de sureau, du vieux linge de chanvre ou de lin, de l'ouate, du papier non collé (papier filtre) qui sont constitués par de la cellulose à peu près pure.

344. Propriétés.

La cellulose est une substance solide, blanche, insoluble dans l'eau.

Action de l'acide sulfurique. — Lorsque l'acide sulfurique est concentré, il transforme la cellulose en dextrine, et si l'action se prolonge, on obtient du glucose ou sucre de chiffons ; l'expérience peut se faire avec de la charpie.

L'acide sulfurique étendu transforme aussi la cellulose en dextrine et en glucose, mais par une ébullition de plusieurs heures. Cette propriété rapproche la cellulose de l'amidon.

Action de l'acide azotique. — Avec de la cellulose et un

mélange d'acide azotique et d'acide sulfurique, on obtient
différentes combinaisons appelées **nitro-celluloses**. Une des
plus connues est le coton-poudre.

345. Coton-poudre.

Pour fabriquer le *coton-poudre* ou *fulmicoton*, on fait un
mélange de 1 volume d'acide azotique fumant pour 3 volumes d'acide sulfurique concentré. Le mélange s'échauffe,
et ce n'est qu'après son refroidissement qu'on y introduit
de l'ouate ordinaire. Ce coton est retiré a . bout de trente
minutes environ, lavé à grande eau et séché ; il constitue
alors le coton-poudre, qui a l'aspect du coton ordinaire,
mais qui est plus rugueux, s'enflamme très facilement et
brûle avec une extrême rapidité.

Son inflammation facile et ses propriétés explosives font
employer le coton-poudre pour les travaux de mines et les
torpilles ; il est alors fortement comprimé et on le fait dé-
toner par une amorce. On l'emploie aussi dans la fabrication de la *poudre sans fumée*. C'est un explosif très brisant
dont les effets mécaniques sont bien plus puissants que ceux
qui peuvent être obtenus avec la poudre ordinaire.

346. Collodion.

Une autre nitro-cellulose, obtenue avec un mélange à volumes égaux d'acide sulfurique et d'acide azotique concen-
trés, est soluble dans un mélange d'éther et d'alcool ; la solution visqueuse obtenue est le **collodion**. Versée en couche
mince sur un objet, cette solution y forme, par évaporation
de l'alcool et de l'éther, une pellicule transparente, imperméable, résistante et insoluble dans l'eau.

C'est cette propriété qui permet d'employer le collodion
en photographie pour la préparation des plaques sensibles :
il forme à la surface des plaques de verre une pellicule ho-
mogène, et les épreuves négatives obtenues sont d'une
grande finesse. C'est encore pour la même raison qu'on

emploie le collodion en médecine pour recouvrir les plaies et les préserver du contact de l'air.

Enfin le collodion sert à la fabrication d'une partie de la soie artificielle, celle qu'on désigne sous le nom de *soie Chardonnet*. On l'obtient en comprimant du collodion de manière à le faire passer par des tubes extrêmement fins (un dixième de millimètre de diamètre environ). A mesure qu'il sort de ces tubes, le collodion se solidifie par évaporation de l'éther et de l'alcool, et l'on obtient un fil d'aspect brillant comme de la soie. Mais ce fil est très inflammable, et par suite dangereux à employer ; aussi lui fait-on subir, avant de le livrer au commerce, des manipulations destinées à éviter cet inconvénient.

En définitive, la soie artificielle s'obtient à partir du coton ou d'autres variétés de cellulose, et au moyen de procédés peu coûteux. Aussi est-elle employée en assez grande quantité, particulièrement pour les tentures, pour les galons, la passementerie, etc. On peut très facilement la teindre et la tisser ; mais elle est souvent moins solide que la soie naturelle, et elle perd parfois une grande partie de sa résistance au contact de l'eau ; c'est ce qui restreint ses usages.

347. Celluloïd.

Les nitro-celluloses servent encore dans la fabrication du celluloïd. Ce corps s'obtient en comprimant un mélange de nitro-cellulose et de camphre imbibé d'alcool ; on peut y ajouter des matières colorantes. Le produit obtenu est dur, mais se ramollit vers 80° et peut alors se mouler et se travailler. On l'emploie pour faire un grand nombre d'objets : manches de couteaux, peignes, objets divers imitant l'ivoire, l'ambre ou l'écaille. Il sert aussi pour faire des cols, des manchettes, des plastrons qui se lavent facilement. Tous ces objets sont très inflammables et brûlent rapidement dès qu'ils sont portés à 240°.

PAPIER

348. La principale application de la cellulose est la fabrication du *papier*. Les matières premières employées sont : les chiffons de lin, de chanvre et de coton, les pailles des céréales, les fibres contenues dans les feuilles d'*alfa*, d'*aloès*, de *sparte*, et surtout le *bois*. Pendant longtemps, les vieux chiffons ont suffi à cette fabrication. Puis l'industrie du papier a pris une extension si considérable qu'il a fallu chercher d'autres sources de cellulose, et actuellement le papier de chiffons n'est fabriqué qu'en quantité minime relativement aux papiers faits avec du bois ou de l'alfa.

Quelles que soient les matières premières employées, elles sont réduites en pâte, puis étendues en couches très minces qui, par dessiccation, constituent les feuilles de papier. La fabrication du papier comporte donc deux séries d'opérations : 1° préparation de la pâte; 2° transformation de la pâte en feuilles.

349. Préparation de la pâte.

Pâte de chiffons. — On commence par trier les chiffons pour enlever ceux de soie et de laine qui ne peuvent servir à faire le papier. Puis les chiffons de lin, de chanvre et de coton sont lessivés par une solution alcaline, effilochés au moyen de cylindres armés de lames peu tranchantes, qui réduisent les chiffons en fibrilles (*fig.* 104). Ces fibrilles forment avec de l'eau une pâte plus ou moins colorée qu'il faut blanchir. Le blanchiment s'effectue, soit au chlore gazeux, soit au chlore provenant d'un chlorure décolorant, et dans ce cas, il suffit d'ajouter le chlorure à la pâte, dans la cuve à effilochage.

Pâte de bois. — Les essences les plus recherchées sont les

bois tendres et peu colorés : épicéa, sapin, tremble, bou-
leau. Deux procédés sont employés pour fabriquer la pâte :

1° **Procédé mécanique.** — On râpe le bois contre une meule
de grès, pour obtenir une poudre plus ou moins fine que
l'on transforme en pâte. Le papier obtenu par ce procédé
est d'un prix peu élevé, mais il est peu résistant;

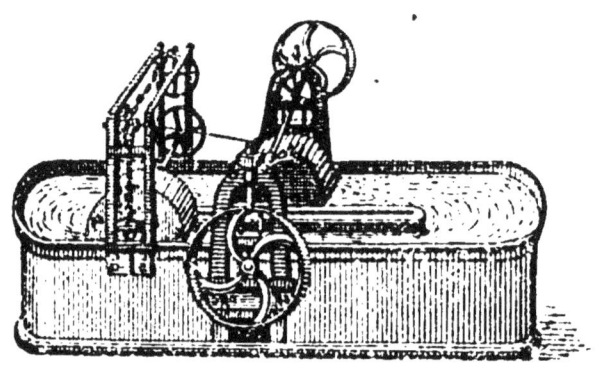

Fig. 104. — Pile effilocheuse.

2° **Procédé chimique.** — Dans ce procédé, après avoir réduit le bois en copeaux, on le chauffe en vase clos avec une
lessive de bisulfite de calcium, qui dissout les résines et
sépare les fibres. La pâte obtenue peut servir immédiatement pour les papiers d'emballage; elle est blanchie au
préalable par du chlorure de chaux, si l'on veut faire du
papier blanc.

Pâte d'alfa et de paille. — Après avoir coupé les feuilles
d'alfa ou la paille en menus fragments, on les chauffe en
vase clos avec une lessive de soude qui isole la cellulose;
puis la matière est lavée et convertie en pâte.

Raffinage. — Quelle que soit l'origine de la pâte, il faut
la soumettre à un second effilochage au moyen d'un
cylindre à lames très rapprochées qui la réduit en fines
particules. L'appareil employé s'appelle *raffineuse.* C'est
pendant le raffinage qu'on ajoute la colle, mélange de substances qui doivent rendre le papier imperméable; on

ajoute aussi, s'il y a lieu, des matières colorantes; l'on y additionne quelquefois divers corps, kaolin, sulfate de baryum, destinés à donner du poids au papier.

350. Transformation de la pâte en feuille.

1° *Papier à la forme.* — Les feuilles de papier se fabriquent, soit à la main, soit à la mécanique. Dans le premier cas, on verse la pâte dans une forme, sorte de cadre dont le fond est une toile métallique. L'eau filtre, et il reste sur le cadre une couche très mince que l'on comprime entre des plaques de feutre, puis que l'on fait sécher.

Ce procédé n'est guère employé que pour les papiers de luxe (*papier de Hollande*), pour le papier timbré, les billets de banque, le papier à dessin. Le *collage* de ces papiers se fait toujours superficiellement : après la dessiccation des feuilles, on les trempe dans une dissolution étendue de colle forte et d'alun. C'est pour cette raison qu'on ne peut écrire sur du papier timbré, à l'endroit où il y a eu un grattage.

2° *Papier à la mécanique.* — La presque totalité du papier est fabriquée à la mécanique. La pâte est versée sur une toile métallique sans fin, qui l'entraîne avec elle et la fait égoutter (*fig.* 105).

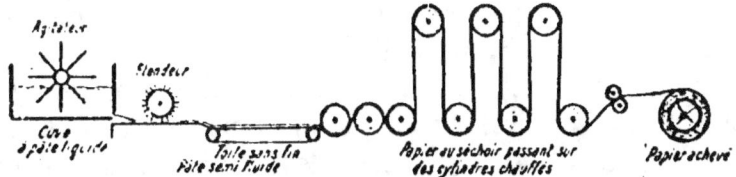

Fig. 105. — Fabrication du papier à la mécanique.

La feuille passe alors entre deux cylindres recouverts de feutre, qui absorbent une partie de son eau, puis sur des cylindres en fonte ou en cuivre qui sont chauffés, et qui polissent et dessèchent complètement le papier. La fabri-

cation est continue; sans cesse de la pâte est versée à une
extrémité de l'appareil, tandis que de l'autre sort le papier
qu'on découpe mécaniquement s'il y a lieu.

Le papier à la mécanique est presque toujours collé
dans toute sa masse. Le papier buvard et le papier filtre ne
sont pas encollés.

351. Usages du papier.

On fabrique actuellement une variété considérable de
papiers dont les usages sont extrêmement nombreux et
importants. La consommation annuelle du papier est d'environ 2 millions de tonnes, et ce sont surtout les journaux,
les livres et les revues qui les emploient. D'immenses
forêts sont détruites en quelques années pour la fabrication du papier; on estime que les trente mille journaux quotidiens du monde consomment par jour environ
1.000 tonnes de pâte de bois, et que chaque année il est
employé 1 milliard et quart de mètres cubes de bois pour
alimenter l'industrie du papier. Aussi entrevoit-on le moment où les forêts ne pourront plus suffire à cette fabrication, et l'industrie du papier peut être considérée comme
l'une des causes les plus importantes du déboisement.

Outre ses usages pour l'impression, l'écriture, l'emballage, etc., le papier a quelques applications intéressantes. En
comprimant fortement la pâte à papier, on obtient un produit très résistant, susceptible de nombreux usages, à cause
des formes multiples qu'on peut faire prendre à la pâte
avant sa compression; on l'emploie pour faire des cadres,
des plateaux, des bouteilles, des cuvettes, des cols, des
manchettes, etc. On s'en sert également en Amérique pour
faire des rails, des roues de wagons, des moulures d'appartements, des portes, des plafonds et jusqu'à des maisons
entières. L'Europe, en particulier l'Angleterre, possède
maintenant de nombreuses fabriques d'objets de carton
comprimé.

352. Expériences. — *Parchemin végétal.* — Faire un mélange à volumes égaux d'acide sulfurique et d'eau. Y laisser tremper vingt secondes environ une feuille de papier filtre. La sortir, la laver dans une dissolution ammoniacale, puis dans l'eau, et la laisser sécher : on a du parchemin végétal.

Coton-poudre. — Préparer du coton-poudre comme il a été dit dans la leçon, en ayant soin de bien diviser l'ouate employée et de bien l'imbiber du mélange des acides à l'aide d'un agitateur. Quand il est bien sec, l'enflammer sur une soucoupe ; il brûle en un instant, sans laisser de cendres.

Montrer du collodion, de la soie artificielle facile à se procurer dans les échantillons de passementerie.

Exercice d'observation. — Le papier.

CHAPITRE XXX

GLUCOSE. — SACCHAROSE

PLAN

I. — Glucose ou sucre de raisin

Préparation { On hydrate la fécule sous l'action de l'acide sulfurique étendu:
$$C^6H^{10}O^5 + H^2O = C^6H^{12}O^6.$$

Propriétés { Saveur sucrée.
{ Il fermente directement.

Usages : bière, liqueurs, pain d'épices.

II. — Lévulose ou sucre de fruits

Mêmes propriétés que le sucre de raisin.

III. — Saccharose ou sucre ordinaire

Propriétés
{ Action de la chaleur { sucre d'orge.
{ caramel.
{ charbon.

{ Interversion du sucre { par les acides étendus et bouillants.
{ par les diastases (invertine de la levure de bière).

Préparation
{ Extraction du sucre { de la betterave, de la canne à sucre { diffusion.
{ carbonatation.
{ concentration et cristallisation.

{ Raffinage du sucre.

IV. — Lactose ou sucre de lait

Existe dans le petit-lait.

353. Sucres.

On désigne sous le nom de sucres divers composés caractérisés par leur saveur douce. Exemples : le glucose ou sucre de raisin; le lévulose ou sucre de fruits; le saccharose ou sucre de canne et de betterave; le lactose ou sucre de lait.

Tous, chauffés dans un tube à essai par exemple, laissent un résidu de charbon. Ils renferment tous du carbone, de l'hydrogène et de l'oxygène.

GLUCOSE OU SUCRE DE RAISIN
Formule : $C^6H^{12}O^6$

354. État naturel. — Préparation.

Le glucose est une matière sucrée qui existe dans un grand nombre de fruits : dans les raisins, les prunes, les figues, à la surface desquels il forme des efflorescences blanches quand ces fruits sont desséchés. Il existe aussi dans le miel.

Tout le glucose vendu dans le commerce se fabrique industriellement par l'action de l'acide sulfurique étendu sur la *fécule* $C^6H^{10}O^5$ (§ 338); il y a hydratation de ce corps et transformation en glucose :

$$C^6H^{10}O^5 + H^2O = C^6H^{12}O^6.$$

On le livre dans le commerce sous trois formes : le *sirop de glucose* ou *sirop de fécule*, le *glucose granulé* et le *glucose en masse;* il est dans tous les cas uni à de l'eau.

355. Propriétés.

Le glucose est d'un blanc jaunâtre, inodore, d'une saveur sucrée beaucoup moins prononcée que celle du sucre de canne ou de betterave; il sucre, en effet, deux fois et demie moins. Il est soluble dans l'eau et dans l'alcool étendu, mais presque insoluble dans l'alcool concentré.

1° *Action de la chaleur.* — Chauffé, le glucose se ramollit vers 60°, puis il fond et perd son eau à 100°. Chauffé davantage, il se décompose et se transforme en caramel et en eau, puis en charbon et en eau.

2° *Le glucose fermente directement* sous l'action de la

levure de bière et se transforme en alcool et en gaz carbonique. Ce phénomène très important sera étudié dans la leçon suivante.

356. Usages.

Le glucose est très employé dans la fabrication de la bière, des liqueurs, du pain d'épices, des fruits confits, etc.; il sert aussi à renforcer le titre alcoolique des vins faits avec des raisins insuffisamment sucrés.

FRUCTOSE OU LÉVULOSE OU SUCRE DE FRUITS

Formule : $C^6H^{12}O^6$

357. Le fructose ou lévulose est une matière sucrée, liquide, qui existe dans un grand nombre de fruits (raisins, groseilles, prunes, etc.) et dans le miel; il est presque toujours mélangé au glucose. Il est plus sucré que ce dernier et plus soluble dans l'alcool; mais ses propriétés chimiques sont les mêmes que celles du glucose et il a la même composition.

SACCHAROSE OU SUCRE ORDINAIRE

Formule : $C^{12}H^{22}O^{11}$

358. État naturel.

Le sucre de canne, ou sucre ordinaire, est très répandu dans le règne végétal; on le trouve dans la canne à sucre, la betterave, et en moins grande quantité dans la carotte, le navet, dans les melons, les citrouilles, les abricots, les pêches, les prunes, dans le maïs, le sorgho, etc.

C'est principalement de la canne et de la betterave qu'on l'extrait.

359. Propriétés.

Le sucre ordinaire est un corps solide, blanc, cristallisé

en prismes qui répandent des lueurs dans l'obscurité quand on les brise ou qu'on les frotte contre un corps dur (sucre candi). Il est soluble dans l'eau froide et surtout dans l'eau bouillante, et presque insoluble dans l'alcool concentré. La dissolution de sucre dans l'eau, concentrée jusqu'à 40° Baumé et évaporée lentement, laisse déposer de gros cristaux très durs de sucre candi.

Chauffé à 160°, le sucre fond, donne un liquide épais, transparent, qui se prend par le refroidissement en une masse amorphe, vitreuse, qu'on appelle sucre d'orge. Le sucre d'orge perd peu à peu sa transparence en repassant à l'état de sucre cristallisé.

Si l'on chauffe le sucre au-dessus de sa température de fusion, il se décompose en eau et en un corps brun, le caramel ; à une température plus élevée, il se décompose complètement, en donnant divers produits volatils, et en laissant comme résidu un charbon poreux, très léger, formé presque exclusivement de carbone (charbon de sucre).

TRANSFORMATION EN SUCRE INTERVERTI

360. 1° Les acides minéraux étendus transforment le sucre ordinaire en un mélange de glucose et de lévulose, désigné sous le nom de sucre interverti :

$$C^{12}H^{22}O^{11} + H^2O = C^6H^{12}O^6 + C^6H^{12}O^6.$$

La transformation se fait lentement à froid, mais elle est très rapide à 100°. L'interversion du sucre est très importante, car il faut que le sucre l'ait subie pour pouvoir fermenter (§ 378).

2° L'interversion du sucre peut se faire aussi sous l'influence d'une diastase ou ferment soluble, qu'on appelle l'*invertine*. C'est ainsi que le suc intestinal, grâce à cette diastase, transforme le sucre ordinaire en glucose et en lévulose assimilables. De même, la levure de bière fait fermenter le sucre ordinaire, parce qu'elle le transforme d'abord, par l'invertine qu'elle sécrète, en sucre interverti qui peut fermenter directement. L'action de la levure de bière sur le sucre ordinaire est donc double : elle produit l'*interversion du sucre*, puis la *fermentation alcoolique du sucre interverti*.

361. Fabrication du sucre.

La fabrication du sucre comporte deux groupes d'opérations distinctes :

1º Extraction des jus sucrés de la betterave ou de la canne à sucre;

2º Raffinage de ces jus sucrés.

362. Extraction des jus sucrés de la betterave.

Une grande partie du sucre consommé en France est extraite de la betterave, cultivée en grand pour cet usage dans le Nord, le Pas-de-Calais, la Somme, l'Aisne, etc.

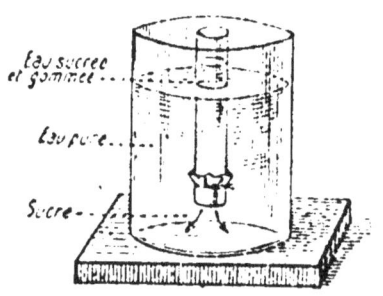

363. *Diffusion.* — Les betteraves, bien lavées, sont coupées en minces lanières appelées *cossettes*, dont on extrait le jus sucré par diffusion. Le principe de ce procédé est le suivant : si on laisse séjourner les cossettes dans l'eau chaude, le liquide sucré traverse les parois des cellules et se dissout dans l'eau (*fig.* 106),

Fig. 106. — Le tube contient un mélange d'eau sucrée et gommée. Par diffusion le sucre passe à travers la membrane, la gomme reste.

tandis que les matières albuminoïdes et les gommes ne traversent pas sensiblement les membranes et restent presque en totalité dans les cellules. Le résidu ou pulpe sert d'aliment aux bestiaux.

364. *Carbonatation.* — Le jus sucré obtenu est verdâtre, et il contient un grand nombre d'impuretés, telles que de l'albumine, des sels, des matières colorantes, etc., qui le rendent très altérable et qui l'empêcheraient de cristalliser.

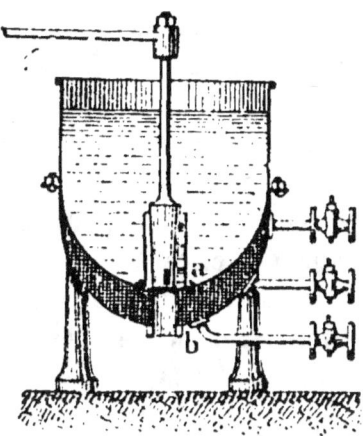

FIG. 107. — Carbonatation du jus sucré.

La vapeur arrive dans le double fond *ab*, et échauffe le liquide de la chaudière ; le gaz carbonique est amené par le tube central.

Il faut donc le purifier. Pour cela, on ajoute de la *chaux* dans le jus sucré qu'on chauffe à la vapeur (*fig.* 107). La chaux se combine à une partie des impuretés en donnant des produits insolubles, et elle forme avec le sucre du sucrate de calcium. On fait arriver ensuite un courant de gaz carbonique qui met le sucre en liberté. Si on laisse reposer le mélange, toutes les matières insolubles se déposent au fond de la chaudière et, par décantation, on obtient le jus sucré. Cette opération se fait généralement deux fois.

Puis le jus obtenu est décoloré par du noir animal ou filtré à travers des sacs de toile, et il ne reste plus qu'à le concentrer.

365. *Concentration et cristallisation.* — La concentration du sirop ne peut se faire à une température élevée, car le sucre s'intervertirait sous l'action de la chaleur. Pour obtenir une évaporation rapide avec une température assez basse, *on fait le vide dans les chaudières d'évaporation;* ainsi le liquide peut bouillir à une température inférieure à 100°, et il ne s'altère pas.

Au sortir de ces appareils, le jus sucré est versé dans de grandes cuves où il est abandonné au refroidissement. Le sucre se dépose en petits grains ou cristaux colorés en jaune, et qu'on sépare de la partie restée liquide dans des turbines, par l'action de la force centrifuge; la matière brune est en même temps éliminée, et il reste dans l'essoreuse des cristaux blancs, constituant le sucre de premier jet. Le liquide qui s'écoule pendant cette opération est soumis à une seconde cuisson, passe de nouveau dans la turbine, et donne les sucres de second jet, moins blancs que les précédents. Une troisième opération donne les sucres de troisième jet.

Il reste alors un liquide dont on ne peut plus retirer de sucre par les procédés précédents, bien qu'il en contienne encore; il constitue les mélasses. On se sert des mélasses pour différents usages; le plus souvent elles sont soumises à la fermentation, puis on en retire de l'alcool par distillation. Le résidu de cette distillation (vinasse) est employé pour l'extraction des sels de potassium (§ 284).

366. Extraction du jus sucré de la canne.

Les tiges de canne à sucre sont écrasées entre de gros cylindres métalliques tournant en sens inverse (*fig.* 108);

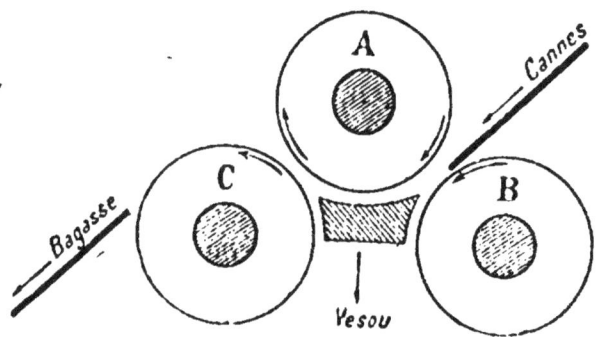

Fig. 108. — Schéma d'un moulin à cannes à sucre.

on sépare ainsi le jus sucré ou *vesou* de la partie ligneuse ou *bagasse* (cette dernière est employée comme combustible). Le jus sucré subit ensuite un traitement à peu près analogue à celui dont nous venons de parler. Les mélasses obtenues dans cette fabrication servent à fabriquer, par fermentation et distillation, le rhum et le tafia.

307. Raffinage du sucre.

Le sucre brut, même celui de premier jet, doit être raffiné avant d'être livré à la consommation. On le dissout dans une petite quantité d'eau chaude; on y ajoute du noir animal en poudre et du sang de bœuf, puis on porte le tout à l'ébullition. Le noir animal décolore le sucre ; le sang, en se coagulant, emprisonne les matières en suspension et les entraîne à la surface où on peut les enlever facilement. Le liquide est ensuite filtré à travers des sacs de coton pelucheux, envoyé sur du noir animal qui achève l'épuration, puis soumis à une nouvelle concentration dans le vide à 70° environ. Comme cette température n'est pas la plus favorable à la cristallisation, on réchauffe le sirop dans une chaudière où la température est 80° avant de le verser dans les moules où il cristallise. Pour avoir le sucre en pains, on emploie des moules de forme conique (*fig.* 109) dont la pointe, placée en bas, est munie d'une ouverture fermée par un tampon. Quelques heures après le remplissage, la cristallisation est faite en partie. On procède alors au clairçage, qui consiste à verser sur la partie supérieure du pain une solution de sucre saturée qui ne peut plus dissoudre de sucre, mais enlève les matières colorantes et s'écoule ensuite par l'ouverture inférieure débouchée. Enfin, pour chasser les dernières traces de sirop non cristallisé, on met les pointes des moules en communication avec une machine pneumatique qui aspire le liquide Après cet égouttage, les pains sont retirés des

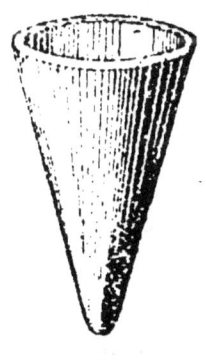

Fig. 109. — Forme à pains de sucre.

formes et desséchés dans des étuves avant d'être empaquetés et livrés au commerce.

Actuellement, une grande quantité de sucre est moulée dans des formes cubiques, puis soumise à l'égouttage et au clairçage par des procédés très expéditifs et sciée mécaniquement en morceaux réguliers faciles à ranger dans des boîtes.

368. Usages.

Le sucre est surtout employé dans l'alimentation. Il constitue un aliment excellent qui fournit beaucoup de chaleur à l'organisme et qui n'est pas coûteux; aussi l'usage des mets sucrés pourrait-il avec avantage être plus répandu, particulièrement en France, dans les milieux ouvriers.

On utilise aussi le sucre dans la confiserie, et pour la fabrication des confitures, des liqueurs, etc.

La France est un des pays qui produisent le plus de sucre; elle en fournit à elle seule un milliard de kilogrammes, soit le dixième environ de la production mondiale.

LACTOSE OU SUCRE DE LAIT
$$C^{12}H^{22}O^{11}$$

369. Le sucre de lait existe dans le lait de tous les mammifères. Quand on évapore du petit-lait, résidu de la préparation des fromages, ce sucre se dépose en cristaux d'un blanc jaunâtre, peu sucrés, solubles dans l'eau.

HYDRATES DE CARBONE

370. La cellulose, l'amidon et la fécule, les sucres, renferment tous du carbone, de l'hydrogène et de l'oxygène. En outre, ils renferment tous 2 fois plus d'hydrogène que d'oxygène, c'est-à-dire que ces deux corps y sont dans les mêmes proportions que dans l'eau ; pour cette raison, on appelle souvent ces corps des **hydrates de carbone** (composés de carbone et d'eau).

371. Expériences. — *Glucose.* — Montrer du glucose en masse, du sirop de glucose.

Sucre ordinaire. — Faire fondre du sucre avec quelques gouttes d'eau sur un foyer, et, quand il est fondu, le couler sur une plaque de marbre huilée : on obtient du sucre d'orge. Même expérience en chauffant plus longtemps le sucre ; la masse brunit et se transforme en caramel. Si on continue à chauffer, on n'obtient plus bientôt que du charbon de sucre.

Exercice d'observation. — Le sucre.

CHAPITRE XXXI

(PEUT ÊTRE TRAITÉ EN DEUX LEÇONS)

FERMENTATIONS. — BOISSONS FERMENTÉES

—

PLAN

I. — Fermentations

Définition	Transformation chimique de matières dites *fermentescibles*, sous l'influence d'autres matières organiques dites *ferments*.
2 sortes de ferments	Ferments vivants. Ferments solubles.

II. — Boissons fermentées

1° Fermentation alcoolique	Expérience	Glucose, eau et levure de bière dans un flacon. Laisser le tout dans une salle chaude. Il y a fermentation (alcool et gaz carbonique).
	Conditions pour que la fermentation se produise.	Levure à l'abri de l'air. Matières azotées dans le liquide. Température pas trop élevée.

Matières premières employées pour la fabrication des boissons alcooliques : *sucres* ou *substances pouvant se transformer en glucose.*

2° **Vin :** Fabrication. Vin blanc, vin de Champagne.

3° **Cidre et poiré :** Fabrication à l'aide des pommes et des poires.

4° Bière Fabrication	1. Développement de la diastase ou *germination* de l'orge: formation du *malt.* 2. Transformation de l'amidon en glucose (*saccharification*): formation du *moût.* 3. *Houblonnage.* 4. *Fermentation alcoolique.*

III. — Alcools

1° Matières premières	Boissons fermentées. Jus sucrés : fruits, moût de raisin, mélasses, jus de betteraves. Matière amylacée des graines de céréales et des pommes de terre.
2° Fabrication 4 opérations au plus	Transformation de l'amidon en glucose (alcools de grains, de pommes de terre). *Fermentation alcoolique du glucose. Distillation du moût fermenté pour concentrer l'alcool. Rectification de l'alcool pour l'avoir presque pur.*

FERMENTATION

372. Exemples de fermentations.

Lorsqu'on écrase des grains de raisin et qu'on abandonne le jus sucré à l'air à la température de 15° à 20°, ce jus se transforme peu à peu en alcool tandis qu'il y a dégagement de gaz carbonique. De même, le vin ensemencé de *fleur de vinaigre* se transforme en vinaigre.

Les matières organiques azotées (viande, pain, fromage, œufs), longtemps exposées à l'air, se décomposent en divers produits, tels que l'ammoniaque, l'hydrogène sulfuré, etc. Toutes ces transformations des matières organiques sont appelées fermentations. Les fermentations ne sont pas autre chose que des *transformations chimiques de matières dites* matières fermentescibles, *sous l'influence d'autres matières organiques dites* ferments. Ainsi, la fermentation acétique (vin transformé en vinaigre) est la transformation de l'alcool (matière fermentescible) en acide acétique, sous l'influence d'un ferment, la *fleur de vinaigre.*

Ce qui caractérise ces phénomènes chimiques, c'est qu'en général le ferment ne fournit rien de sa propre substance; aussi une petite quantité de ferment peut-elle transformer une quantité presque illimitée de matière.

373. Ferments vivants.

Les travaux de Pasteur ont montré qu'un grand nombre de ferments sont constitués par des êtres vivants, végétaux microscopiques appartenant au groupe des champignons ou à celui des algues. Lorsque ces ferments se trouvent placés dans un milieu convenable, ils se développent et se multiplient rapidement aux dépens de la matière fermentescible qu'ils décomposent, c'est-à-dire qu'ils font fermenter. C'est ainsi que la levure de bière produit la fermentation du jus de raisin ; la *fleur de vinaigre*, celle de l'al-

cool, etc. Il semble que ces ferments ne soient pas toujours nécessaires à la fermentation, car le jus de raisin,
par exemple, ne tarde pas à fermenter à l'air sans qu'on
ait besoin d'y ajouter de levure de bière. Mais, en réalité,
le ferment existe bien dans le liquide; il a été apporté soit
par les pellicules des grains de raisin sur lesquelles il se
trouvait, soit le plus souvent par l'air qui renferme une
quantité innombrable de ferments à l'état de vie ralentie.

La putréfaction des matières organiques, la coagulation
spontanée du lait sont également des fermentations dues à
des êtres vivants.

374. Ferments solubles.

D'autres fermentations sont produites par des substances
non vivantes; ces substances sont désignées sous le nom
de ferments solubles ou diastases.

Parmi ces ferments, on peut citer la diastase de l'orge
germée et celle de la salive, qui transforment l'amidon en
glucose (§ 338); — l'invertine, qui transforme le saccharose
en glucose et lévulose (§ 360), et toutes les diastases qui,
dans la digestion, transforment les aliments en substances
assimilables.

FERMENTATION ALCOOLIQUE

375. Expérience.

On introduit dans un grand flacon (*fig.* 110) de l'eau, du
glucose et de la levure de bière, substance qu'on trouve
dans les brasseries, et on abandonne l'appareil dans une
salle chaude. On constate bientôt qu'il se dégage du gaz
carbonique dans l'éprouvette et que le liquide perd sa saveur
sucrée et prend une odeur vineuse; il contient donc de l'alcool qu'on peut isoler par distillation. La levure de bière
se dépose au fond du flacon.

Ainsi le glucose s'est transformé en alcool sous l'influence

de la levure de bière. Examinons au microscope une parcelle
de cette levure (*fig.* 111) : elle est formée de petites cellules

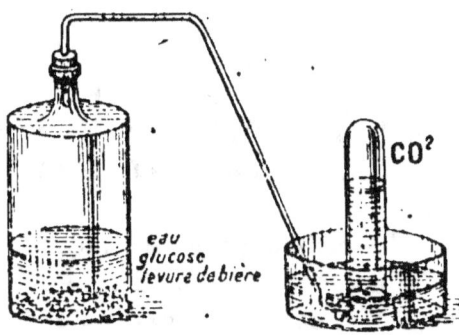

ovoïdes réunies en
chapelets; c'est elle
qui joue le rôle de
ferment, et l'on dit
que le glucose a subi
la fermentation alcoo-
lique.

*La fermentation al-
coolique est donc* la
transformation du
glucose en alcool et

Fro. 110. — Fermentation alcoolique.

en gaz carbonique sous l'action de la levure de bière. Il
se forme, en outre, durant la fermentation, de la glycérine,
de l'acide succinique et divers
autres corps. D'autre part, la
levure vit et se reproduit dans
le liquide.

376. Conditions pour que
la fermentation alcoolique
se produise.

1° Pour que la fermenta-
tion alcoolique se produise, il
faut que la levure de bière soit
dans l'intérieur du liquide.
A sa surface elle peut vivre,
mais elle n'a aucune action

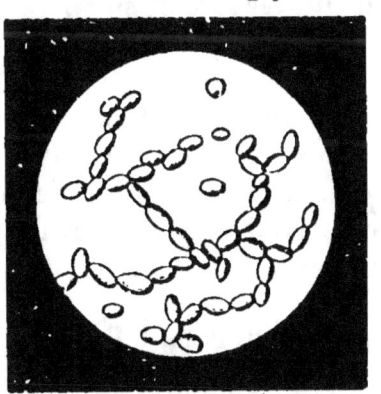

Fro. 111. — Cellules de levure de
bière (grossies 250 fois); elles
sont réunies en chapelet.

sur le glucose : c'est qu'elle emprunte à l'air l'oxygène dont
elle a besoin, tandis que, dans le premier cas, elle le
prend au glucose et détermine ainsi sa fermentation.

2° Pour que la levure puisse se développer, il faut qu'elle
trouve dans le milieu où elle vit les substances azotées
dont elle se nourrit. Si on la sème dans un liquide ne

contenant que du sucre, la fermentation se produit mal
et s'arrête au bout d'un certain temps, lorsqu'il ne reste
plus de globules de levure vivants; tant qu'elle dure, c'est
que le ferment se nourrit aux dépens de sa propre substance.

Les jus sucrés retirés des fruits du raisin, de la betterave, etc., sont des milieux très favorables au développement de la levure, car ils renferment toujours une grande
quantité de matières azotées.

3° C'est à 30° environ que la fermentation du glucose se
produit le mieux. Au-dessus de 30° elle se ralentit. A l'ébullition, la levure de bière est tuée, et la fermentation cesse.

4° Si on ajoute dans le flacon une faible quantité de
sublimé ou de phénol, ou d'un autre corps dit antiseptique,
la fermentation ne se produit pas. C'est que ces substances
tuent la levure de bière.

377. Conclusion.

Certaines conditions nuisent à la fermentation alcoolique
ou même l'arrêtent : élévation de la température, — antiseptiques, — absence de matières azotées dans la substance qui fermente, levure de bière à la surface du liquide
au lieu d'être à l'intérieur.

378. Fermentation du sucre ordinaire.

Le glucose peut donc être transformé en alcool par fermentation. Il en est de même du lévulose ou sucre de fruits.

Quant au sucre ordinaire, il ne peut l'être que s'il est au
préalable interverti (§ 360), c'est-à-dire transformé en glucose et en lévulose. La levure de bière commence par l'in-
tervertir, puis elle fait fermenter le glucose et le lévulose
obtenus.

Il en résulte que *toutes les substances sucrées ou capables
d'être transformées en sucres peuvent subir la fermentation
alcoolique*, et servir par suite à la fabrication des boissons

fermentées ou des alcools. L'amidon, la cellulose, qui peuvent être transformés en glucose, pourront donc servir à cet usage (§ 338 et 344).

379. Vin.

Le vin résulte de la *fermentation du jus* ou *moût de raisin*.

Ce jus renferme du glucose, de l'albumine, des matières grasses, des matières colorantes, des acides tels que l'acide tartrique, et des sels tels que le phosphate de calcium et le chlorure de sodium. Presque tous ces produits se retrouvent dans le vin.

Les raisins mûrs sont foulés dans de grandes cuves, puis abandonnés dans des celliers à une température de 20 à 25°; après quelques heures ou quelques jours, suivant les cas, la fermentation commence. Le gaz carbonique se dégage en entraînant avec lui la pulpe des grains et les grappes, qui se réunissent à la surface en formant une croûte ou *chapeau*. Quand la fermentation se ralentit, il faut enfoncer cette croûte dans la masse, car elle renferme la levure qui n'agit plus dès qu'elle est à l'air. Après quelques jours, le bouillonnement cesse tout à fait; on soutire le liquide dans des tonneaux où la fermentation s'achève doucement; il faut donc en laisser la bonde ouverte pour que le gaz carbonique puisse se dégager.

Après la fermentation, le vin s'éclaircit par le dépôt de la lie, mélange de débris du ferment, de tartre, de matière colorante. On le soutire de nouveau et on le colle avec du blanc d'œuf ou de la gélatine, qui se coagule au contact de l'alcool et entraîne les matières restées en suspension dans le vin. Les résidus de la fermentation qui se trouvent dans les cuves constituent les marcs, employés pour la fabrication des eaux-de-vie de marc.

380. Vin blanc et vin de Champagne.

Pour fabriquer le vin blanc, on peut employer des raisins blancs ou rouges. Comme la matière colorante se trouve dans la pellicule des grains, on sépare le jus des pellicules avant la fermentation. On écrase donc les grains, on les presse immédiatement, et l'on recueille le jus séparément.

Le vin de Champagne et tous les vins mousseux s'obtiennent en ajoutant au vin, lorsqu'on le met en bouteilles, un peu de sucre candi ; ce sucre fermente sous l'action du ferment que contient le vin, même clarifié, et il produit du gaz carbonique qui reste emprisonné dans le vin sous pression.

381. Composition du vin.

Le vin renferme de l'eau, de l'alcool (7 à 20 0/0), des matières qui existaient dans le moût (matières azotées, matières grasses, sels minéraux, matières colorantes, tanin, acides tartrique, malique, etc.), de l'acide acétique, de la glycérine, etc. Les vins de table doivent renfermer de 10 à 12 0/0 d'alcool.

382. Cidre et poiré.

Le cidre est obtenu par la *fermentation alcoolique du jus de pommes ;* lorsqu'il provient du jus de poire, on l'appelle *poiré.* Le procédé de fabrication varie un peu suivant les régions. Le plus souvent, les fruits sont écrasés sous une meule, puis abandonnés à l'air jusqu'à ce qu'ils aient pris une couleur ambrée ; on les soumet alors à l'action d'un pressoir, et le jus recueilli est introduit dans de grandes cuves où il fermente. Quand la fermentation se ralentit, on le soutire dans des tonneaux, et, si l'on veut en faire une boisson sucrée mousseuse, on le met en bouteilles.

Le cidre renferme de 4 à 8 0/0 d'alcool, des acides malique et pectique, des principes qui le rendent un peu amer. Il s'altère plus facilement que le vin et ne peut guère se conserver au delà d'un an.

383. Bière.

La bière résulte de la *fermentation alcoolique du glucose obtenu par la transformation de l'amidon de l'orge* (§ 338). On l'aromatise au moyen de fleurs de houblon.

Sa fabrication comporte donc quatre phases successives : 1° développement de la diastase dans l'orge, ou formation du malt ; 2° brassage ou transformation de l'amidon en glucose ; 3° chauffage avec le houblon ; 4° fermentation alcoolique.

Fig. 112.
Orge germée.

1° *Préparation du malt*. — On fait d'abord germer l'orge en l'étendant, humide, dans une cave ou *germoir*, maintenue à la température de 15° ; la germination dure de dix à vingt jours, et, pendant qu'elle se produit, la diastase se forme dans le grain. L'orge germée (*fig.* 112) est ensuite desséchée, puis débarrassée de ses radicelles qui se détachent facilement, et concassée en une farine grossière appelée **malt**, très riche en diastase ;

2° *Brassage ou saccharification*. — Le malt est brassé dans de grandes cuves (*fig.* 113) où l'on fait arriver de l'eau à 70°. Puis on

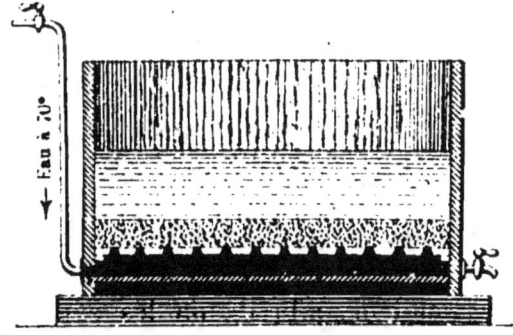

Fig. 113. — Cuve-matière à saccharification.
Sous l'influence de la diastase formée dans la graine germée, l'amidon se transforme en glucose.

soutire le liquide qui constitue le moût. Le malt épuisé ou *drèche* sert à la nourriture des bestiaux.

3° *Houblonnage*. — On fait bouillir le moût, dans de grandes cuves, avec des fleurs de houblon (*fig.* 114), qui communiquent à la bière son goût amer et agréable et qui

favorisent sa conservation. La cuisson dure plusieurs
heures, et, quand elle est terminée, le liquide est refroidi et
conduit dans les cuves
où il subira la fermen-
tation alcoolique.

4° *Fermentation*.—
Dans les cuves à fer-
mentation, le liquide
est additionné de le-
vure provenant d'une
opération antérieure,
et il est maintenu à
une température de
2 à 8° pour les bières
anglaises, et de 10 à

FIG. 114. — Fleurs de houblon.
Elles communiquent à la bière
son amertume spéciale.

20° pour les bières allemandes. La levure augmente con-
sidérablement de volume et forme à la surface du liquide
une mousse que l'on recueille et que l'on comprime dans
des sacs, quand la fermentation est terminée. Quant au
liquide, il est soutiré dans des tonneaux où la fermentation
s'achève.

384. Composition de la bière.

La bière contient de 2 à 8 0/0 d'alcool, des matières albuminoïdes, des matières grasses, des sels minéraux, etc.
Aussi est-elle très nourrissante en même temps que rafraî-
chissante.

FABRICATION DES ALCOOLS

385. Matières premières.

Les alcools diffèrent surtout des boissons fermentées en
ce qu'ils renferment une moins grande proportion d'eau.
On peut donc les obtenir par distillation de ces boissons
(vin, cidre, bière). Mais, depuis longtemps, cette source

d'alcool est insuffisante pour les besoins de la consommation. On s'est alors adressé non seulement à des produits
renfermant de l'alcool tout fabriqué, mais surtout à des
matières capables d'être transformées en alcool. Ce sont
principalement :

1° Les fruits (cerises, prunes, pommes, etc.), le marc de
raisin, les mélasses, les jus des betteraves, renfermant du
glucose ou du *saccharose;*

2° Les graines de céréales, les tubercules de pommes de
terre, dont la *matière amylacée* est capable de se transformer en sucre et, par suite, en alcool.

La fabrication des alcools comprend donc au plus quatre
opérations :

1° Transformation de l'amidon en sucre fermentescible;

2° Fermentation alcoolique du sucre;

3° Distillation du liquide obtenu, pour avoir l'alcool plus
concentré ;

4° Rectification de l'alcool, pour le séparer des produits
étrangers avec lesquels il est mélangé et qui sont très
toxiques.

386. Fabrication de l'alcool.

S'il s'agit d'alcool de grains ou de pommes de terre, on
commence par transformer l'amidon en sucre, soit au
moyen des acides étendus, soit, le plus souvent, par la
diastase de l'orge germée (§ 338).

Quelle qu'en soit la provenance, le jus sucré est ensuite
additionné de levure de bière et soumis à la fermentation.

Le liquide vineux obtenu est le **moût fermenté**, dont on
isole l'alcool par distillation.

387. Distillation du liquide alcoolique.

Le moût, ainsi que les boissons fermentées, renferme de
l'alcool dilué dans une grande quantité d'eau. Par distillation, on peut concentrer le liquide : si, en effet, on le chauffe

jusqu'à l'ébullition, les vapeurs qui se dégagent sont plus riches en alcool que le liquide employé, car l'alcool est plus volatil que l'eau (il bout à 78°). Si l'on condense ces vapeurs et qu'on soumette à une deuxième distillation le liquide obtenu, on recueille un mélange encore plus riche en alcool que le précédent, et ainsi de suite. Par distilla-

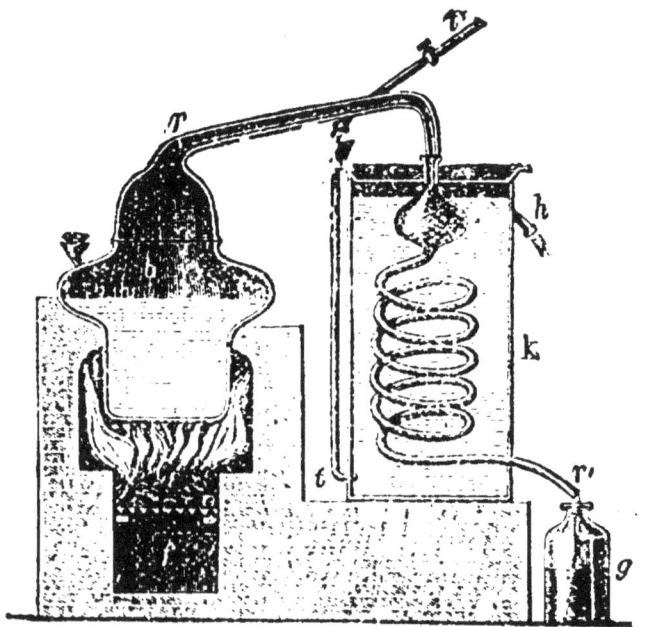

FIG. 115. — Alambic pour distillation.

tions successives, on peut donc arriver à obtenir de l'alcool presque pur.

Autrefois la distillation se faisait dans un **alambic** ordinaire (*fig.* 115) et, pour avoir de l'alcool concentré, il fallait plusieurs opérations successives. Actuellement on n'emploie plus l'alambic que dans les campagnes, pour la distillation des boissons fermentées et pour celle des moûts provenant des fruits.

Dans l'industrie, on emploie des appareils basés sur le même principe, mais construits de manière à produire

plusieurs distillations successives dans une même opération ;
souvent même on arrive à distiller et à rectifier l'alcool en
une seule opération. Nous n'avons pas à décrire ici ces
appareils.

388. Dosage de l'alcool.

Le produit des distilleries s'appelle eau-de-vie quand il

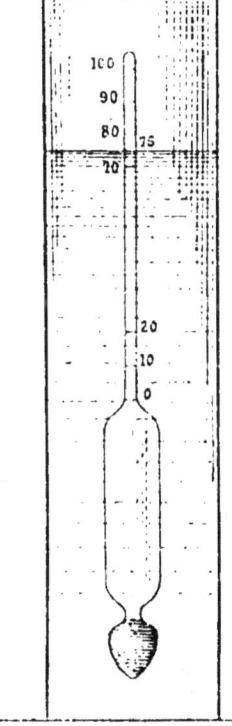

Fig. 116. — Alcoomètre
de Gay-Lussac.

ne contient que 50 à 55 centièmes
d'alcool. S'il en contient davantage,
il est appelé *alcool* ou *esprit-de-vin*
(alcool à 90°, à 95°).

Pour connaître la proportion
d'alcool contenue dans de l'eau-
de-vie par exemple, il suffit d'y
plonger un *alcoomètre de Gay-Lussac (fig.* 116).

C'est une sorte d'appareil gradué de façon à faire connaître la
quantité d'alcool contenue dans
100 centimètres cubes d'un mélange
d'alcool et d'eau. Si, par exemple,
l'alcoomètre affleure dans ce mélange à la division 52, c'est qu'il
y a 52 centimètres cubes d'alcool
dans 100 centimètres cubes du
liquide.

L'alcoomètre ayant été gradué
à la température de 15°, si l'on s'en
sert à une température différente,
il faut corriger l'indication donnée
au moyen d'un tableau de correction livré avec l'appareil.

389. Dosage de l'alcool des vins.

Il est impossible de doser l'alcool d'un vin en y plongeant
l'alcoomètre, car le vin n'est pas un simple mélange d'eau

et d'alcool ; il renferme beaucoup d'autres substances (§ 381). Il faut d'abord distiller le vin pour en extraire l'alcool. A cet effet, on chauffe 100 centimètres cubes de vin (*fig.* 117) dans un vase communiquant avec un serpentin refroidi ; on recueille dans un vase gradué le liquide qui se

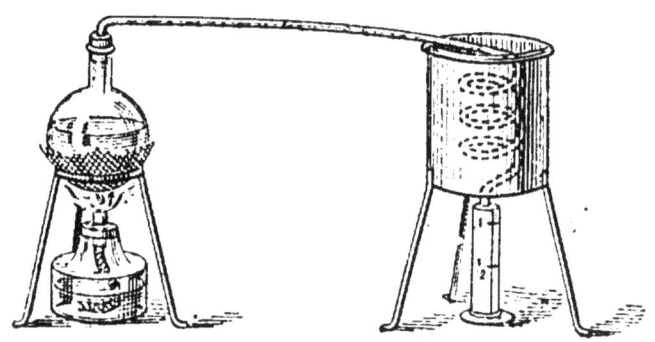

Fig. 117. — Appareil de Salleron pour l'essai des vins.

condense dans le serpentin. Quand on a 50 centimètres cubes de ce liquide, tout l'alcool du vin a passé à la distillation. On ajoute de l'eau pure pour ramener le volume à 100 centimètres cubes ; et l'alcoomètre de Gay-Lussac, plongé dans ce mélange, donne la teneur en alcool.

On vend dans le commerce un appareil analogue à celui que nous venons de décrire (appareil Salleron).

390. Expériences. — Faire fermenter du glucose au moyen de levure, en faisant l'expérience indiquée au paragraphe 165. Constater que le gaz recueilli dans l'éprouvette est du gaz carbonique, en y versant un peu d'eau de chaux qui se trouble.

Si l'on dispose d'un appareil de Salleron, déterminer la quantité d'alcool contenue dans un vin donné.

TROISIÈME ANNÉE

CHAPITRE XXXII

ACIDES ORGANIQUES

ACIDE ACÉTIQUE ET VINAIGRE

PLAN

I **Vinaigre**	Principe de la fabrication	*Fermentation acétique*, c'est-à-dire transformation de l'alcool éthylique en acide acétique sous l'influence d'un ferment qui fixe l'oxygène de l'air sur l'alcool.	
	Divers procédés de fabrication	*procédé orléanais.* *procédé Pasteur*, qui est un perfectionnement du précédent.	
II **Acide** **acétique**	1° Propriétés chimiques	1° Les vapeurs d'acide acétique brûlent en donnant CO^2 et H^2O ; 2° C'est un corps acide. Les sels sont des *acétates*	
	2° Usages	Acide acétique : fabrication du vinaigre, des acétates Vinaigre : alimentation.	
		Principaux acétates ayant des applications pratiques	Acétate de cuivre. — de fer. — d'aluminium — de plomb.
	3° Fabrication industrielle de l'acide acétique	Distillation du bois	gaz combustibles, servent à chauffer les cornues. liquide : est formé { d'alcool méthylique et d'acide acétique. goudrons. charbon de bois, qui reste dans la cornue.

VINAIGRE

391. Expérience.

Plaçons de la *mère* ou *fleur de vinaigre* à la surface du vin contenu dans un vase ouvert à l'air. Bientôt le vin prend une saveur piquante; il se transforme en vinaigre.

La transformation du vin en vinaigre sous l'action de la mère de vinaigre porte le nom de fermentation acétique. Le même phénomène se passe avec du cidre ; c'est toujours l'alcool contenu dans le liquide qui est transformé en un acide appelé acide acétique.

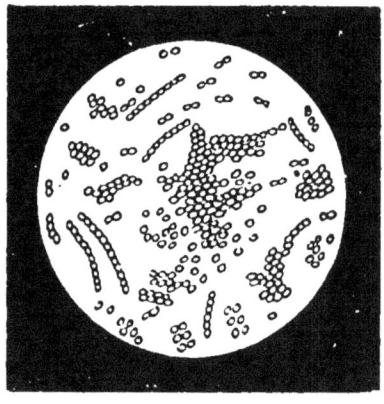

La mère de vinaigre est formée de cellules, petites, arrondies, placées les unes à la suite des autres en chapelets (fig. 118). Ce ferment s'appelle aussi le mycoderma aceti ; il ne se développe qu'au contact de l'air et à une tem-

Fig. 118. — Mycoderma aceti.

pérature de .25 à 30°. Si on l'enfonce dans le vin pour le mettre à l'abri de l'air, la fermentation cesse. C'est le contraire de ce qui se passe pour la fermentation alcoolique.

302. Fabrication du vinaigre.

Pour fabriquer du vinaigre, il suffit d'acétifier du vin, du cidre ou de l'alcool étendu d'eau.

Les procédés les plus employés, au moins en France, sont le procédé orléanais et le procédé Pasteur.

303. Procédé orléanais.

On emploie des tonneaux qui sont rangés debout dans un cellier dont la température est maintenue constante à 25 ou 30° (fig. 119). Ces tonneaux sont percés à leur paroi supérieure de deux trous : l'un sert à introduire le vin ; l'autre à permettre l'entrée de l'air. On verse dans chaque tonneau 100 litres environ de vinaigre provenant d'une opération antérieure, puis 10 litres de vin. L'acétification se fait lentement ; au bout d'un mois environ, on retire 10 litres de vinaigre que l'on remplace par du vin. A partir

de ce moment, on peut, tous les huit jours, soutirer 10 litres
de vinaigre et ajouter 10 litres de vin. Le vinaigre obtenu
par ce procédé possède un arome agréable; cela tient à ce
que la température n'ayant pas été élevée au-dessus de 30°,
les principes aromatiques du vin ne se sont pas dégagés.
Mais ce procédé a l'inconvénient d'être très lent. De plus il

Fig. 119. — Fabrication du vinaigre d'Orléans.

se développe souvent, dans les tonneaux, des anguillules,
petits vers minces qui, ayant besoin d'air pour respirer,
submergent le mycoderme et peuvent ainsi arrêter l'acétification. Ce procédé n'est, par suite, employé que dans les
petites vinaigreries, ainsi que dans les ménages. Dans les
vinaigreries importantes, c'est le procédé Pasteur que l'on
emploie presque toujours.

301. Procédé Pasteur.

Le procédé Pasteur est un perfectionnement du procédé
orléanais. Au lieu de tonneaux, on emploie des cuves larges
et peu profondes, afin qu'il y ait une grande surface de liquide

exposée à l'air, ce qui permet une acétification plus rapide. Ces cuves sont fermées pour éviter les pertes par évaporation; mais deux ouvertures latérales assurent la circulation de l'air. A la surface du liquide qui doit fermenter, on sème du mycoderme très actif provenant d'une cuve en fermentation depuis 2 ou 3 jours. De cette manière le mycoderme se développe avec rapidité, forme un voile épais, et les anguillules ne peuvent pas vivre. D'ailleurs, après chaque opération, on nettoie la cuve pour arrêter leur développement.

Dans le procédé Pasteur, une cuve de 100 litres fournit *par jour* 6 à 7 litres de vinaigre. Comme on opère à basse température, on obtient du vinaigre d'aussi bonne qualité qu'avec le procédé orléanais. Enfin on peut acétifier par ce procédé de l'alcool étendu aussi bien que du vin.

Il existe un autre procédé dit procédé allemand, plus rapide que le procédé orléanais, mais qui donne du vinaigre de qualité inférieure. Nous ne l'étudierons pas.

ACIDE ACÉTIQUE
$C^2H^4O^2$

395. Le vinaigre contient en moyenne 7 à 8 0/0 d'acide acétique. Par distillation, on pourrait recueillir ce liquide; il est incolore, d'une odeur très pénétrante, d'une saveur acide. Il bout à 118°.

396. Propriétés chimiques.

1° Les vapeurs d'acide acétique brûlent lorsqu'on en approche un corps enflammé. Il se produit du gaz carbonique et de la vapeur d'eau : c'est que ce corps renferme du carbone, de l'hydrogène et de l'oxygène.

2° *C'est un acide.* — L'acide acétique rougit le tournesol. Il se combine avec les *bases* en donnant des sels : avec la potasse il donne l'acétate de potassium ; avec la litharge ou oxyde de plomb, l'acétate de plomb, etc.

Au contact de l'air, l'acide acétique forme avec quelques *métaux* des acétates : c'est ainsi que, chauffé avec du cuivre à l'air, il donne de l'acétate de cuivre; avec le plomb, il forme de l'acétate de plomb. A la température ordinaire, la combinaison a lieu aussi, mais plus lentement. Comme les acétates de cuivre et de plomb sont vénéneux, il ne faut pas laisser séjourner des aliments vinaigrés dans des ustensiles de cuivre ou dans des poteries grossières dont le vernis est à base de plomb.

397. Usages de l'acide acétique et du vinaigre.

L'acide acétique est surtout employé à la fabrication des acétates. Les acétates de *fer*, d'*aluminium* sont employés pour fixer les matières colorantes sur les tissus.

L'*acétate de plomb* ou *sel de Saturne* est employé en pharmacie. En solution mélangée d'alcool, il constitue l'*extrait de Saturne* qui, additionné d'eau, forme l'*eau blanche*, employée comme compresses pour les coups ou les blessures.

Une grande quantité d'acide acétique sert pour fabriquer du vinaigre; il suffit pour cela de diluer l'acide dans de l'eau.

Quant au vinaigre, il est employé dans l'alimentation comme condiment et pour faire des conserves. Il sert aussi dans la préparation des vinaigres de toilette et dans la fabrication de la céruse par le procédé hollandais.

398. Distillation du bois.

Tout l'acide acétique employé dans l'industrie est obtenu par la distillation du bois (§ 208). On chauffe le bois dans une cornue en fonte communiquant avec un serpentin constamment refroidi par un courant d'eau (*fig.* 120). Il se dégage de l'eau, des goudrons, de l'acide acétique, de l'alcool méthylique ou esprit-de-bois : tous ces corps se condensent par le refroidissement.

Le liquide condensé se divise en deux couches. La couche inférieure est formée de goudrons.

La couche supérieure est constituée par de l'eau, de l'acide acétique, de l'esprit-de-bois. Par distillation, on sépare l'esprit-de-bois, qui passe dans les premiers produits,

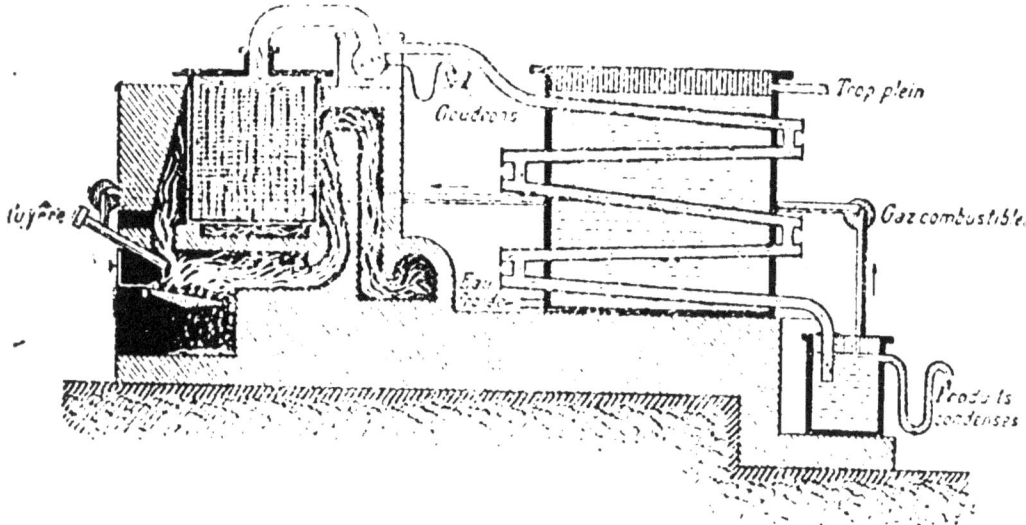

Fig. 120. — Distillation du bois.

de l'acide acétique dont les vapeurs sont arrêtées dans une chaudière contenant de la chaux en suspension dans l'eau. Il se forme de l'acétate de calcium duquel on extrait l'acide acétique.

L'acide acétique brut, coloré en brun et provenant de la distillation du bois, est désigné sous le nom d'acide **pyroligneux**.

399. Expériences. — Chauffer un peu d'acide acétique dans une capsule de porcelaine ; les vapeurs qui se dégagent peuvent être enflammées par le contact d'une allumette.

Montrer que l'acide acétique est un acide : il rougit le tournesol ; il décompose la craie (on peut, au lieu d'acide acétique, employer du vinaigre concentré). Il attaque le cuivre ; mouiller une lame de cuivre d'un peu de vinaigre ; elle se recouvre peu à peu de vert-de-gris, c'est-à-dire d'acétate de cuivre.

CHAPITRE XXXIII

ACIDES ORGANIQUES

(SUITE)

PLAN

I **Acide** **oxalique**	Propriétés	Solide blanc, cristallisé. C'est un poison. C'est un acide. Les sels sont des oxalates.
	Usages	Sert en teinture, comme rongeant. Dissout les oxydes métalliques, d'où emploi pour nettoyer les métaux, pour enlever les taches d'encre et de rouille (sel d'oseille).
II **Acide** **tartrique**	Propriétés	Solide cristallisé incolore, saveur acide. C'est un acide. Les sels sont des tartrates.
	Usages	Sert en teinture comme rongeant. Sert à faire des boissons rafraîchissantes.
	Préparation :	S'extrait du *tartre* des tonneaux et de la *lie* de vin.
III **Acide lactique**		Se forme dans la fermentation lactique du sucre de lait.
	Propriétés et usages	Liquide sirupeux. Saveur acide. Employé en médecine.

ACIDE OXALIQUE

$C^2H^2O^4$

400. Propriétés.

. L'acide oxalique est un corps solide, blanc, d'une saveur aigre et piquante. C'est un poison violent qui, à la dose de quelques grammes, agit comme paralysant ; on combat ses effets toxiques en absorbant un peu de lait de chaux, qui forme avec l'acide oxalique de l'oxalate de calcium insoluble.

L'acide oxalique est un corps acide. Avec les bases, il donne des sels qu'on appelle des oxalates.

401. Usages.

L'acide oxalique est employé en teinture, comme rongeant, c'est-à-dire pour enlever en certains points la couleur fixée sur les tissus. Sa dissolution dans l'eau est vendue dans le commerce sous le nom d'*eau de cuivre* et sert pour le nettoyage des objets en cuivre, parce qu'elle forme des sels de cuivre solubles.

L'acide oxalique sert de même à enlever les taches d'encre et de rouille sur les étoffes, parce qu'il forme de l'oxalate de fer soluble. Au lieu d'acide oxalique, on emploie souvent pour cet usage un de ses composés appelé *sel d'oseille*.

402. État naturel.

L'acide oxalique existe à l'état naturel dans un grand nombre de végétaux, le plus souvent sous forme d'oxalates. L'oseille, l'oxalis, les plantes marines en renferment. C'est l'acide oxalique qui donne à l'oseille sa saveur aigrelette.

Pendant longtemps on a préparé l'acide oxalique à l'aide de ces végétaux et surtout de l'oseille. Actuellement, on le prépare en *oxydant de la sciure de bois*.

ACIDE TARTRIQUE

403. Propriétés.

L'acide tartrique est un solide incolore, cristallisé, d'une saveur aigrelette. Il est soluble dans l'eau, surtout à chaud.

C'est un acide. Les sels les plus importants de l'acide tartrique sont : le *bitartrate de potassium* ou *crème de tartre*, utilisé en teinture ; le *sel de Seignette*, employé comme purgatif.

404. Usages.

On emploie surtout l'acide tartrique pour faire des boissons rafraîchissantes, des bonbons acidulés. Dans les fabriques d'indiennes, il sert de rongeant, comme l'acide oxalique.

405. Préparation.

L'acide tartrique existe dans les sorbes, les mûres, et surtout dans le jus de raisins : lorsque la fermentation de ce jus est terminée, le vin laisse déposer contre les parois des tonneaux une croûte saline qu'on appelle **tartre**, et qui est un mélange de tartrates et de matières colorantes. La lie des vins a la même composition. C'est du tartre et des lies qu'on retire industriellement la petite quantité d'acide tartrique dont on a besoin.

ACIDE LACTIQUE

406. Expérience.

Abandonnons à l'air du lait écrémé. Au bout de un ou deux jours, le lait est caillé. Enlevons tout le caillé et goûtons le *petit-lait* qui reste; il a une saveur aigrelette que n'avait pas le lait. C'est que le sucre de lait ou lactose (§ 369) s'est transformé en un acide appelé **acide lactique**, sous l'action d'un ferment apporté par l'air.

La transformation du sucre de lait en acide lactique s'appelle **fermentation lactique**.

C'est l'acide lactique formé qui a amené la coagulation de la caséine du lait.

Cet acide est un liquide incolore, sirupeux, d'une saveur acide.

Il n'est employé qu'en médecine.

407. Expériences. — *Acide oxalique.* — Nettoyer la surface d'une lame de cuivre au moyen d'une dissolution d'acide oxalique; montrer que cette dissolution peut enlever les taches d'encre sur le linge.

Apprendre à enlever une tache d'encre ou de rouille au moyen du sel d'oseille: on mouille la tache; on met dessus un peu de

sel d'oseille pulvérisé, puis on tient la partie tachée de l'étoffe
au-dessus d'un vase contenant de l'eau en ébullition. Lorsque la
tache a disparu, il faut laver l'étoffe à grande eau, pour enlever
le sel d'oseille en excès, qui brûlerait le tissu s'il restait longtemps à son contact.

Acide tartrique. — Montrer de l'acide tartrique ; en faire goû-
ter. Verser du tournesol dans la dissolution de cet acide ; elle
rougit.

CORPS GRAS
GLYCÉRINE, SAVONS, BOUGIES

PLAN

I — Corps gras

1° Caractères distinctifs
- Saveur fade. Moins denses que l'eau
- Solubles dans alcool, éther, benzine, essence
- S'oxydent à l'air : ils *rancissent*.
- Sont décomposés par la chaleur.

2° Principaux corps gras

a) *Huiles :*
- huiles siccatives. *Applications :* vernis, couleurs à l'huile, etc.
- huiles non siccatives. *Applications :* alimentation, éclairage, savons, bougies.

b) *Corps gras solides :*
- suifs : Bougies.
- graisse : Alimentation. — Bougies. — Savons.
- beurre : Emploi dans l'alimentation.

3° Constitution des corps gras

Principes immédiats
- oléine.
- *margarine* ou *palmitine*
- *stéarine*.

Tous ces principes immédiats sont des combinaisons de glycérine *et d'acides gras :* acides oléique, margarique, stéarique. Ils peuvent être saponifiés par l'eau ou par les bases en donnant de la glycérine et des acides gras ou des sels de ces acides (savons).

4° Conséquence

Peuvent servir à préparer :
- 1° *Glycérine.*
- 2° Acides gras (*bougies*).
- 3° Sels des acides gras (*savons*).

II — Glycérine

1° Propriétés
- Décomposition par la chaleur.
- Avec acide azotique et acide sulfurique, formation de nitro-glycérine.

2° Usages : Nitroglycérine. Dynamite. Explosifs divers.

CORPS GRAS

108. On appelle corps gras des composés neutres, doux au toucher, de saveur fade ; ils font sur le papier une tache translucide qui ne disparaît pas quand on la chauffe, ce qui les distingue du pétrole (§ 315). Ils sont tous moins denses que l'eau, solubles dans l'alcool, l'éther, la benzine, l'essence.

Les corps gras s'oxydent plus ou moins rapidement à l'air; on dit qu'ils rancissent; ils ont alors un goût désagréable.

Lorsqu'on les chauffe au delà de 300°, ils se décomposent en donnant différents produits et en dégageant une odeur âcre et irritante; c'est l'odeur que l'on sent quand une lampe à huile fume, ou quand de la graisse est renversée dans un foyer. Si la décomposition se fait au contact de l'air et si la température est assez élevée, les corps gras s'enflamment ensuite et brûlent en donnant de la vapeur d'eau et du gaz carbonique. C'est qu'ils renferment du carbone, de l'hydrogène et de l'oxygène.

Les corps gras sont très abondants dans le règne animal et dans le règne végétal. D'après leur consistance à la température ordinaire, on les divise en corps gras liquides : huiles, et en corps gras solides : graisses, suifs et beurre.

Fig. 121.
Branche d'olivier,
avec fleur et fruits.

409. Huiles:

Il y a peu d'huiles d'origine animale (*huile de foie de morue, huile de baleine, huile de pied de bœuf*). La plupart sont d'origine végétale; un grand nombre de fruits et de graines en contiennent : olives (*fig.* 121), faines, amandes, noix et noisettes, fruits du cocotier (*fig.* 122 et 122 *bis*); graines de lin, d'œillette, de colza, de ricin, etc.

Pour fabriquer l'huile, les graines et les fruits sont *broyés et comprimés* d'abord à *froid*, *puis à chaud* entre deux plaques de fonte, à l'aide d'une presse hydraulique. Le résidu solide ou *tourteau* est de nouveau comprimé et donne

Fig. 122. — Cocotier.

une huile moins pure. Le dernier tourteau sert comme nourriture pour le bétail, ou comme engrais.

Parmi les huiles, il en est qui s'épaississent à l'air en s'oxydant et forment une sorte de résine jaune et transparente; on les désigne sous le nom d'huiles siccatives. Telles sont les huiles de lin, de noix, d'œillette, de ricin; aussi utilise-t-on certaines d'entre elles pour la préparation des vernis et des couleurs à l'huile. Les huiles d'œillette et de noix servent dans l'alimentation. L'huile de ricin est purgative.

Les huiles non siccatives, tout en s'oxydant à l'air, restent liquides. Les principales sont : l'huile d'olive, les huiles de faîne, d'arachide, employées dans l'alimentation; les huiles de colza, de navette, qui servent pour l'éclairage ; l'huile d'amandes douces, employée en médecine; les huiles de palme, extraites

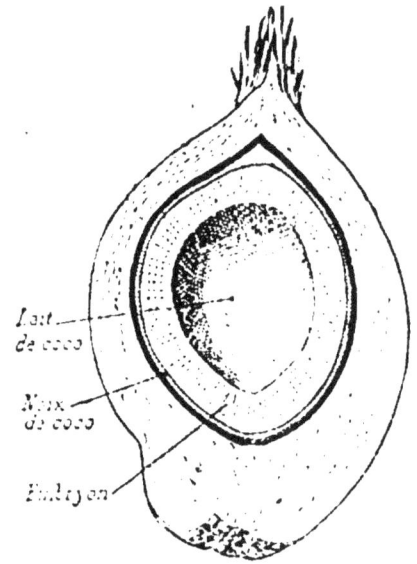

Fio. 122 bis. — Noix de coco coupée en long.

des fruits de divers palmiers, et qui servent à fabriquer les savons et les bougies. Beaucoup d'autres corps gras servent d'ailleurs à cet usage.

410. Corps gras solides.

Les corps gras solides sont d'origine animale. Le suif est la graisse de bœuf ou de mouton; on le sépare par fusion des membranes des cellules qui le renferment. En coulant du suif fondu dans des moules cylindriques dans l'axe desquels est tendue une mèche de coton, on obtient les *chandelles* qu'on employait autrefois pour l'éclairage. Comme elles brûlent en fumant et en répandant une odeur très désagréable, on les remplace maintenant par les *bougies;* une grande partie du suif sert d'ailleurs à cette fabrication (§ 417).

La **graisse de** porc ou *axonge* est employée dans l'alimentation. On s'en sert aussi en pharmacie pour préparer certaines pommades.

Le **beurre de vache** est obtenu par le battage de la crème du lait. On l'emploie dans l'alimentation. Il rancit assez vite ; aussi, lorsqu'on veut le conserver, on est obligé d'y ajouter du sel (*beurre salé*) ou de le fondre à une douce chaleur (*beurre fondu*). Le beurre est fréquemment fraudé par de la margarine obtenue par compression de la graisse de bœuf ; on y ajoute dans ce cas un peu de safran ou d'une autre matière colorante pour lui donner la couleur du beurre naturel.

Les **corps gras** sont employés comme aliments, à cause de la grande quantité de chaleur qu'ils fournissent à l'organisme par leur combustion dans les cellules. Aussi sont-ils la base de l'alimentation dans les pays froids. Ils ont l'inconvénient d'être peu digestibles ; et l'estomac s'accommode mal en général d'une nourriture trop grasse.

411. Constitution des corps gras.

Les corps gras sont des mélanges en proportions variables de plusieurs principes immédiats. L'huile d'olive, refroidie à 0°, se sépare en une partie liquide, l'oléine, et en une partie solide ayant l'aspect de perles blanches, la margarine. Du suif on peut retirer trois principes immédiats : l'oléine, la margarine et la stéarine.

Presque tous les corps gras renferment de même de l'oléine, de la margarine ou palmitine et de la stéarine. Ces trois corps sont des combinaisons de **glycérine** et d'acides gras : acides oléique, margarique et stéarique. Ils peuvent être décomposés par l'eau, à haute température, en glycérine et en acides gras. Ils peuvent de même être décomposés, par la potasse ou la soude, en glycérine et en sels des acides gras.

412. Expérience de saponification.

Faisons bouillir de l'huile ou un autre corps gras avec une dissolution de soude. Au bout de deux heures environ, ajoutons du sel marin; aussitôt se dépose un corps solide, qu'on peut séparer du liquide, fondre à nouveau et laisser séyher. Ce corps n'est autre que du savon analogue au savon blanc ou savon de Marseille ; il est formé de sels des acides gras.

Il reste, dans le liquide dont on a enlevé le savon, de la *glycérine*.

Ainsi l'huile a été décomposée par la soude en glycérine et en savon ou mélange de sels d'acides gras.

L'opération s'appelle saponification. C'est ainsi que se préparent industriellement la glycérine et les savons.

Quand c'est l'eau qui saponifie au lieu de la soude, on obtient la glycérine et les acides gras. C'est le principe de la fabrication des bougies, qui ne sont autre chose que des mélanges d'acides gras.

GLYCÉRINE
$$C^3H^8O^3$$

413. Propriétés.

La glycérine est un liquide incolore, sirupeux, inodore, de saveur sucrée. Elle est soluble dans l'eau et dans l'alcool.

414. Nitroglycérine.

En faisant un mélange en proportions déterminées de glycérine et d'acide sulfurique, et en le versant, lorsqu'il est refroidi, dans de l'acide azotique, on obtient un corps nouveau appelé nitroglycérine, qui se dépose après quelques heures au fond du récipient.

C'est un liquide jaunâtre, huileux, plus lourd que l'eau. La nitroglycérine est fortement explosive; c'est ainsi qu'elle

détone violemment par le choc ou par l'élévation de température, ou même spontanément ; aussi est-elle très dangereuse
à manier. Sa propriété explosive la fait employer pour la
fabrication de la dynamite et de divers autres explosifs;
mais on y ajoute toujours une substance inerte (sable fin)
qui rend son maniement moins dangereux. On l'emploie
dans l'exploitation des mines et des carrières, et en temps
de guerre pour la destruction des ponts, des voies fer-
rées etc.

115. Usages de la glycérine.

En dehors de son emploi dans la fabrication de la *nitro-
glycérine* et de la dynamite, la glycérine est utilisée pour
le pansement des plaies et des engelures. Elle sert aussi à
maintenir humides certains corps, comme l'argile à mo-
deler, les cuirs non tannés, les préparations microscopiques, etc. ; c'est pour la même raison qu'on l'emploie
dans la fabrication des encres grasses pour tampons et pour
appareils enregistreurs.

BOUGIES

416. Fabrication.

Les bougies sont des mélanges d'acides gras solides à la
température ordinaire. Leur fabrication comporte donc
deux opérations distinctes :

1° *Préparation des acides gras*, qui se fait par la saponification des corps gras ;

2° *Séparation de l'acide oléique* (qui est liquide à la température ordinaire) *des acides solides*.

417. Préparation des acides gras.

La matière première employée est surtout le suif de
bœuf, moins cher que celui du mouton ; on utilise aussi les
huiles et les graisses de qualité inférieure, les résidus de

dégraissage des tissus, etc. La saponification de ces graisses est faite soit par l'eau sous pression, procédé très peu employé, soit, le plus souvent, par la *chaux* ou par l'*acide sulfurique*, procédés dans le détail desquels nous ne pouvons entrer.

418. Séparation de l'acide oléique.

Le mélange d'acides gras doit être débarrassé de l'acide oléique qui rendrait les bougies trop fusibles. A cet effet, on comprime fortement les pains, au moyen d'une presse hydraulique ; la compression se fait dans des sacs de toile, d'abord à froid, puis à 40° environ. On recueille l'acide oléique qui s'écoule, et on l'utilise dans la fabrication des savons. Le mélange d'acide stéarique et d'acide margarique est purifié et moulé pour faire les bougies.

419. Moulage des bougies.

On coule les acides fondus dans des moules cylindriques de métal (*fig.* 123), dans l'axe desquels est tendue une mèche de coton tressé, qui a été trempée dans une dissolution d'acide borique. Grâce au tressage, la mèche se recourbe dans la flamme à mesure que la bougie se

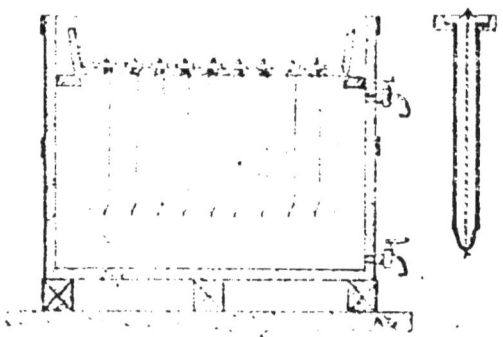

FIG. 123. — Moules pour la fabrication des bougies.

consume, et vient brûler à l'air au lieu de charbonner ; les cendres qu'elle forme donnent avec l'acide borique une perle fusible, qui s'écoule à mesure qu'elle se produit et rend le mouchage inutile. Au sortir des moules, les bougies sont blanchies par une exposition à l'air, puis elles sont coupées à la longueur voulue, polies et empaquetées.

Les bonnes bougies doivent être d'un beau blanc ; elles ne doivent ni couler, ni répandre de mauvaise odeur en brûlant, ni faire des taches de graisse sur les étoffes. Elles donnent une lumière douce, qui ne fatigue pas la vue, lorsque la flamme est entourée d'un verre qui l'empêche de vaciller. Mais ce mode d'éclairage est très coûteux.

SAVONS

420. Constitution des savons.

Lorsqu'on saponifie un corps gras par une base, la glycérine est mise en liberté, et il se forme un mélange d'oléates, de margarates et de stéarates qu'on désigne sous le nom de savons. Les savons sont si bien des sels qu'il peut y avoir double décomposition entre un sel et un savon ; ainsi de l'eau chargée de sels de calcium donne avec le savon blanc soluble des grumeaux d'un savon calcaire insoluble. C'est la raison pour laquelle les eaux calcaires sont impropres au savonnage.

Les savons à base de potasse et de soude sont les seuls qui soient solubles dans l'eau. Ce sont eux qui sont employés pour les usages domestiques. Ils sont insolubles dans l'eau salée. Les savons à base de soude sont désignés sous le nom de savons durs (savons de Marseille) ; les savons à base de potasse sont les savons mous (savon noir, savon vert). Ils s'obtiennent tous en *saponifiant des corps gras*.

421. Fabrication des savons.

Les corps gras employés sont les huiles de palme, d'arachide, d'œillette, les huiles d'olive de qualité inférieure, les vieilles graisses, etc.

Pour saponifier, on emploie des *lessives de soude ou de*

potasse caustique obtenues en décomposant par la chaux une dissolution de soude ou de potasse du commerce.

L'expérience du paragraphe 412 nous a donné le principe de la fabrication industrielle des savons. A la fin de la saponification, on a ajouté du sel marin pour précipiter le savon qui est insoluble dans l'eau salée.

422. Diverses sortes de savons durs.

Le savon de Marseille est quelquefois marbré de veines bleuâtres. Ces marbrures, insolubles dans l'eau, n'ont aucune utilité dans le savonnage. Mais, d'autre part, le savon marbré renferme moins d'eau que le savon blanc, de sorte qu'en définitive il est aussi avantageux que le savon blanc.

Les savons de toilette s'obtiennent avec des corps gras de première qualité ; ils sont colorés par des couleurs d'aniline, et parfumés avec des essences diverses. On obtient le *savon transparent*, dit savon à la glycérine, en dissolvant le savon blanc dans l'alcool chaud et en laissant refroidir lentement la dissolution dans des moules où elle se solidifie ; la transparence n'apparaît qu'après plusieurs semaines.

423. Usages des savons.

Les savons sont très employés pour le blanchissage et pour les nettoyages ; le savon blanc et le savon marbré servent pour le blanchissage du linge, des étoffes de coton et parfois des étoffes de laine ; le savon blanc sert, de plus, pour les soins de la toilette. Les savons mous servent au blanchissage des tissus grossiers, au dégraissage de la laine, au nettoyage des parquets, etc. Ils ne pourraient servir à blanchir le linge fin, car, à cause de l'excès de potasse qu'ils contiennent, ils sont très caustiques. On pense que les savons agissent, dans le blanchissage et dans les nettoyages, à la manière des alcalis faibles, c'est-à-dire en *saponifiant* les corps gras avec lesquels ils sont en contact :

il se forme de la glycérine et des sels solubles qui sont
enlevés par l'eau, de sorte que les taches de graisse dispa-
raissent.

BLANCHISSAGE DU LINGE

424. Le blanchissage du linge comprend plusieurs opérations successives : 1° le *triage ;* 2° l'*essangeage ;* 3° le *lessivage ;* 4° le *lavage ;* 5° le *rinçage* et l'*azurage ;* 6° le *séchage ;*
7° le *repassage.*

1° *Triage.* — Le triage a pour but de séparer le linge à
blanchir en plusieurs catégories, d'après sa finesse et son
degré de malpropreté.

2° *Essangeage.* — Cette seconde opération consiste à
tremper le linge dans de l'eau froide, et à le débarrasser,
par un premier savonnage, d'une partie des matières grasses
qui l'imprègnent; en le laissant tremper dans l'eau froide,
on le débarrasse aussi des matières solubles dans l'eau,
telles que l'albumine (taches de sang, de blanc d'œuf).

3° *Lessivage ou coulage.* — Le lessivage a pour but de
saponifier les corps gras qui salissent le linge, et par suite
de les dissoudre, puisque les produits résultant de la saponification sont solubles dans l'eau. On emploie pour cette
saponification : le *savon,* le *carbonate de sodium* et quelquefois les *cendres.* Pour avoir une saponification complète,
il faut que la dissolution alcaline, obtenue à l'aide de l'un
de ces corps, passe un grand nombre de fois sur le linge.
On arrive à ce résultat par divers procédés, dont le plus
employé dans les familles est le suivant : on se sert d'une
lessiveuse, appareil formé d'une cuve de tôle galvanisée en
forme de tronc de cône (*fig.* 124). A l'intérieur de cette cuve
on peut placer un tuyau AB terminé à la partie supérieure
par une sorte de pomme d'arrosoir et à la partie inférieure
par un disque percé de trous, qui partage la cuve en deux
compartiments inégaux, C et D. On emplit le compartiment

inférieur D de la dissolution alcaline, faite généralement avec du carbonate de sodium et du savon. Puis le linge est placé dans le compartiment C, sur le disque B, dans l'ordre suivant : 1° linge grossier; 2° linge fin ; 3° nouvelle couche de linge grossier. De cette façon le linge le plus fin est le mieux protégé. La lessiveuse est alors fermée par un couvercle, puis on la chauffe.

L'eau, à mesure qu'elle s'échauffe, se dilate et monte dans le tuyau AB; elle est d'ailleurs poussée de plus en plus par la vapeur qui se forme, et, lorsqu'elle est arrivée en haut du tube, elle retombe en pluie sur le linge, qu'elle

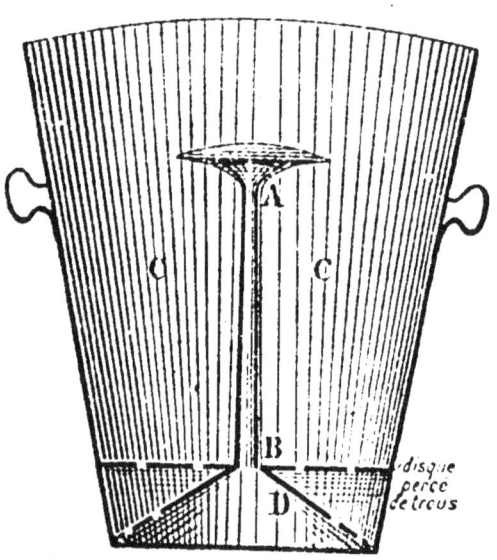

FIG. 124. — Coupe d'une lessiveuse.

traverse peu à peu pour revenir, en passant par les trous du disque B, dans le compartiment inférieur de la lessiveuse. Là elle est de nouveau échauffée, elle recommence à s'élever dans le tube, et ainsi de suite. Grâce à cette circulation fréquemment répétée de la lessive, le linge se trouve parfaitement dégraissé, et il ne reste guère qu'à le rincer.

On voit que ce procédé de lessivage est très pratique, puisqu'il supprime à peu près complètement la main-d'œuvre. Aussi remplace-t-il de plus en plus le lessivage aux cendres, dans lequel les lessives sont chauffées dans une chaudière indépendante du cuvier où se trouve le linge, et doivent être transportées *à la main* de la chaudière **dans le cuvier**; la fatigue est donc beaucoup plus grande

qu'avec la lessiveuse, et, de plus, le coulage dure dix ou
douze heures, au lieu de cinq ou six. Aussi n'emploie-t-on
plus guère ce procédé que dans les campagnes.

4° *Lavage ou savonnage.* — Par le savonnage, on enlève
les dernières taches qui ont pu résister au lessivage. Cette
opération est réduite à peu de chose, quand la lessive a été
bien faite.

5° *Rinçage et azurage.* — Il ne reste plus qu'à bien rincer
le linge à l'eau froide, pour le débarrasser de l'eau de
savon et de la lessive qu'il contient. Puis on le met *au bleu*
pour faire disparaître la teinte jaune qu'il présente d'ordinaire et la remplacer par une teinte bleutée plus agréable
à l'œil ; c'est l'*azurage*, qui s'obtient en trempant le linge
dans une dissolution de bleu d'indigo soluble ou de bleu
d'outremer.

6° *Séchage.* — Le séchage a pour but de faire évaporer
l'eau qui imprègne le linge. Après avoir tordu le linge avec
précaution, on l'étend à l'air libre, ou on le sèche dans des
étuves à air chaud ; dans les blanchisseries, on le fait quelquefois passer sur des cylindres métalliques creux, qui sont
chauffés intérieurement par un courant de vapeur.

7° *Repassage.* — Le repassage a pour but de faire disparaître les plis du tissu ; il est quelquefois précédé de l'em-
pesage, qui sert à donner de l'apprêt et de la raideur au
linge ; on empèse généralement avec de l'empois d'amidon
auquel on ajoute un peu de borax pour donner du brillant
au tissu.

ENLÈVEMENT DES TACHES

425. Les moyens employés varient avec la nature de la
tache et avec celle du tissu.

1° *Taches de substances solubles dans l'eau :* sucre, albumine. Lavage à l'eau froide ou à l'eau tiède, pas à l'eau
bouillante qui coagulerait l'albumine.

2° Taches de graisse. — Sur le linge ou les tissus de coton, on emploie l'eau de savon. Sur les tissus de laine ou de soie, on emploie la benzine, l'essence ou l'alcool, qui dissolvent les corps gras.

3° Taches de rouille et d'encre. — On combine l'oxyde de fer contenu dans la tache avec un corps qui donne un composé soluble : a) le sel d'oseille, par son acide oxalique ; le jus de citron, par son acide citrique, peuvent jouer ce rôle ;

b) Sur le linge, on peut employer pour une tache d'encre de l'eau de Javel étendue qui décolore la tache. On enlève ensuite la tache jaune d'oxyde de fer qui reste, au moyen d'une dissolution étendue d'acide chlorhydrique.

4° Taches d'acides. — Elles doivent être aussitôt lavées avec une dissolution basique : de l'ammoniaque par exemple.

5° Taches de fruits, de vin. — On peut les enlever avec des vapeurs d'anhydride sulfureux.

Si le tissu est blanc, on les enlève à l'aide de l'eau de Javel étendue.

6° Taches de couleurs à l'huile, de goudron, de cambouis. — On dissout la tache dans l'essence de térébenthine. Mais il faut ensuite enlever l'essence du tissu ; sans quoi elle resterait dans l'étoffe, s'oxyderait à l'air et reformerait une tache de résine.

Après avoir enlevé la tache à l'essence de térébenthine, on dissout celle-ci dans de la benzine ou dans de l'eau savonneuse.

120. Expériences. — *Corps gras.* — Écraser une noisette ou une noix sur du papier, après l'avoir chauffée sur un poêle ; elle laisse une tache translucide qui ne disparaît pas par la chaleur ; elle renfermait donc un corps gras, car la même chose se produit lorsqu'on répand une goutte d'huile sur du papier. Jeter un peu de graisse dans le poêle allumé ; on sent une odeur désagréable.

Enlever une tache de graisse faite sur une étoffe, au moyen de la benzine, de l'essence, de l'alcool : les corps gras sont solubles dans tous ces corps.

Glycérine. — Montrer que la glycérine est soluble dans l'eau.

Bougies et savons. — Enlever une tache de bougie au moyen d'un fer chaud; la bougie est donc formée de principes facilement fusibles.

Verser un peu d'huile dans de l'eau de savon; elle se dissout. Donc le savon est un corps dégraissant.

Montrer que le savon est insoluble dans une eau chargée de sels de calcium (moyen de reconnaître la présence de ces sels dans l'eau).

CHAPITRE XXXV

(PEUT ÊTRE TRAITÉ EN DEUX LEÇONS)

MATIÈRES ALBUMINOÏDES

GLUTEN — ALBUMINE — FIBRINE — CASÉINE GÉLATINE

PLAN

I **Gluten**	Existe dans la farine. Est formé d'azote, de carbone, d'hydrogène, d'oxygène et de soufre. Peut fermenter (fabrication de pain).	
II **Albumine**	Existe dans le blanc d'œuf. Se coagule	par la *chaleur*. par l'*alcool* (collage des vins). par les *sels métalliques* (contrepoison des sels de mercure et de cuivre).
III **Fibrine**	Existe dans le sang. Se coagule à l'*air* à la température.	
IV **Caséine**	Existe dans le fromage. Se coagule	par les *acides* (coagulation par l'acide lactique, quand le lait tourne). par la *présure* (fabrication du fromage).
V **Gélatine**	Résulte de la transformation de l'osséine par l'eau bouillante ou par l'eau surchauffée en vases clos.	
	Fabrication à partir	des *os* (gélatine proprement dite). des *tendons*, des *débris de peaux* (colle forte). de la *vessie natatoire de l'esturgeon* (colle de poisson).
	Propriétés	Se gonfle dans l'eau froide. Se dissout dans l'eau chaude, puis se prend par refroidissement en gelée.* Est précipitée de sa dissolution par l'alcool et le tanin (collage des vins).
	Usages	Ebénisterie ; menuiserie. Apprêt des étoffes, collage des vins, etc.

FARINE. — GLUTEN. — CUISSON D'UNE PATE

127. Gluten.

Nous avons vu par l'expérience du paragraphe 336 que la farine est formée de deux principes immédiats : l'amidon

et le gluten. Nous connaissons la composition et les propriétés de l'amidon.

Voyons celles du gluten. Chauffons dans un tube à essai
du gluten avec de la soude caustique, ou mieux de la chaux
sodée ([1]). On sent l'odeur piquante du gaz ammoniac qui
se dégage. Or l'ammoniaque est formé d'azote et d'hydrogène (AzH^3). C'est donc que le gluten renfermait de l'azote.
Outre l'azote, le gluten renferme de l'hydrogène, de l'oxygène, du carbone et un peu de soufre.

Le gluten est une matière grisâtre, molle et très élastique. Abandonné à l'air, il fermente, se réduit en bouillie
et dégage une odeur désagréable. Nous nous sommes servis de cette fermentation pour extraire l'amidon des farines
avariées (§ 339).

Le gluten est employé en mélange avec de la farine, pour
fabriquer le gluten granulé et les pâtes alimentaires (vermicelle, macaroni, etc.).

428. Fermentation et cuisson de la pâte de farine. Pain.

Le pain est de la pâte de farine que l'on a pétrie, puis soumise à la fermentation et enfin fait cuire. La pâte, formée
seulement de farine et d'eau, sans fermentation, donnerait
un pain lourd et indigeste. C'est presque toujours de la
farine de blé qu'on emploie; elle renferme de l'amidon, du
gluten, des matières sucrées, des matières grasses, quelques
sels minéraux. Les autres farines renferment les mêmes
principes, en proportions différentes ; en particulier, elles
contiennent peu de gluten, aussi la pâte qu'elles donnent
lève-t-elle mal.

Pour fabriquer le pain, on fait une pâte avec un mélange
de farine et d'eau, auquel on ajoute un peu de sel et de la
levure de bière ou du levain, pâte aigrie provenant d'une

---

(1) On obtient la chaux sodée en éteignant la chaux vive avec une
dissolution de soude, et en calcinant ensuite le mélange.

opération antérieure. La pâte, longuement pétrie ([1]), est abandonnée à une douce chaleur dans des corbeilles gar-nies intérieurement de toile, et elle ne tarde pas à fermen-ter. Sous l'influence de la levure, le glucose de la farine se transforme en alcool et en anhydride carbonique qui se dégage dans l'intérieur de la pâte, la soulève et la gonfle, grâce à l'élasticité du gluten. Lorsque la pâte est levée, on la place dans un four où elle est brusquement portée à une température de 200 à 250° ([2]). Une partie de l'eau se vapo-rise ; la surface extérieure de la pâte se durcit et se cara-

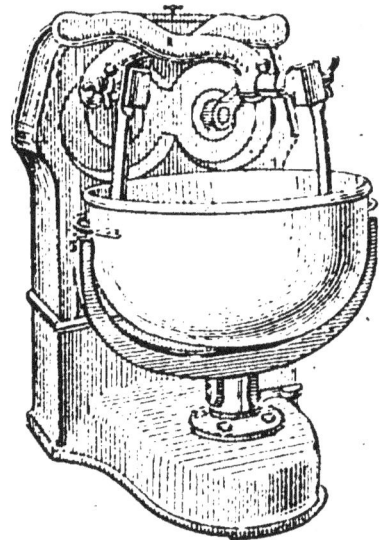

Fio. 125. — Pétrin mécanique.

mélise en formant la croûte ; les gaz intérieurs, n'ayant pas le temps de s'échapper, distendent la masse interne et la criblent de trous, en formant la mie. La cuisson dure envi-ron une demi-heure.

La croûte, qui a été portée à une température plus élevée que la mie, renferme moins d'eau, et elle est plus nourris-sante.

420. Albumine des œufs.

Le *blanc de l'œuf* des oiseaux contient en dissolution dans

([1]) Le pétrissage mécanique, en se généralisant, constitue un véritable progrès (*fig.* 125).

([2]) L'intérieur du pain n'est pas porté à une température élevée (à peine 100°) ; si l'eau qui a servi à le faire contient des microbes patho-gènes, ceux-ci ne sont donc pas nécessairement détruits, et le pain peut être un aliment dangereux. Toutefois, d'après des expériences faites en 1909, cette opinion serait contestable : l'intérieur du pain serait porté à la température de 100 à 103°; et le microbe de la tuber-culose serait détruit par la cuisson.

l'eau une substance appelée **albumine**. Si on l'extrait du blanc d'œuf, on obtient un corps solide, blanc, transparent et donnant avec l'eau une solution visqueuse. Chauffons cette substance dans un tube à essai avec de la chaux sodée; elle dégage de l'ammoniaque. C'est donc qu'elle renferme de l'azote. Elle renferme aussi du carbone, de l'hydrogène, de l'oxygène, un peu de soufre.

1° *Action de la chaleur.* — La propriété essentielle de la dissolution d'albumine est de pouvoir se coaguler sous l'influence de la *chaleur*. Chauffée vers 75°, elle se transforme en une masse blanche, insoluble dans l'eau, facile à observer dans un œuf cuit.

2° *Action des acides de l'alcool.* — Les *acides* déterminent la coagulation de l'albumine à froid ; il en est de même de l'*alcool*, et c'est ce qui permet d'employer le blanc d'œuf pour clarifier les vins et les liqueurs ; le réseau qu'elle forme en se coagulant emprisonne les matières en suspension et les amène à la surface du liquide.

3° *Action des sels métalliques.* — Versons une dissolution d'albumine dans une solution de sublimé (chlorure de mercure); il se forme un précipité. L'albumine précipite ainsi les sels de cuivre et de mercure, ce qui fait l'employer comme contre poison de ces sels vénéneux.

4° *Putréfaction.* — Abandonnons du blanc d'œuf dans un verre. Au bout de quelques jours, il dégage une odeur nauséabonde; c'est qu'il s'est décomposé ou, comme on dit, putréfié, et cette fermentation a dégagé des gaz putrides, entre autres de l'hydrogène sulfuré et de l'ammoniaque.

MATIERES ALBUMINOIDES

430. L'albumine du blanc d'œuf, le gluten, sont deux matières azotées. On trouve dans les tissus animaux et végétaux un grand nombre d'autres matières azotées, solides comme le gluten et l'albumine, généralement incristallisables, sans odeur, ni saveur et renfermant aussi, outre l'azote, du carbone, de l'hydrogène, de l'oxygène et un peu de soufre. Toutes ces matières sont appelées matières albuminoïdes, parce que leur type est l'albumine proprement dite, contenue dans le blanc d'œuf.

Les principales matières albuminoïdes, outre le gluten et l'albumine, sont : la fibrine de la viande, la caséine du lait ; la légumine des haricots et des lentilles.

431. Fibrine.

La fibrine se distingue de l'albumine en ce qu'elle se coagule à l'*air* à la température ordinaire. Elle existe dans le *sang* et dans la chair des animaux, et on peut l'extraire du sang encore chaud en le battant avec un petit balai ; la fibrine s'attache aux brindilles du balai sous forme de filaments qu'on lave longuement à l'eau, puis à l'alcool et à l'éther pour enlever les globules et les matières grasses qu'ils ont pu retenir. Si on laisse le sang à l'air sans l'agiter comme précédemment, la fibrine, en se coagulant, emprisonne les globules sanguins et forme une partie solide, le *caillot*, qui se sépare de la partie liquide du sang, le *sérum ;* on dit que le sang se caille ou se coagule.

432. Caséine. — Légumine.

La caséine est une matière albuminoïde contenue dans le *lait ;* elle est caractérisée par sa propriété de se coaguler sous l'influence des *acides* en grumeaux blancs floconneux. La coagulation peut avoir lieu aussi sous l'action de la *présure*, substance extraite de la caillette des veaux, par macération. Cette propriété est appliquée dans la fabrication des fromages.

Lorsque le lait est abandonné à lui-même, la coagulation de la caséine se produit aussi, rapidement pendant les fortes chaleurs, plus lentement en hiver. On dit que le lait *tourne.* Cette coagulation est encore due à un acide, l'*acide lactique*, qui s'est produit par la fermentation du lactose ou sucre du lait (§ 406).

Il existe dans les graines des légumineuses une matière albuminoïde à peu près identique à la caséine, et qu'on appelle *légumine* ; elle constitue la partie la plus nutritive des haricots, des lentilles et des pois.

433. Osséine et gélatine.

Origine. — La gélatine est une matière azotée qui se distingue des matières albuminoïdes proprement dites par l'absence de soufre.

Les os, les tendons, les cartilages, la peau, renferment de l'osséine ou des substances azotées voisines de l'osséine. Toutes ces substances traitées par l'eau bouillante, ou mieux par l'eau chauffée au-dessus de 100° en vases clos, se transforment en *gélatine*.

Préparation. — 1° **Gélatine à l'acide.** — Les os renferment des sels minéraux, phosphate et carbonate de calcium, et l'osséine ; si l'on dissout la matière minérale dans l'acide chlorhydrique, il reste l'osséine, masse molle et élastique que l'eau bouillante transforme ensuite en gélatine.

Fio. 126. — Chaudière pour l'extraction de la gélatine des os.

2° **Gélatine à l'autoclave.** — Le plus souvent les os sont directement chauffés avec de l'eau, dans un autoclave (*fig.* 126); la gélatine formée se dissout dans l'eau dont elle se sépare ensuite

par refroidissement. Les débris de peaux provenant des
tanneries, les tendons, etc., sont traités de la même
façon par de l'eau surchauffée, et la gélatine obtenue,
impure, porte le nom de colle forte. — La colle de poisson
est de la gélatine pure obtenue avec la membrane interne
de la vessie natatoire de l'esturgeon (*fig.* 127).

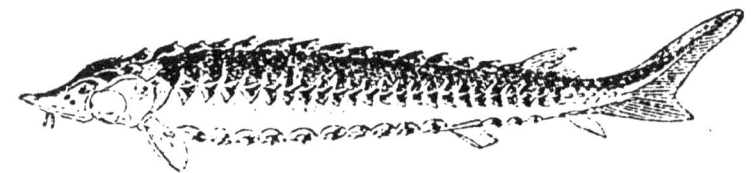

Fig. 127. — Esturgeon : sa longueur peut atteindre 7 mètres et son
poids 1.200 kilogrammes.

Propriétés. — La gélatine est une matière transparente,
incolore et inodore quand elle est pure, dure et cassante
quand elle est sèche, mais élastique et flexible dès qu'elle
est un peu humide. Elle est insoluble dans l'eau froide,
dans laquelle elle se gonfle et se ramollit ; elle se dissout
dans l'eau chaude et se prend par le refroidissement en une
gelée transparente, même quand la dissolution ne contient
que 1 0/0 de gélatine.

L'alcool précipite la gélatine des corps dans lesquels
elle est en dissolution. C'est ce qui permet d'employer la
colle de poisson pour clarifier les vins. Le tannin la précipite aussi et il se forme un composé imputrescible ; cette
propriété permet d'employer le tannin dans le tannage
des peaux.

Les usages de la gélatine sont assez nombreux. La colle
forte, dissoute dans l'eau chaude, est employée dans l'ébé-
nisterie et dans la menuiserie. La colle de poisson sert pour
apprêter les étoffes, les gazes, les fleurs artificielles, pour
coller le vin et la bière, pour fabriquer les gelées alimentaires. On emploie aussi la gélatine pour la fabrication des
papiers glacés, des pains à cacheter, de la colle à bouche,

pour la préparation des plaques photographiques dites au *gelatino-bromure*, pour le collage du papier, etc.

134. Expériences. — Chauffer du blanc d'œuf liquide dans un tube à essai pour faire observer la coagulation.

Verser de l'acide chlorhydrique ou du vinaigre fort dans du lait frais ; immédiatement la caséine se coagule.

Faire macérer un os dans de l'acide chlorhydrique ; on obtient l'osséine. — Rappeler que, lorsqu'on fait cuire des os avec de la viande, une partie du jus se prend en gelée ou en gélatine par le refroidissement ; et, pour fabriquer soi-même de la *gelée*, il suffit de faire bouillir pendant quelque temps de l'eau avec des os et des débris obtenus en « parant » des viandes.

Exercice d'observation. — Un morceau de pain : croûte et mie. Sa transformation en sucre dans la bouche.

CHAPITRE XXXVI

(PEUT ÊTRE TRAITÉ EN DEUX LEÇONS)

COMPOSITION
DES PRINCIPAUX ALIMENTS

———

PLAN

Principes contenus
dans les aliments
{
Hydrates de carbone : féculents, sucres
Corps gras.
Matières albuminoïdes.
Eau.
Sels minéraux.
}

Composition de quelques aliments

I
Œufs
{
Blanc : eau, *albumine,* sels minéraux, graisses.
Jaune : eau, *matières grasses,* matière albuminoïde, sels minéraux.
}

II
Lait
{
Globules *graisseux :* crème (fabrication du beurre).

Lait écrémé
{
caséine, se séparant par coagulation (fabrication du fromage).

petit-lait ou sérum
{
eau.
sucre de lait.
sels minéraux.
albumine.
}
}
}

III
Viande
{
fibrine, albumine.
matières grasses.
sels minéraux.
eau.
matières se gélatinisant par la coction (ou cuisson).
}

IV
**Conservation des matières
alimentaires. Divers procédés**
{
1° Empêcher l'*arrivée* des germes : *enrobage.*
2° Empêcher leur *développement : froid et des-siccation.*

3° Les *détruire*
{
chaleur.
antiseptiques.
}
}

435. En étudiant les substances contenues dans les tissus animaux ou végétaux, nous avons trouvé comme substances les plus abondantes :

1° De l'amidon, de la fécule, de la cellulose, des sucres.

Nous avons appelé tous ces corps des hydrates de carbone (formés de carbone, d'hydrogène et d'oxygène);

2° Des corps gras : huiles, graisses, suifs (formés de carbone, d'hydrogène et d'oxygène);

3° Des matières azotées ou albuminoïdes : albumine, caséine, fibrine, gluten, légumine, gélatine (formées de carbone, d'hydrogène, d'oxygène et d'azote, parfois de soufre).

Comme nos aliments sont empruntés aux tissus animaux ou végétaux, ils renferment aussi ces substances : matières albuminoïdes, hydrates de carbone (féculents, sucres), corps gras. Quelques-uns renferment en outre des sels minéraux (chlorure de sodium, phosphates, etc.), et tous contiennent de l'eau. Toutes ces substances sont nécessaires à l'organisme; la valeur nutritive d'un aliment dépend donc de la *nature* et de la *proportion* des principes immédiats qu'il contient, et un aliment n'est complet que s'il renferme *tous* les principes immédiats précédents, dans une *proportion suffisante* pour entretenir la vie sans perte de poids pour l'individu.

Le lait et les œufs sont les seuls aliments complets; le lait est d'ailleurs l'alimentation exclusive des jeunes enfants, et l'œuf l'alimentation exclusive du petit oiseau avant sa sortie de la coquille; tous les autres aliments sont incomplets, et par suite une alimentation rationnelle doit être constituée par des aliments variés. Il est donc nécessaire, pour établir cette alimentation sur des bases scientifiques, de connaître la composition et par suite la valeur nutritive de tous les aliments. Nous n'étudierons ici que celle des aliments les plus employés.

436. Œufs.

Les œufs sont formés, à l'intérieur de la coquille, par deux parties : le *blanc*, qui renferme 87 0/0 d'eau, 12 0/0 d'albumine et 1 0/0 de sels minéraux et de corps gras; le *jaune*, qui renferme de l'eau, une matière albuminoïde

appelée *vitelline* (16 0/0), des matières grasses (29 0/0), et
une petite quantité de matières colorantes
et de sels minéraux.

Les œufs constituent un aliment complet, et pourraient, à eux seuls, servir à
l'alimentation.

437. Lait.

Il en est de même du lait, l'aliment ex-
clusif des enfants et de certains malades.
Sa composition chimique varie avec son
origine, et, pour un même animal, avec la
nourriture et le genre de vie : c'est le lait
de vache qu'on emploie le plus souvent
dans l'alimentation. Abandonné à lui-

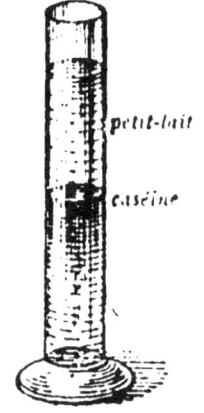

Fio. 128. — Lait
caillé.

même, il se sépare bientôt en deux couches (*fig.* 128) : à la
partie supérieure se trouve la crème, substance d'un blanc
jaunâtre, onc-
tueuse et épaisse,
formée principale-
ment de *globules
gras* (*fig.* 129). La
couche inférieure,
liquide, est com-
posée d'eau, de
caséine, de sucre
de lait et de sels
minéraux ; si l'on
y ajoute de la pré-
sure, la caséine se
coagule, et il reste
un liquide, le sé-
rum ou petit-lait,

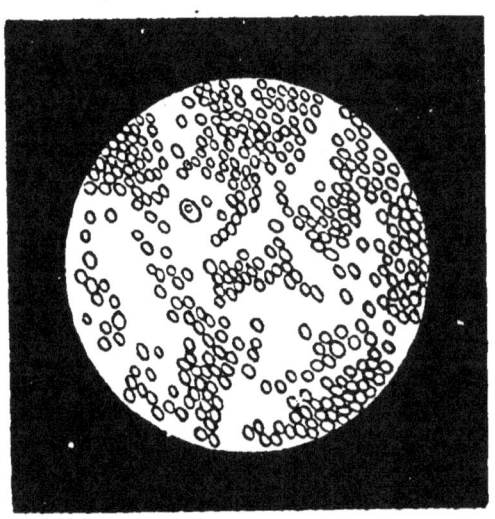

Fio. 129. — Goutte de lait vue au microscope.

qui ne renferme plus que le sucre de lait, les sels minéraux
et l'albumine (*fig.* 130).

L'emploi du lait dans l'alimentation est excellent ; malheureusement le lait est souvent falsifié et perd ainsi une partie de sa valeur nutritive. Le plus souvent la falsification consiste à enlever de la crème et à ajouter de l'eau ; si l'addition d'eau est telle qu'elle compense juste l'augmentation de densité qu'on produit en enlevant la crème, il est difficile de se rendre compte de la falsification ; les aréomètres ne peuvent l'indiquer. Lorsqu'on soupçonne que du lait est

Fig. 130. — Lait avec crème.

Fig. 131. — Type de baratte.

falsifié, le meilleur moyen pour s'en assurer est de le faire analyser par un laboratoire municipal.

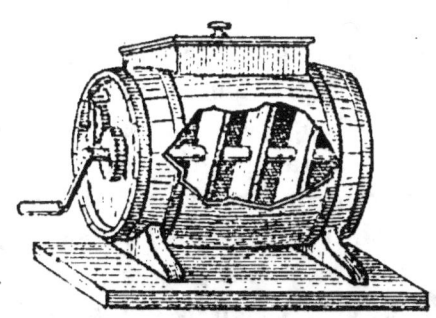

Fig. 132. — Autre type de baratte.

Avec le lait on fabrique deux aliments importants, le beurre et le fromage.

Le beurre est formé par la crème du lait, dont on a aggloméré les globules par le battage (*fig.* 131 et 132). C'est un aliment précieux à cause des matières grasses qui le constituent et qui produisent par leur combustion dans l'organisme une grande quantité de chaleur.

Le fromage est constitué essentiellement par la caséine du lait qu'on a fait coaguler ; les fromages gras renferment en outre de la crème, car elle n'est pas encore montée à la surface quand on détermine la coagulation du lait. Tantôt les fromages sont mangés frais (fromages blancs), tantôt ils sont au préalable fermentés (Brie, Roquefort, etc.); dans ce cas, les fermentations produisent des composés divers qui donnent aux fromages une saveur et une odeur plus ou moins forte.

Tous les fromages constituent un aliment très nourrissant par les substances azotées et parfois les corps gras qu'ils renferment; une alimentation composée exclusivement de pain et de fromage gras serait suffisante.

438. Viande.

La viande a une composition très variable suivant son origine; mais on y trouve toujours les mêmes principes immédiats. Elle renferme de la fibrine, de l'albumine, des matières grasses, des matières se gélatinisant par la coction, des sels minéraux, et une grande proportion d'eau.

Sa valeur nutritive résulte surtout des matières azotées qu'elle contient; mais, bien qu'elle renferme tous les principes immédiats nécessaires à l'organisme, *elle n'est pas un aliment complet.*

La viande est rarement consommée crue, bien qu'elle soit à cet état beaucoup plus digestible qu'après la cuisson. On la fait cuire pour développer un arome qui la rend agréable à manger et favorise la sécrétion du suc gastrique; en outre, par la cuisson, on tue les parasites que la viande peut contenir et qui, introduits dans l'organisme, y produiraient des troubles plus ou moins graves.

La viande *rôtie* et la viande *grillée* sont les plus nutritives, car les parties extérieures, brusquement portées à une température supérieure à 70°, se sont coagulées, et ont empêché les sucs nutritifs de la viande de s'écouler. La viande de *pot-au-feu*, que l'on a au contraire immergée dans l'eau froide, puis élevée progressivement à la température d'ébullition et maintenue plusieurs heures à cette température, n'a presque plus aucune valeur nutritive, car l'albumine s'est répandue dans l'eau où elle a formé l'écume. Quant au bouillon provenant de cette cuisson, il renferme peu de matières albuminoïdes et de matières grasses, puisqu'il a été *écumé* et souvent *dégraissé;* il paraît agir surtout comme excitant de la sécrétion gastrique, et, comme tel, il est souvent prescrit aux convalescents.

CONSERVATION DES MATIÈRES ALIMENTAIRES

139. Fermentation.

Abandonnées à elles-mêmes, les matières alimentaires ne tardent pas à s'altérer, dégagent des gaz fétides et deviennent impropres à la consommation. C'est ainsi que le lait subit la fermentation lactique et se coagule ; la viande, les œufs et toutes les matières organiques azotées subissent diverses fermentations, parmi lesquelles se trouve la fermentation putride. Dans tous les cas, les ferments sont apportés par l'air ; il faut donc, pour conserver les matières alimentaires, *empêcher l'arrivée ou le développement des germes*, ou mieux encore *les détruire*.

140. Moyens d'empêcher l'arrivée des germes.

Le procédé par enrobage consiste à immerger les matières alimentaires dans un milieu qui les isole de l'air et qui empêche ainsi l'arrivée des ferments. Par exemple, on conserve des œufs en les trempant dans de l'eau de chaux ou en recouvrant leur coquille d'une couche de gélatine ou de paraffine ; les cornichons se conservent dans le vinaigre, la viande dans la graisse, etc. Ce procédé donne des résultats incertains, car les germes peuvent avoir été apportés sur les aliments avant l'enrobage. Aussi on le fait souvent précéder d'une stérilisation partielle de la manière alimentaire ; la viande est laissée quelques minutes dans la graisse chaude qui doit l'enrober ; les fruits sont passés au fe* avant d'être conservés dans un sirop de sucre ; le thon et les sardines sont trempés dans l'huile chaude avant l'enrobage, etc.

441. Moyens d'empêcher le développement des germes.

Divers procédés sont appliqués, particulièrement le froid et la dessiccation; — la chaleur et l'humidité sont, en effet, indispensables au développement de tous les êtres vivants.

1° *Froid.* — Le froid ne tue pas les microbes, mais il empêche leur développement. Si l'on cherche à conserver des aliments pendant quelques jours seulement, le refroidissement à 0° par la glace est suffisant; c'est de cette façon que l'on conserve le poisson de mer lorsqu'on l'envoie de la côte dans l'intérieur des terres. Pendant l'été, les viandes se conservent souvent par la glace. Mais, si l'on veut une conservation de plusieurs mois, il faut refroidir davantage; on utilise alors le froid produit par l'évaporation de gaz liquéfiés (gaz sulfureux, ammoniaque, etc.). On peut ainsi importer en Europe des viandes de moutons et de bœufs tués en Amérique et en Australie, et ces viandes nous arrivent parfaitement conservées. De même, on conserve actuellement, en France et dans d'autres pays, des matières alimentaires diverses (viandes, œufs, fruits), en les plaçant dans des chambres refroidies au-dessous de 0° et désignées sous le nom de *chambres frigorifiques*. Les dépôts frigorifiques sont appelés à rendre de grands services en temps de guerre; la France possède deux usines frigorifiques militaires, dont une à Verdun.

L'inconvénient de ce procédé, c'est que les ferments ne sont pas tués; aussi les aliments se putréfient-ils très vite dès qu'ils sont sortis des chambres frigorifiques. Ils doivent donc être employés immédiatement.

2° *Dessiccation.* — Les substances alimentaires, parfaitement desséchées, peuvent se conserver indéfiniment. La dessiccation ne donne pas d'excellents résultats avec la viande (lanières et poudres de viandes sèches, consommées par les Arabes et les Américains). Mais elle s'applique avec avantage aux légumes (pois, haricots, lentilles), qui se conservent pendant des années dans l'air sec, et aux fruits, pruneaux, raisins, figues, pommes, etc.

442. Moyens de détruire les germes.

La destruction des germes constitue le meilleur moyen de conservation des matières alimentaires. On l'applique dans deux procédés : stérilisation par la chaleur et par les antiseptiques.

1° *Stérilisation par la chaleur.* — Si l'on maintient les aliments pendant un quart d'heure à une température de 108 à 110°, tous les germes qu'ils peuvent renfermer sont détruits; et si ces aliments se trouvent maintenus à l'abri de l'air, ils peuvent se conserver indéfiniment. C'est sur ce principe qu'on s'appuie pour stériliser le lait et pour obtenir toutes les conserves désignées sous le nom de conserves Appert; les poissons, les viandes, les fruits, les légumes se conservent le plus souvent par ce procédé. On introduit les aliments à conserver dans des boîtes de fer-blanc, qui, une fois remplies, sont fermées hermétiquement par un couvercle que l'on soude. Puis on place ces boîtes dans un autoclave contenant assez d'eau pour qu'elles soient immergées, et on porte le tout à la température de 108°. Lorsque l'on conserve des fruits ou des légumes (haricots verts, tomates, etc.), on emploie souvent, au lieu de boîtes métalliques, des bouteilles ou des flacons hermétiquement clos.

Les conserves obtenues par le procédé Appert sont encore bonnes après quinze ou vingt ans; mais, quand les boîtes sont ouvertes, l'air apporte de nouveaux germes et la putréfaction se produit assez vite.

2° Stérilisation par les antiseptiques. — Les antiseptiques sont des substances qui ont la propriété de détruire les microbes et les ferments. Mais peu d'entre eux peuvent servir à la conservation des matières alimentaires, car ils sont presque tous des poisons. Les seuls utilisés sont : le *sel marin*, qui agit comme antiseptique et de plus favorise la dessiccation; on l'utilise pour la conservation des viandes, des poissons, de certains légumes, du beurre ; — la *créosote* de la fumée, dont les propriétés antiseptiques sont appliquées pour la préparation des langues fumées, des jambons d'York, des harengs saurs, etc. Beaucoup de viandes sont à la fois salées et fumées (jambons).

L'*alcool* est aussi un antiseptique, utilisé pour la conservation des fruits.

D'autres antiseptiques, employés quelquefois pour conserver les aliments, sont condamnés par l'hygiène : tels sont l'acide salicylique, le formol, l'acide borique, etc.

443. Désinfectants.

Les procédés qui nous ont permis de détruire les ferments vivants peuvent tout aussi bien servir à détruire les microbes qui produisent les maladies contagieuses. Il y a donc deux moyens de désinfecter les chambres des malades ou les objets divers qui ont été à leur contact: la *stérilisation par la chaleur* et l'*emploi des antiseptiques.*

La stérilisation par la chaleur humide est la meilleure, car les germes résistent à une température moins élevée dans l'air humide que dans l'air sec. Elle se pratique dans des autoclaves ou dans l'eau bouillante, tandis que la stérilisation par la chaleur sèche a lieu dans des étuves. On applique ces procédés pour tous les objets qui peuvent supporter sans altération une température de 100 à 130° : objets de literie, vêtements, etc.

Dans les autres cas, on désinfecte par des antiseptiques. Les plus employés sont l'*acide phénique,* le *sublimé corro-*

sif en solution à 1 ou 2 millièmes, qui a un pouvoir désinfectant considérable; le *formol* en dissolution ou à l'état
gazeux; le *sulfate de cuivre* (solution à 5 0/0), le *lait de
chaux*, etc. Citons aussi le savon, les lessives et divers
antiseptiques vendus sous les noms de lysol, crésyl, etc.

414. Expériences. — *Exercice d'observation.* — Les élèves
observeront du lait et feront avec ce corps diverses expériences:
analyse immédiate, fabrication d'un fromage, etc.

TABLE ALPHABÉTIQUE

(Les numéros renvoient aux paragraphes)

A

Acétates	397
Acétylène	808
Acide acétique	895
— azotique	175
— carbonique	220
— chlorhydrique	150
— en général	66
— gras	417
— lactique	406
— oxalique	400
— phosphorique	185
— pyroligneux	898
— sulfhydrique	125
— sulfurique	136
— tartrique	403
Aciers	271
Air atmosphérique	86
Air confiné	102
Air liquide	86
Albuminoïdes (matières)	430
Alcali volatil (ammoniaque)	109
Alcools (fabrication)	385
Aliments	435
Alliages	276
Allumettes	190
Alun	297
Amidon	837
Ammoniaque	109
Amylacée (matière)	337
Analyse	18
Anhydride carbonique	220
— en général	68
— phosphorique	188
— sulfureux	129
Aniline	321
Anthracite	200
Argiles	233
Asphalte	317
Azotate de potassium	181
— de sodium	174
Azote	105

B

Bases	69

B (suite)

Benzine	319
Béton	290
Beurre	410
Bière	383
Bitume	317
Blanchiment	171
Blanchissage	426
Boissons fermentées	378
Bronze	279
Bougies	416
Brais	307

C

Calcaire	218
Caoutchouc	330
Carbonate de calcium	218
— de plomb	298
— de potassium	284
— de sodium	281
Carbone	192
Carbures d'hydrogène	311
— métalliques	215
Carbure de calcium	310
Caséine	432
Celluloïd	347
Cellulose	343
Céruse	298
Charbon de bois	206
— des cornues	205
Chaux	286
Chlore	157
Chlorures décolorants	167
Chlorure d'ammonium	114
— de sodium	145
Cidre	382
Ciments	291
Coke	204
Collodion	346
Combinaisons chimiques	5
Combustions	60
Conservation des matières alimentaires	439
Corps gras	408
Corps simples et corps composés	17
Coton-poudre	345
Craie	218

Cristal. 243
Cuivre 273

D

Décompositions chimiques. 12
Désinfectants. 443
Dextrines. 338
Diamant. 193
Distillation du bois. 398
Dynamite. 414

E

Eau 34
— de Javel 169
— de Labarraque. 169
Eaux minérales. . . . . , ... 40
Eau potable. 37
Électrolyse de l'eau. 14
Enlèvement des taches 435
Essence de pétrole. 316
— de térébenthine. 324
Essences végétales. 327
Éther de pétrole. 616

F

Faïence. 239
Farine. 427
Fécule. 337
Feldspath 232
Fer 207
Fer-blanc. 265
Fermentation. 372
Fibrine. 431
Flamme. 98
Fontes. 269
Formène. 312
Formules des corps composés. . . 79
Fromage. 437
Fructose. 357
Fulmicoton. 345

G

Gaz carbonique, ... 220
— d'éclairage. 301
Gélatine. 433
Glucoses 354
Gluten 427
Glycérine. 413
Goudrons. . . . . 306 et 398
Graisses. 410
Graphite 197
Gravure sur verre. 231
— cuivre 179
Grès cérames. 238
Grès (roche). 230
Grisou. 313
Gutta-percha. 330
Gypse (pierre à plâtre). 292

H

Houilles. 199
Huiles. 409
Hydrate de carbone. 370
Hydrogène. 50
— sulfuré 125

K

Kaolin. 233

L

Lactose. 369
Lait. 436
Lampe de Davy. 313
Légumine. 432
Lévulose. 357
Levure de bière. 375
Lignite 201
Lois de Gay-Lussac. 45
— des poids (de Lavoisier). . . . 247
— des proportions définies (de
Proust). 248
— des proportions multiples
(de Dalton). 249

M

Marbre. 218
Margarine. 411
Matière amylacée. 337
Mélanges. 11
Métaux. 254
Méthane. 312
Mica. 232
Mortiers. 290

N

Naphtaline. 223
Nitroglycérine. 144
Noir animal 210
— de fumée 211
Nomenclature chimique. 251

O

Œufs. 431
Oléine 411
Osséine 433
Oxalates. 400
Oxyde de carbone. 226
Oxydes basiques. 71
Oxygène. 57
Ozone. 57

P

Pain. 428
Papier 348
Paraffine. 316
Pétroles. 134

Phosphate de calcium........... 184
Phosphore...................... 186
Pierre meulière................ 230
Plâtre......................... 294
Plomb.......................... 274
Plombagine 197
Poids atomique................. 76
Poids moléculaire.............. 83
Porcelaine..................... 236
Potasse........................ 284
Poteries....................... 234
Poudre noire................... 181

Q

Quartz......................... 230

S

Sable.......................... 230
Saccharose..................... 353
Salpêtre....................... 181
Sang........................... 431
Saturne (sel de)............... 397
Savons......................... 420
Sels 73
Sel gemme et sel marin......... 146
Sel d'oseille.................. 401
Silex 230
Silicates...................... 232
Silice......................... 229
Soie artificielle.............. 346

Soude.......................... 173
Soufre......................... 118
Stéarine....................... 411
Sucre.......................... 353
Suifs.......................... 410
Sulfate d'ammonium............. 115
   —   de calcium............. 292
   —   de cuivre.............. 296
Superphosphates................ 185
Symboles....................... 75
Synthèse 18

T

Taches (enlèvement des)........ 425
Terres cuites.................. 241
Tourbe......................... 202
Tripoli........................ 230

V

Valence 250
Vaseline....................... 316
Verres......................... 242
Viande......................... 438
Vin............................ 379
Vinaigre....................... 391

Z

Zinc... 275

TABLE DES MATIÈRES

PREMIÈRE ANNÉE

Pages

CHAPITRE I. — Combinaisons et décompositions chimiques. — Distinction entre le mélange et la combinaison. — Corps simples et corps composés. — Analyse et synthèse. — Moyen de fabriquer des gaz et de les recueillir.................................... 5

CHAPITRE II. — Eaux naturelles. — Dégagement des gaz dissous. — Vaporisation. — Solides contenus dans l'eau. — Eau potable. — Eaux minérales.. 22

CHAPITRE III. — Eau pure. — Analyse. — Synthèse. — Composition en volumes ; en poids. — Première idée des lois de Lavoisier et de Gay-Lussac. — Propriétés de l'eau pure.................... 29

CHAPITRE IV. — Hydrogène. — Préparation. — Propriétés........ 38

CHAPITRE V. — Oxygène. — Préparation. — Propriétés. — Combustions dans l'oxygène.. 44

CHAPITRE VI. — Anhydrides. — Oxydes basiques. — Acides, bases, corps neutres ; sels. — Symboles et formules. — Poids atomiques et poids moléculaires. — Métalloïdes et métaux................ 50

CHAPITRE VII. — Air atmosphérique. — Analyse. — Gaz carbonique et vapeur d'eau dans l'air. — Combustions et respiration ; combustions vives ; combustions lentes, caractères d'une flamme.... 61

CHAPITRE VIII. — Azote. — Propriétés. — Présence de l'azote dans les tissus animaux et végétaux. — Fermentation de ces substances... 73

CHAPITRE IX. — Gaz ammoniac et solution ammoniacale. — Propriétés. — Préparation. — Sels ammoniacaux.................. 76

CHAPITRE X. — Soufre. — Propriétés. — Extraction. — Hydrogène sulfuré... 82

CHAPITRE XI. — Composés oxygénés du soufre : Anhydride sulfureux. — Propriétés. — Préparation......................... 92

CHAPITRE XII. — Composés oxygénés du soufre (suite) : Acide sulfurique. — Propriétés. — Préparation......................... 98

CHAPITRE XIII. — Chlorure de sodium. — Acide chlorhydrique. — Propriétés et préparation de ces deux corps............... 106

Pages.

CHAPITRE XIV. — Electrolyse du chlorure de sodium ; fabrication du chlore. — Propriétés du chlore............................ 113

CHAPITRE XV. — Electrolyse du chlorure de sodium (suite) : Fabrication des chlorures décolorants et de la soude, propriétés et usages de ces corps.. 121

CHAPITRE XVI. — Azotate de sodium ; action de l'acide sulfurique. — Propriétés de l'acide azotique. — Salpêtre.................. 125

CHAPITRE XVII. — Phosphate de calcium ; action de l'acide sulfurique : superphosphates et acide phosphorique. — Phosphore. Propriétés et usages. — Allumettes........................... 132

CHAPITRE XVIII. — Carbone. — Différentes variétés de charbons. — Propriétés chimiques.. 139

CHAPITRE XIX. — Carbonate de calcium. Sa calcination. Anhydride carbonique ; propriétés et usages........................... 154

CHAPITRE XX. — Oxyde de carbone. — Propriétés et préparation... 161

CHAPITRE XXI. — Silice. — Silicates. — Poteries. — Verres........ 164

DEUXIÈME ANNÉE

CHAPITRE XXII. — Lois fondamentales de la chimie. — Nomenclature (principes).. 175

CHAPITRE XXIII. — Propriétés pratiques des métaux et des alliages. Métaux usuels (fer avec fontes et aciers ; — cuivre ; — plomb ; zinc). — Métaux précieux.................................... 181

CHAPITRE XXIV. — Principaux composés métalliques donnant lieu à des applications importantes : Carbonate de soude. — Carbonate de potasse. — Chaux ; ciments et mortiers. — Sulfate de calcium. — Sulfate de cuivre. — Alun. — Céruse ou carbonate de plomb... 198

CHAPITRE XXV. — Gaz d'éclairage. — Acétylène. — Propriétés générales des carbures d'hydrogène........ 218

CHAPITRE XXVI. — Carbures d'hydrogène les plus importants. — Méthane ou formène. — Pétroles.............................. 231

CHAPITRE XXVII. — Carbures d'hydrogène (suite) : Benzine. — Naphtaline. — Essence de térébenthine. — Essences végétales. — Caoutchouc ; gutta-percha.................................. 238

CHAPITRE XXVIII. — Etude de quelques principes immédiats. — Amidon et fécule. — Propriétés et extraction.................. 247

CHAPITRE XXIX. — Etude de quelques principes immédiats (suite) : Cellulose. — Fabrication du papier........................... 254

CHAPITRE XXX. — Etude de quelques principes immédiats (suite) : Sucres. — Glucose. — Lévulose. — Saccharose. — Lactose. — Ce qu'on appelle hydrates de carbone........................ 263

CHAPITRE XXXI. — Fermentation alcoolique. — Boissons fermentées et alcools. — Dosage de l'alcool........................... 273

TROISIÈME ANNÉE

Pages

CHAPITRE XXXII. — Acides organiques : Acide acétique et vinaigre.
— Acétate de plomb.................................... 286

CHAPITRE XXXIII. — Acides organiques (suite) : Acide oxalique et
oxalates. — Acide tartrique. — Acide lactique................ 292

CHAPITRE XXXIV. — Corps gras. — Saponification. — Glycérine. —
Savons et bougies. — Blanchissage du linge. — Enlèvement des
taches... 296

CHAPITRE XXXV. — Matières albuminoïdes : Gluten. — Albumine.
— Fibrine. — Caséine. — Gélatine. — Fabrication du pain..... 311

CHAPITRE XXXVI. — Principaux aliments : OEufs. — Viande. —
Lait. — Conservation des matières alimentaires.— Désinfection. 319

Tours. — Imp Deslis Frères et Cⁱᵉ, 6, rue Gambetta.

www.ingramcontent.com/pod-product-compliance
Lightning Source LLC
Chambersburg PA
CBHW071443050526
44396CB00005BB/877